干旱区盐渍土与盐生植物高光谱研究

——以艾比湖湿地国家级自然保护区为例

张　飞◎著

STUDY ON SALINE SOIL AND HALOPHYTES IN ARID AREAS BASED ON HYPERSPECTRAL:

A CASE STUDY OF EBINUR LAKE WETLAND NATIONAL NATURE RESERVE

北京理工大学出版社
BEIJING INSTITUTE OF TECHNOLOGY PRESS

内 容 简 介

本书通过基于干旱区水质监测的困境，设置了河流水质监测和干旱区湖泊水质监测两部分内容，方法上采用联合技术手段能够提高水质指标监测精度，突破单项技术在水质监测精度低、监测参数不全面的瓶颈。为推动内陆干旱区水质监测研究进程，保障西部水安全及国家“一带一路”重大战略的顺利实施提供一定基础。在理论上，本书引入光谱放大组合算法实现了光谱数据特征的重排列，丰富了光谱研究方法，分数阶微分在数据处理中的应用，突破了长期以来整数阶微分在光谱数据处理中的限制，为光谱数据的处理奠定了基础。

图书在版编目（CIP）数据

干旱区盐渍土与盐生植物高光谱研究：以艾比湖湿地国家级自然保护区为例 / 张飞著. —北京：北京理工大学出版社，2019.4

ISBN 978-7-5682-3278-4

Ⅰ. ①干…　Ⅱ. ①张…　Ⅲ. ①光谱分辨率–光学遥感–应用–干旱区–盐土植物–研究–新疆②光谱分辨率–光学遥感–应用–沼泽化地–自然保护区–水质监测–研究–新疆　Ⅳ. ①Q949.4②X832

中国版本图书馆 CIP 数据核字（2019）第 055750 号

出版发行 / 北京理工大学出版社有限责任公司
社　　址 / 北京市海淀区中关村南大街 5 号
邮　　编 / 100081
电　　话 /（010）68914775（总编室）
（010）82562903（教材售后服务热线）
（010）68948351（其他图书服务热线）
网　　址 / http://www.bitpress.com.cn
经　　销 / 全国各地新华书店
印　　刷 / 保定市中画美凯印刷有限公司
开　　本 / 710 毫米×1000 毫米　1/16
印　　张 / 12.5
彩　　插 / 4
字　　数 / 225 千字
版　　次 / 2019 年 4 月第 1 版　2019 年 4 月第 1 次印刷
定　　价 / 68.00 元

责任编辑 / 王美丽
文案编辑 / 孟祥雪
责任校对 / 周瑞红
责任印制 / 李志强

图书出现印装质量问题，请拨打售后服务热线，本社负责调换

前言

高光谱遥感技术（Hyperspectral Remote Sensing Technology）起源于多光谱遥感，是20世纪80年代开始发展的一种新兴遥感技术，其突出的优势在于提供了丰富的地物光谱波段，较高的光谱分辨率可以解决许多在全色和多光谱遥感中无法解决的问题。高光谱数据所携带的光谱信息提供了区别地物光谱细微差别的能力，使许多原本在多光谱遥感图像中无法获取的光谱信息得以探测。高光谱的光谱分辨率为纳米级，成像光谱仪将成像传感器的空间表示与光谱仪的分析能力相结合，在可见光、近红外、短波红外以及中红外等电磁波谱范围内，可以为每个像素提供数十乃至数百个窄波段，从而产生一条完整而连续的光谱曲线，使地物的精确定量分析与细节提取成为可能，为人们对各种地物的分析提供了重要的依据。

随着高光谱遥感技术光谱分辨率的不断增加，人们对地物光谱属性特征的认知也不断深入，许多隐藏在狭窄光谱范围内的地物特性逐渐被人们发现，这些因素大大加速了遥感技术的发展，使高光谱遥感成为21世纪遥感技术领域重要的研究方向之一。与多光谱遥感相比，高光谱遥感提供了更加丰富的地物光谱，其较宽的波谱覆盖范围使高光谱数据处理时，可以根据需要选择特定的波段突显地物特征，为高光谱数据处理算法提供更多的地物原始数据，因此，高光谱遥感技术被广泛应用在矿物成分含量识别、植被识别与分类、植物的长势与化学成分估测、土壤调查、城市监测等方面，且取得了显著成果。

本书系统地总结了作者近几年来在高光谱遥感建模以及植被高光谱盐分估算等方面的研究成果，在介绍干旱区内陆湖艾比湖湿地的土壤与植被的盐分特征的基础上，重点对土壤与植被的盐分进行建模估算，基于最优化光谱指数进行了深入探讨。

全书共分上下两篇，内容涵盖土壤高光谱的特性以及建模方法、不同含盐量的植被的光谱特征以及不同季节的和不同纵带上的光谱特征等。上篇包括八个章节，第一章简要介绍关于土壤高光谱遥感的国内外研究进展以及研究目的和意义等。第二章介绍研究区状况。第三章介绍数据收集与分析方法。第四章介绍土壤盐分因子的特征分析及空间分布。第五章介绍基于地面光谱数据的土壤盐分因子反演。第六章介绍基于 Landsat8 OLI 的土壤盐分因子反演。第七章介绍基于窄波段与宽波段结合的综合指数反演，重点研究基于地面与遥感影像结合的综合指数反演。第八章为结论。下篇包括七个章节，第一章简要介绍关于植被高光谱遥感的国内外研究进展以及研究目的和意义等。第二章介绍研究区概况。第三章介绍数据来源与处理。第四章介绍艾比湖盐生植物叶片光谱特征研究。第五章介绍基于多元逐步回归模型的盐生植物叶片含水量高光谱估算模型研究，包括筛选参考指数、构建新指数、建模验证。第六章介绍基于 BP 神经网络模型的盐生植物叶片含盐量高光谱估算模型研究。第七章介绍结论。本书以主要篇幅论述土壤与植被高光谱特征以及高光谱建模的各种问题，对高光谱遥感处理的技术方法、经验建模、指数构建都进行了较为详细和全面的阐述。

本书是作者在承担国家自然科学基金本地优秀青年培养专项（U1503302）所取得成果的基础上撰写而成的。硕士张海威、李哲、井云清、王小平、张贤龙、朱世丹为本书的算法及试验数据的收集做了大量工作，在此表示感谢！另外，本书在撰写过程中，参阅了有关书籍和文献，同时向这些作者致以诚挚的谢意！

由于著者水平有限，以及研究内容跨度较小、编程软硬件条件差异大、涉及研究人员多等实际问题，因此在理论和技术方面还有很多不足，还未能将国内外更多的最新研究成果涵盖其中，衷心希望广大读者批评指正和不吝赐教，著者将在后续的工作中进一步改进。

著　者

目录

上篇

下　篇

上　篇

第一章

绪　论

1.1　研究背景及意义

盐渍化是土地荒漠化的重要因素之一，已演变成全世界面临的生态问题，同时是全世界面临的环境问题，严重影响了人们的生产生活等。土壤盐渍化是自然条件比较恶劣、降水量少和地下水位高以及强烈的蒸发导致的一种破坏性极强的土地退化现象。在干旱区，土壤盐渍化、土地沙漠及荒漠化现象严重影响了农业的发展，成为干旱区农业经济发展的绊脚石。盐渍化问题已经成为国内外土壤学及生态学等学科的研究方向之一。我国盐碱地分布较为集中，主要分布在西北干旱区，分布范围广、区间大，地域因素及人类活动影响土壤盐渍化的程度及变化趋势，使盐分因子呈现区域特性，对植被及农作物生长有着严重影响。

据统计资料记载，全球盐渍化土壤面积达 9.52×10^8 $hm^2$①，占陆地表面的10%左右，约 20%可耕作的陆地表面受到土壤盐渍化的影响，然而这个百分比还在不断升高。我国盐渍化区域主要集中在西北干旱区，面积达 3.6×10^7 hm^2，占耕地总数的 30%。西北干旱区主要地区——新疆，是我国盐渍化面积最大的区域。干旱区独有的气候因素、地质地貌、水文等自然条件以及人类对水资源

① 1 hm^2=10 000 m^2。

的不合理利用，打乱了区域水资源、盐分原来的动态平衡。土壤盐渍化使新疆绿洲面积减少，土壤质量不断下降，生态环境不断恶化，严重威胁新疆生态环境和经济的可持续发展。盐渍土的监测对生态环境保护及农业预警具有长远意义。及时获取盐渍土的动态变化以及盐分的聚集分布特征等信息，是预测土壤盐渍化的重要根据，更是科技管理、合理改善土壤质量的必经之路。利用遥感技术监测土壤盐渍化是一种新的方法，不仅节省了人力、物力和财力，还节约了时间，能快速、大区间提取盐渍化动态变化信息，因此采用遥感技术来研究生态环境问题是一种尚待发掘的交叉学科。

本篇以艾比湖湿地国家级自然保护区（简称艾比湖）为靶区，运用统计学方法、地面高光谱技术和遥感技术（Remote Sensing，RS），将遥感影像数据、地面高光谱数据与土壤采样实测数据相结合，构建艾比湖土壤盐分因子的空间分布特征和土壤光谱模型。利用遥感影像数据提取、建立多光谱土壤盐分因子光谱模型，最后构建艾比湖土壤综合指数模型，对艾比湖土壤盐渍化监测具有重要意义。

1.2　国内外研究进展

土壤盐分是引起土壤盐渍化的一个重要因素，近年来土壤盐渍化已成为国内外土壤研究的热点之一。干旱区土壤中水的主要来源是降水和雪山融水。潜水和毛管上升水受土壤类型以及土壤性质的影响。外界的变化会直接影响土壤水分的状态及变化。土壤水分在土壤各层进行移动，会伴随着盐分及土壤理化性质而转移，进而影响各层的土壤肥沃程度及土壤质量。气候变化是影响土壤水分变化的最大因素，强烈的蒸散发会使土壤盐分产生分层变化，盐分会有分层变化规律。气候变化保持稳定，土壤盐分随着水分的变化基本在区间内上升或下降。

1.2.1　国外研究进展

自 1970 年以来，随着科学技术和信息技术的发展，遥感技术取得了重大突破，遥感技术在生态环境方面的应用也得到了日新月异的发展。1980 年以后，许多学者开始逐渐采用多光谱和高光谱技术结合来监测土壤盐渍化问题，而盐渍化的产生和发生过程，主要是一些盐分因子的变化，例如 K^+、Na^+、Ca^{2+}、Mg^{2+}、SO_4^{2-}、CO_3^-、HCO_3^- 的特征。常用的卫星影像包括 Landsat 系列、SPOT、World View 系列及 Quick Bird 等，通过构建一些指数来增强反演土壤盐渍化的能力。

Clarkrn 等第一次利用地面光谱反射率数据研究地表特征信息，试图分析地面光谱反射率与地物特征的关系及原理。他们使用了两种经验方法和散射理论来解决遥感问题，进而对遥感的反射率数据进行分析比较。

Melendez-Pastor 等研究建立了 EC（电导率）、碳酸盐、土壤有机质和含砂量等与高光谱反射率数据的定量关系，将反射率 ρ 转换为吸光度 $[A=\lg(1/\rho)]$，对吸光度进行一阶、二阶微分处理。然后利用相关分析法，提取相关度高的敏感波段。采用线性回归方法构建土壤理化性质和吸光度导数的关系模型，得到的模型效果较好，验证结果较准确。

Farifteh 发现土壤反射率对土壤表层盐分具有良好的响应特性；建立的光谱模型效果较好，得出了盐分含量与光谱反射率之间存在一定的数学关系。

A.Volkan 采用 PLS 和多元自适应回归方法分析了可见光/近红外区间内的反射率与土壤理化性质之间的关系，得出：地面高光谱对估算土壤理化性质有特殊能力，光谱与阳因子 Ca^{2+} 和 Mg^{2+} 均具有显著性关系。

Fernandez 等基于地面高光谱数据，将土壤 EC 和土壤碱性指标 SAR（钠吸附比）与植被和裸土的光谱响应特征进行综合分析，构建了混合光谱响应模型，并对墨西哥特斯科湖区域的盐碱化土壤进行了多尺度遥感制图。

N. Fernandez-Buces 等以墨西哥的特斯科湖为研究靶区，对归一化植被指数进行了修正，建立了裸土与植被综合指数（COSRI）反演盐分信息，并建立了裸土和植被综合指数与土壤盐分之间的关系模型，估算其土壤表层含盐量。

1.2.2　国内研究进展

翁永玲等主要从地面测量数据、遥感影像的目视解译、光谱特征变化和不同的遥感影像类型等方面对土壤盐渍化问题的监测和制图进行了分析。基于高光谱技术对土壤盐分光谱进行了盐渍化信息提取，并用偏最小二乘回归 PLS 分析法对高光谱遥感影像的土壤进行了盐分信息提取。

陈涛等基于 Landsat5 TM 遥感影像数据对地表不同地物信息进行了详细分析，选择 TM 的 Band1（第一波段，简称 B1）、改进归一化差异水体指数、归一化植被指数对干旱区的土壤盐分信息进行提取分类，效果较好，说明决策树方法对干旱区土壤盐分信息提取有一定作用。

郭龙等首先讲述了盐渍化信息的提取方法，并基于前人研究结果进行分析，得出了自己的方法，使用 Landsat7 ETM+遥感影像数据对渭干河—库车河绿洲与和田绿洲两个绿洲的土壤盐分信息进行了对比分析。

刘庆生等采用数据融合方法对不同数据源数据进行了融合，利用 HSI 变换和 PCA 方法分析，反演农田盐渍化信息及空间特征。阿尔达克·克里木等利用 ASTER 遥感数据与野外采集的土壤样本数据进行了监理盐分信息模型估算，效果较好。陈实等基于 MODIS 遥感数据分别提取了归一化植被指数和盐分指数，构建了二维特征空间，建立了土壤盐分反演模型，对监测新疆土壤盐渍化的动态变化及空间分布起到关键作用。

代富强等提出不同的盐渍化程度和土壤盐分指数存在一定关系，和地表反射率也有一定相关性，并进行了验证，进一步提出了 SI－Albedo 特征空间的概念，构建了土壤盐分信息估算指数并加以提取应用。

张芳等运用野外光谱反射率和一阶导数、倒数之对数和波段深度与 pH 值之间的关系建立回归模型，结果良好；利用室内光谱反射率与野外光谱分别与 pH 值进行分析，其中野外光谱与土壤 pH 值相关性较好，而室内光谱反射率数据与土壤 pH 值相关性较差。

刘艳芳等将环境卫星高光谱影像与野外实测的土壤样本盐分结合，分析其相关性，筛选出盐分信息特征波段，利用 MLSR（逐步回归）数学方法建立基于高光谱数据的新疆渭干河－库车河绿洲土壤盐分信息估算模型。

吉力力·阿不都外力等以艾比湖为研究区对 6 种不同景观类型下的沉积物进行采样分析，并运用统计学方法研究了湖底各景观类型下沉积物盐分含量及盐分积聚特征。

综上所述，前人主要通过高光谱数据和单一遥感数据的反演或者单一要素的反演针对盐渍化方面对土壤的盐分指标以及相关指标做了一些研究。本篇以地面高光谱与遥感多光谱相结合的方法进行反演，为定量估算土壤盐分因子开辟了新途径。

1.3 研究内容与技术路线

1.3.1 研究内容

本研究以艾比湖土壤盐分因子为研究对象，从湿地采集样品，分析样品盐分和七大因子特性，基于多元统计分析和光谱分析技术，分析艾比湖土壤盐分因子的理化性质和光谱特征，以地面高光谱和 Landsat8 OLI 遥感影像数据为数据源。利用单波段和波段组合的形式反演土壤盐分因子，探索其对土壤盐分的敏感波段，监测土壤盐渍化变化以及盐分动态变化。

（1）分析艾比湖土壤盐分因子空间分布。

基于多元统计法分析艾比湖土壤盐分因子的分布特征，了解不同土壤层的盐分特征，利用地统计学方法研究艾比湖土壤盐分因子的空间格局。

（2）构建土壤盐分因子与多光谱遥感数据及地面高光谱诊断模型。

针对艾比湖，分析其土壤光谱反射率及波段组合与土壤盐分因子（含盐量和 7 大因子）的相关关系，得出盐分因子与光谱指数关系较好的波段信息，采用 MLR（多元线性回归）等方法，得到地面高光谱数据的盐分因子估算模型和多光谱遥感影像估算模型，并利用实测数据进行精度验证。

（3）构建高光谱与多光谱数据的综合指数模型。

根据遥感影像波段波谱区间，首先针对地面高光谱数据进行分割，将其分割成 7 个波段；其次根据修正系数，模拟出多光谱的 7 个光谱波段，基于统计学思想进行高光谱模拟波段与多光谱遥感波段相关性分析；最后将地面高光谱波段与 Landsat8 OLI 影像的 7 个波段结合建立光谱指数。构建地面高光谱和遥感影像的综合指数，并与土壤盐分因子建立光谱诊断模型，利用 7 月份数据进行验证。

1.3.2 技术路线

技术路线如图 1－1－1 所示。

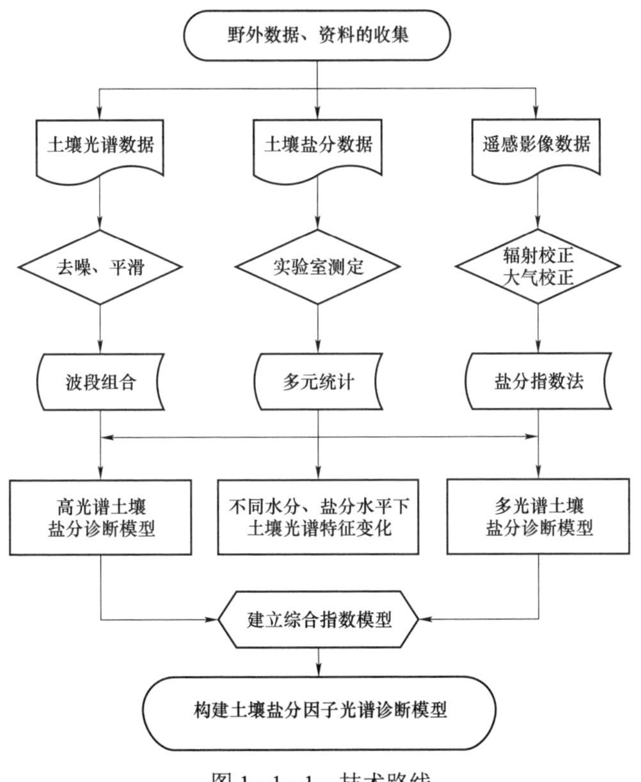

图 1－1－1　技术路线

第二章

研究区状况

2.1 地 理 位 置

艾比湖位于新疆博尔塔拉蒙古自治州境内东北部（见图 1－2－1），面积为 2 670.8 km^2，是我国西部重要的咸水湖湿地。艾比湖位于准格尔盆地的底部，导致水盐汇聚在艾比湖里，致使湖水形成高卤湖。艾比湖东部连接托托乡镇。艾比湖地处阿拉山口下风向，离风口约 5 km，致使该地逐步形成荒漠、盐湖、盐漠等多种类型的土地。艾比湖不仅对防风固沙有重要作用，而且对保护区的生态环境变化也有良好保护作用。人为活动的不断增加和极端事件的频繁发生，导致现在仅有博尔塔拉河、精河两条河流供给艾比湖。湖盆海拔 189 m，湖面椭圆形，面积变化为 500～1 000 km^2。

2.2 湿地气候与水文特征

艾比湖位居亚欧大陆腹地的干旱区中部，远离海洋，气候干燥，日照充足，且蒸降比大，昼夜温差大，因此该地区属于典型的温带干旱大陆性气候。从 2000—2012 年，艾比湖地区降水量及温度变化走势如图 1－2－2（a）所示，降水量和气温是影响艾比湖水量的重要因素。整体来看，艾比湖降水量逐年减少，而气温相对持平，进而导致该地区越来越干旱。随着气候向暖干趋势发展，到第四纪后期湖泊逐渐萎缩。

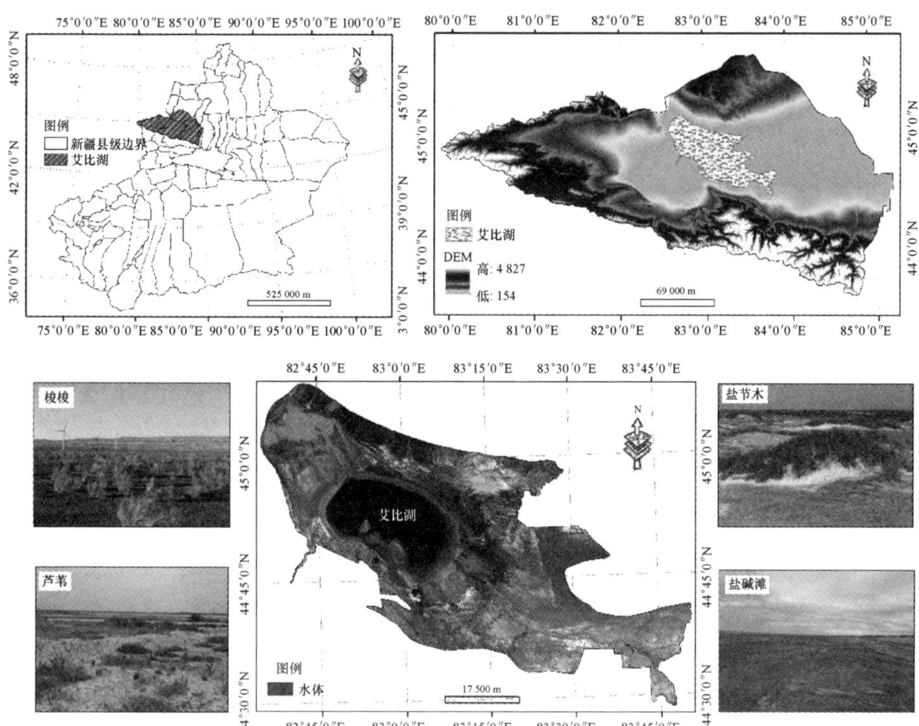

图 1－2－1　艾比湖保护区位置及景观照

2.3　地 貌 特 征

据李艳红研究，艾比湖的地貌主要分为三个类型：湖泊、沼泽和盐碱滩。艾比湖南部主要为博尔塔拉河与精河，连接绿洲平原，周围高山丘陵、坡积平原。艾比湖自身的地形特征影响了其区内动植物、景观、气候、土壤等生态环境资源的分布规律。

艾比湖地貌概况如图 1－2－3 所示。

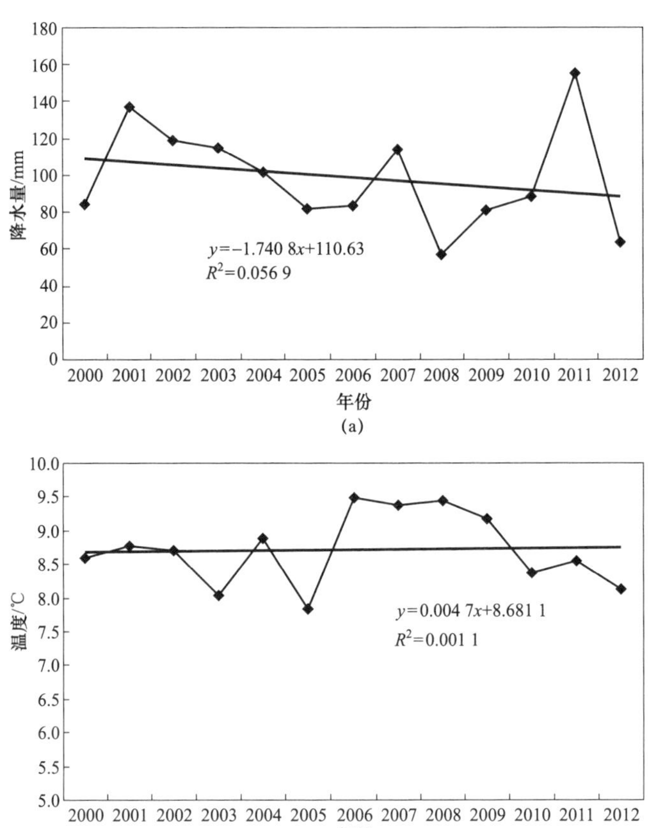

图 1-2-2　艾比湖地区降水量及温度走势

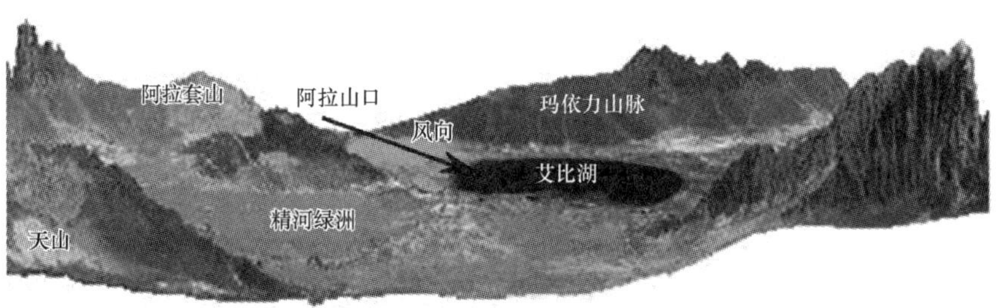

图 1-2-3　艾比湖地貌概况

2.4　艾比湖及主要入湖河流水系

艾比湖主要由精河、奎屯河和博尔塔拉河三大水系组成，也包括大量山溪、河沟水和平原泉群。艾比湖处于一个封闭性流域，地表水资源主要是周围山区雪水，雪融化后流入湖泊，水系小而短。保护区内的主要入湖河流包括博尔塔拉河、精河、奎屯河、四棵树河、阿奇克苏河、古尔图河、阿恰勒河、大河沿子河等，水资源量约为 $3.78\times10^9\ m^3$。由于近几十年来极端气候变化、人类活动加剧，入湖河流径流量呈减少趋势。奎屯河、阿奇克苏河及古尔图河已经断流。由图 1－2－4 可知，艾比湖湖面面积呈下降趋势，到目前为止，艾比湖湖面面积大约为 500 km^2。近年来，人类大规模的开垦活动及地下水、河流水的不合理利用，导致湖面面积减少。目前，艾比湖严重缺水，博尔塔拉河和精河在艾比湖的经济发展中发挥着不可替代的作用。

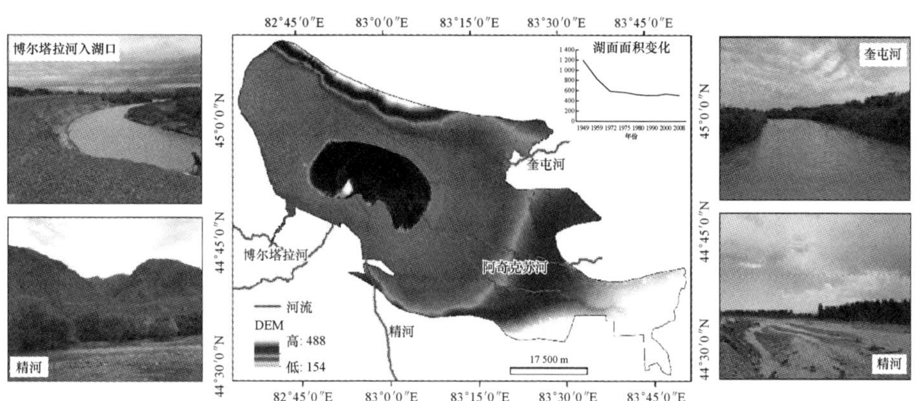

图 1－2－4　艾比湖地区河流及湖面面积变化分析

2.5　艾比湖的地物类型

该研究区在广阔的冲积平原上，周围广泛分布着盐化草甸土、沼泽土、草甸盐土、盐土（盐渍化土）、灰棕漠土、荒漠风沙土、石膏灰棕漠土和荒漠碱土。艾比湖的土地利用类型主要包括水体、农田、林草地、盐渍土、沙漠。从图 1－2－5 可以看出，艾比湖盐渍土面积最大，盐渍化比较严重。艾比湖土壤类型主要有灰棕漠土、风沙土、盐土、草甸土和沼泽土。研究区常见植物类型有梭梭（*Haloxylon Ammodendron*）、胡杨（*Populus Euphratica*）、柽柳（*Tamar-rix*

Chinensis）和芦苇（*Phragmites Australis*）等。

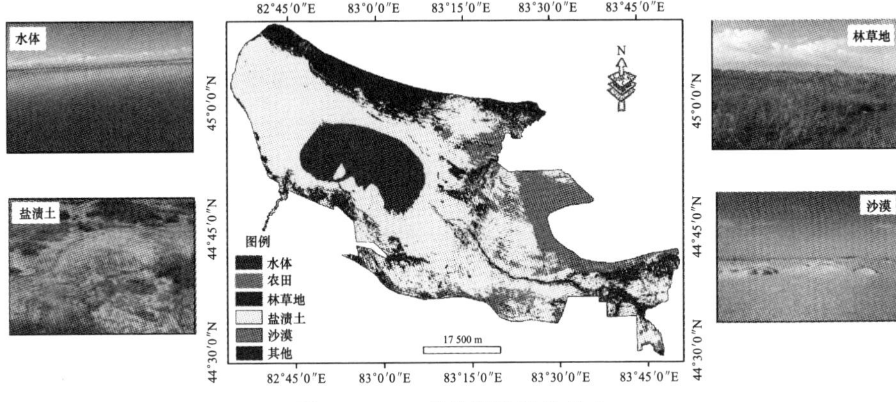

图 1-2-5　艾比湖的地物分布

第三章

数据收集与分析方法

3.1 数据的收集

Landsat8 遥感影像数据获取：

根据本研究对遥感影像的需求以及遥感影像的可获得性，兼顾获取成本和快捷方便性，本篇所选取的数据是 2016 年 5 月 24 日的 Landsat8 遥感影像。因为艾比湖区域较小，所以只需要一幅遥感影像，主要遥感数据信息如表 1－3－1 所示。遥感影像云覆盖面积均<5%，均在研究区间，分辨率为 30 m。Landsat8 一共包括 11 个波段。作者只列举了本篇用到的 7 个波段，具体的信息如表 1－3－1 和图 1－3－1 所示。

表 1－3－1　Landsat8 遥感影像信息

项目	波段	波长/μm	分辨率/m
Landsat8	B1－海岸带/气溶胶	0.43～0.45	30
	B2－蓝	0.45～0.51	30
	B3－绿	0.53～0.59	30

续表

项目	波段	波长/μm	分辨率/m
Landsat8	B4－红	0.64～0.67	30
	B5－近红	0.85～0.88	30
	B6－短波红外 1	1.57～1.65	30
	B7－短波红外 2	2.11～2.29	30

图 1－3－1　真彩色合成图像

（1）土壤数据的采集及测定。

本书采用五点采样法布设土壤采样点，根据其土地利用现状和植被覆盖类型等因素，选择植被覆盖度相对均一且具代表性的地区均匀布设采样点 36 个，并定期进行土壤盐分因子的调查和采样。为获取研究区 2016 年 5 月和 7 月的盐分数据，选取约 30 m 见方土壤类型单一、地物单一的平整地块进行采样，并利用 GPS 定位每个样点坐标。每个地块采集 3 层土壤（0～10 cm、10～20 cm 和 20～40 cm）的土样。记录每一个采样点的周边植被及环境状况，以为后期分析问题作参考。土壤采样点分布如图 1-3-2 所示。野外采集照片如图 1-3-3 所示。

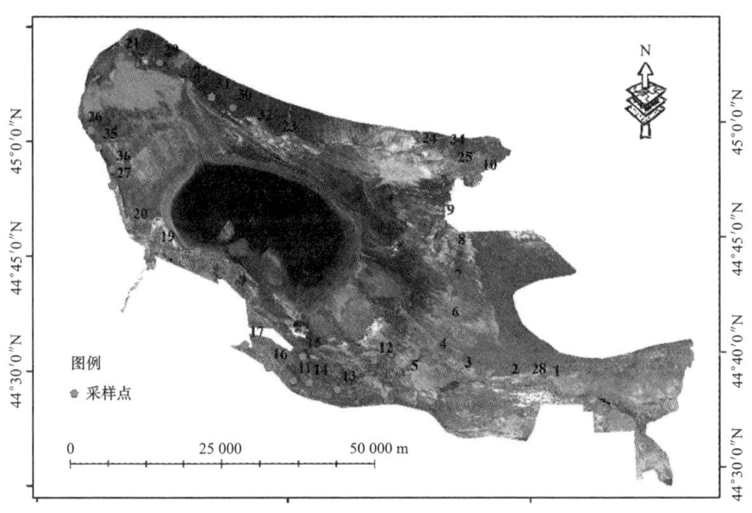

图 1-3-2　土壤采样点分布

图 1-3-3　野外采集照片

本篇主要采用 5:1 浸提法对土壤可溶性盐分进行测定。首先将土壤晾干，过筛子将土壤内的杂质和植被根系等剔除。然后对上海升徽电子有限公司生产的华志电子天平（型号：PTT–A；线性误差：0.01 mg；操作温度范围：7.5 ℃～25 ℃）进行校准，取筛选后的土壤样本 50 g，倒入烧瓶，添加 250 mL 蒸馏水，摇晃振荡约 3 min，然后静置一段时间，待不溶物沉淀后，提其上清液进行测定。含盐量参数则利用德国 Wissenschaftlich Technische Werkstätten 公司生产的 Multi 3420 SET B 分析仪在土壤过滤后的液体中测定。其中，盐分是由该仪器测定的盐度数据换算而来的。此外，土壤中盐分因子（K^+、Ca^{2+}、Na^+、Mg^{2+}、Cl^-、SO_4^{2-}和 HCO_3^-）含量的测定由专业机构进行，其中，Ca^{2+}和 Mg^{2+}的测定采用 EDTA 滴定法，K^+、Na^+的测定使用火焰光度法，HCO_3^-的测定采用双指示剂中和滴定法，Cl^-的测定采用 $AgNO_3$ 滴定法，SO_4^{2-}的测定采用 EDTA 间接络合滴定法。

（2）地面高光谱数据获取。

用美国 ASD（Analytical Spectral Devices）公司生产的 Field Spec® 3 型地物光谱仪对土壤样本的光谱反射率进行采集。该光谱仪采集的光谱波长范围为 350～2 500 nm，采样间隔在 350～1 050 nm 内为 1.4 nm，在 1 000～2 500 nm 内为 2 nm，重采样间隔为 1 nm，光谱分辨率为 3 nm，重采样间隔 1 nm，共输出 2 151 个波段。

野外光谱测试的基本要求：一是天空晴朗无云，一般在无风、光照较为充足的地方，在 11：00—14：30 这个时间段内进行测量。首先开启机器进行预热，然后进行标准校正，对准标准参考板进行定标校准，当光谱反射率接近 1 时对准地物进行测量。二是每次测量目标地物前，需要重新校正。测量探头一般在土壤上方 15 cm 处，垂直土壤表层。三是每个土壤样本采集 10 条光谱反射率曲线，取均值作为该点的光谱反射率，利用 View Spec Pro V6.0.11 软件的 Statistics 功能计算均值，导出.DAT 数据格式的文件，最后用 Excel 进行光谱变化。

3.2 影像数据处理

3.2.1 Landsat8 遥感影像预处理

由于遥感卫星在轨道运行时会受到一些因素的影响，如卫星传感器的高度和姿势角、大气折射、地球表面曲率、地形、地球自转等。这些因素都会造成传感器在成像时发生变形和畸变。由于太阳光线穿过大气层时发生折射、散射等物理现象，因此图像的实际灰度值会相对减少，从而引起图像信息量变化及图像模糊。所以，在使用遥感影像之前需要去除这些因素的影响。

3.2.2 辐射校正

一般情况下，遥感影像记录的是数字量化值（DN 值），即采用 DN 值表示影像像元的属性特征，像元值不同表示地物信息不同；相近的地物特征，其 DN 值相近。首先辐射定标，将遥感影像的 DN 值转换成相对应的辐射亮度值或者地表发射率值，然后进行大气校正，辐射定标是大气校正的基础。大气校正是基于大气辐射传输模型消除大气中气溶胶、水汽以及其他大气成分对物体反射波谱的影响。

Landsat 系列卫星各载荷的绝对辐射定标系数可以从美国 USGS（http://glovis.usgs.gov/）网站下载，然后利用式（1－3－1）将 Landsat 卫星影像的 DN 值转换为辐射亮度值：

$$L_e(\lambda_e) = \text{Gain} \cdot \text{DN} + \text{Bias} \qquad (1-3-1)$$

式中，Gain 为定标斜率，单位为 $\text{W} \cdot \text{m}^{-2} \cdot \text{sr}^{-1} \cdot \mu\text{m}^{-1}$；DN 为卫星载荷观测值；Bias 为定标截距，单位为 $\text{W} \cdot \text{m}^{-2} \cdot \text{sr}^{-1} \cdot \mu\text{m}^{-1}$。

遥感应用中常用的大气校正模型：RADFIELD 模型、5S 模型、6S 模型以及 FLAASH 模型等。本篇采用 ENVI 软件中的 FLAASH（Fast Line－of－sight Atmospheric Analysis of Spectral Hypercubes）大气校正模块进行大气校正，采用 MODTRAN4＋辐射传输模型，并集成于遥感图像处理软件 ENVI。

3.2.3 正射校正

正射校正就是利用校正模型对影像进行倾斜校正和投影校正，消除因传感器和地表引起的变形。RPC 模型将地面点大地坐标 D（经度，纬度，高程）与卫星影像像点坐标 d（行，列）采用两个多项式的比值关联起来，构建两者的空间变换关系。本篇以 2016 年野外考察 GPS 信息点（可在影像上找到，共 10 个控制点）为基础，采用有理函数传感器模型对影像进行校正。

3.2.4 几何校正

几何校正就是将影像投影到某一选定的参考坐标系下并消除原始影像存在的几何形变。本篇利用控制点对影像做一般多项式模型校正，即基于 10 个控制点信息，选择高斯—克吕格投影模式及三次卷积内插法重采样进行图像点的精密校正，并保证控制点的总体均方根误差小于 0.5；再以 2014 年遥感影像为基础，对 2016 年的影像数据进行几何校正，保证影像的几何一致性。

3.3 分析方法

3.3.1 光谱指数构建

在高光谱地表反演研究中，运用一阶微分、数学变换和光谱指数等技术均能快速有效地提取目标对象的特征信息。本篇运用简单的数学变换构造光谱参数，不仅计算方便而且排除了数据冗余问题，能很方便地应用到遥感上，其中包括归一化型（NDSI）、差值型（DI）和比值型（RVI）光谱参数，构建的光谱指数能够消除土壤环境的噪声，并减少数据冗余，对光谱反演的应用研究具有特殊意义。到目前为止，此方法已广泛应用于光谱参数中。参照光谱参数研究中描述土壤理化性质的光谱指数，利用土壤光谱反射率，构建了 NDSI、DI 和 RVI，其具体计算公式为：

$$\mathrm{NDSI}(R_i,R_j)=\frac{R_i-R_j}{R_i+R_j} \tag{1-3-2}$$

$$\mathrm{DI}(R_i,R_j)=R_i-R_j \tag{1-3-3}$$

$$\mathrm{RVI}(R_i,R_j)=\frac{R_i}{R_j} \tag{1-3-4}$$

式中，R_i 为波长 i 的土壤反射率，无量纲；R_j 为波长 j 的土壤反射率，无量纲。

3.3.2 综合指数的构建

基于多光谱波段反射率进行数学变换，构建光谱指数，可减小由地形、大气等对反射率产生的误差，提高预测模型精度。通过构建不同类型的光谱指数，增强土壤盐分因子与 LandsatOLI、高光谱中心波长模拟反射率的相关性。基于多光谱波段反射率 T_i 和高光谱模拟波段的反射率 TS_i（T_i 表示多光谱影像第 i 个波段的反射率，TS_i 表示模拟的高光谱影像第 i 个波段的反射率）构建光谱指数、波段反射率差值归一化指数。

$$\mathrm{NDSI}_{ij}^{\mathrm{TT}}=(R_i^{\mathrm{T}}-R_j^{\mathrm{T}})/(R_i^{\mathrm{T}}+R_j^{\mathrm{T}}) \tag{1-3-5}$$

$$\mathrm{NDD}_{ij}^{\mathrm{TT}}=(R_i^{\mathrm{T}}+R_j^{\mathrm{T}})/(R_i^{\mathrm{T}}-R_j^{\mathrm{T}}) \tag{1-3-6}$$

$$\mathrm{SI}_{i}^{\mathrm{TS-TT}}=(R_i^{\mathrm{TS}}+R_i^{\mathrm{TT}}) \tag{1-3-7}$$

3.3.3 模型评估

本篇采用相关系数 R、检验统计量 F 来检验模型的精度。

（1）相关系数 R。

$$R=\frac{\sum_{i=1}^{n}(X_i-\overline{X})(Y_i-\overline{Y})}{\sqrt{\sum_{i=1}^{n}(X_i-\overline{X})^2\sum_{i=1}^{n}(Y_i-\overline{Y})^2}} \tag{1-3-8}$$

式中，X_i 为实测值，Y_i 为预测值，$\overline{X}$ 为实测值的平均值，$\overline{Y}$ 为预测值的平均值，n 为样本总数。

（2）F 检验。

F 检验又叫方差齐性检验，即从研究总体中随机抽取样本，比较两组数据的方差来查看其相关性是否具有显著性。

$$\text{SST}=\text{SSA}+\text{SSE} \tag{1-3-9}$$

$$\text{SSA}=\sum_{i=1}^{k}n_i(\overline{x}_i-\overline{x})^2 \tag{1-3-10}$$

$$\text{SSE}=\sum_{i=1}^{k}\sum_{j=1}^{n_i}(x_{ij}-\overline{x}_i)^2 \tag{1-3-11}$$

$$F=\frac{\text{SSA}/(k-1)}{\text{SSE}/(n-k)} \tag{1-3-12}$$

$$F=\frac{S_1^2}{S_2^2} \tag{1-3-13}$$

$$S^2=\frac{\sum(\overline{X_1}-\overline{X_2})^2}{n-1} \tag{1-3-14}$$

式中，SST 为总的变异平方和；SSA 为组间离差平方和，反映了控制变量的影响程度；SSE 为组内离差平方和，代表了数据抽样误差的大小值；k 为水平数；n_i 为第 i 个水平下的样本容量；F 为平均组间平方和与平均组内平方和的比值，F 检验值越大，模型越好。将通过式（1－3－13）计算的 F 检验值与查到的 F 检验值（记为 F 表）进行比较，如果 F＜F 表，则表明两组数据不存在显著性区别；如果 F≥F 表，则表明两组数据存在显著性区别。

第四章

土壤盐分因子的特征分析及空间分布

4.1　土壤盐分因子统计分析

对采集的 35 个土壤样本的盐分因子进行统计分析，具体统计结果如表 1－4－1 所示。其结果表明，艾比湖的土壤盐分因子在不同土壤层质量分数差异显著，在 0～10 cm 土壤层，Na^+含量最多，为 0.015～104.177 g/kg；K^+含量最少，为 0.002～0.698 g/kg。在 10～20 cm 土壤层，SO_4^{2-}含量最多，为 0.07～42.16 g/kg；K^+含量最少，为 0.02～0.79 g/kg。在 20～40 cm 土壤层，Na^+含量最多，为 0.01～70.75 g/kg；K^+含量最少，为 0.01～1.32 g/kg。从表 1－4－1 可以看出，3 层土壤中 Cl^-含量的极小值均为 0，这说明 Cl^-的分布不均匀且存在异常值。从偏度参数可以看出，土壤各层盐分因子含量数据集中度不同，说明数据分布非对称。从土壤表层到 20～40 cm 土壤层的各因子含量较多，主要集中在土壤表层。由于土壤采集的季节为 5 月，日照强度较强，降水少，因此盐分上升到土壤表层，所以盐分在土壤表层集聚。其中，土壤表层 Na^+、Ca^{2+}、SO_4^{2-}和含盐量的标准差较大，分别为 29.486、5.743、11.98 和 3.633，说明这 4 个盐分因子的离散度较大，同理 10～20 cm 和 20～40 cm 土壤层的盐分因子的离散度均较大。

表 1-4-1 不同土壤样本层的盐分因子统计分析

		N	极小值/($g \cdot kg^{-1}$)	极大值/($g \cdot kg^{-1}$)	均值/($g \cdot kg^{-1}$)	标准差	方差	偏度	峰度
0～10 cm	含盐量	35	0.1	12	4.487 43	3.633	13.20	0.83	-0.73
	HCO_3^-	35	0.158	0.948	0.510	0.182	0.033	0.43	-0.37
	Cl^-	35	0	20	0.99	3.45	11.90	5.46	31.13
	SO_4^{2-}	35	0.15	63.174	10.423	11.98	143.58	2.78	10.58
	Ca^{2+}	35	0.21	24.566	6.194	5.743	32.98	1.29	1.65
	Mg^{2+}	35	0.010	1.591 4	0.296	0.439	0.19	2.37	4.38
	K^+	35	0.002	0.698	0.262	0.202	0.041	0.76	-0.31
	Na^+	35	0.015	104.177	17.204	29.486	869.45	2.13	3.41
10～20 cm	含盐量	35	0	25.1	3.26	4.43	19.64	3.87	18.38
	HCO_3^-	35	0.105	1.26	0.517	0.30	0.09	1.10	0.20
	Cl^-	35	0	5.37	0.48	0.93	0.87	4.62	24.27
	SO_4^{2-}	35	0.07	42.16	9.35	10.64	113.24	1.74	2.75
	Ca^{2+}	35	0.06	16.27	4.50	4.80	23.11	0.95	-0.15
	Mg^{2+}	35	0.016	2.98	0.28	0.58	0.34	3.85	15.40
	K^+	35	0.02	0.79	0.23	0.19	0.03	1.40	2.21
	Na^+	35	0.046	56.71	6.24	9.91	98.28	4.21	21.22
20～40 cm	含盐量	35	0	38.8	3.65	6.66	44.40	5.01	27.01
	HCO_3^-	35	0.105	1.31	0.50	0.30	0.09	1.06	0.51
	Cl^-	35	0	5.27	0.51	0.95	0.92	4.21	20.40
	SO_4^{2-}	35	0.07	44.74	6.91	10.09	102	2.71	7.66
	Ca^{2+}	35	0.08	25.9	4.302	6.401	40.98	2.01	3.49
	Mg^{2+}	35	0.01	1.72	0.26	0.41	0.17	2.61	6.68
	K^+	35	0.01	1.32	0.23	0.23	0.05	3.40	14.12
	Na^+	35	0.01	70.75	7.00	12.80	163.86	4.34	21.06

不同土壤层盐分因子分布情况如图 1-4-1 所示，含盐量在 0～10 cm 土壤层较多，随土壤深度的增加而逐渐下降，究其原因为地下水不断蒸发，将盐分因子带至地表；HCO_3^- 含量在不同土壤层不变；Cl^- 含量随土壤深度的增加而略微下降；SO_4^{2-} 含量在 0～10 cm、10～20 cm 土壤层一致，在 20～40 cm 土壤层明显降低；Ca^{2+}含量随土壤深度的增加而逐渐降低；Mg^{2+}含量在不同土壤层变化甚微；K^+含量在 0～10 cm 土壤层最多，在 10～20 cm 土壤层减少，在 20～40 cm 土壤层有所上升；Na^+含量随土壤深度的增加而下降。

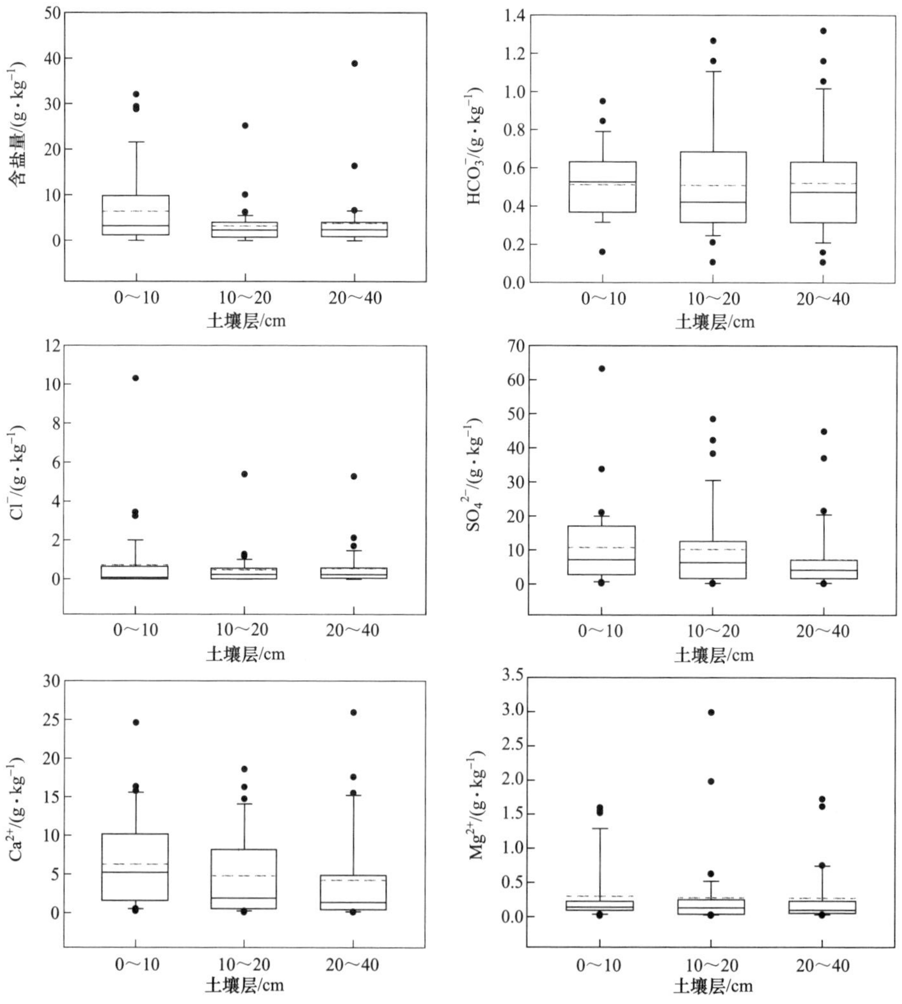

图 1-4-1　不同土壤层盐分因子分布情况

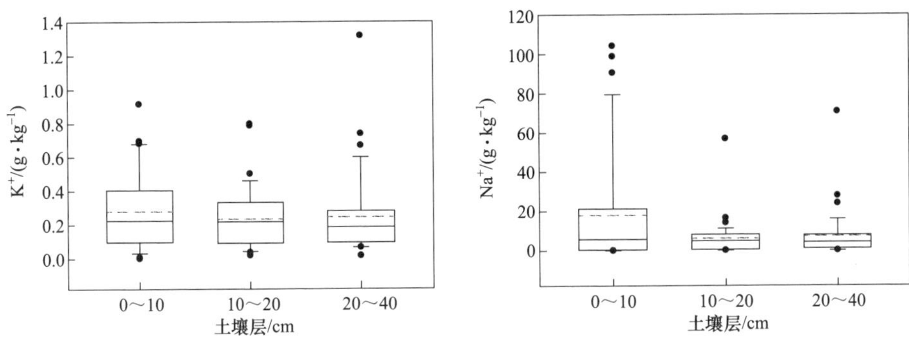

图 1－4－1　不同土壤层盐分因子分布情况（续）

不同土壤层盐分因子含量分布如图 1－4－2 所示，SO_4^{2-} 含量在不同土壤层中均最多，其次是含盐量；Na^+含量在不同土壤层中均最大，其次是 Ca^{2+}；不同土壤层盐分因子变异系数如图 1－4－2 所示，变异系数（CV）是一个相对变化指标，是所选数据的标准差与其平均数之比，用来衡量一组数据的离散程度。其主要分为 3 个区间：弱空间变异性（0～10%）、中等强度空间变异性（10%～100%）及强空间变异性（>100%）。盐分因子中，3 种土壤层中 HCO_3^- 变异系数分别为 30/60/50，均为中等强度空间变异性，不同土壤层中的 SO_4^{2-}、Cl^-、含盐量均大于 100，为强空间变异性，其中 0～10 cm 土壤层中 Cl^- 变异系数最大，约为 340；盐分因子中，0～10 cm 土壤层中的 K^+、Ca^{2+}和 10～20 cm 土壤层中的 K^+分别为 80/90/80，均为中强度空间变异性，除此以外，各土壤层盐分因子均为强空间变异性。从图 1－4－2 可知，主要的盐分因子是 Na^+。从变异系数可知 Cl^- 因子的变异强度最强，盐分因子中 Na^+和 Mg^{2+}的变异强度最强，说明这三个因子受影响度较强、受到的影响因素较多且空间变异性较强。

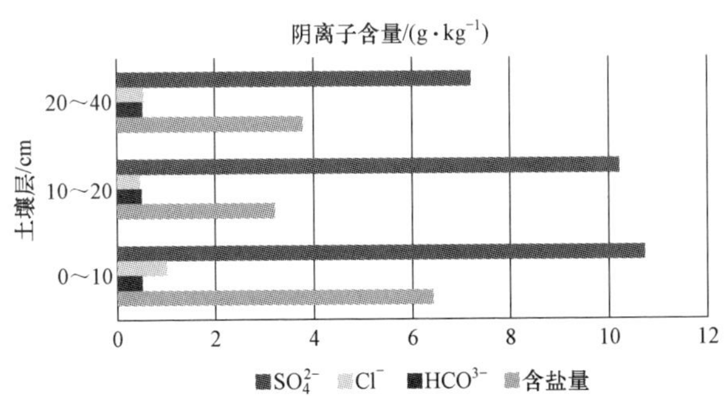

图 1－4－2　不同土壤层盐分因子含量及变异系数

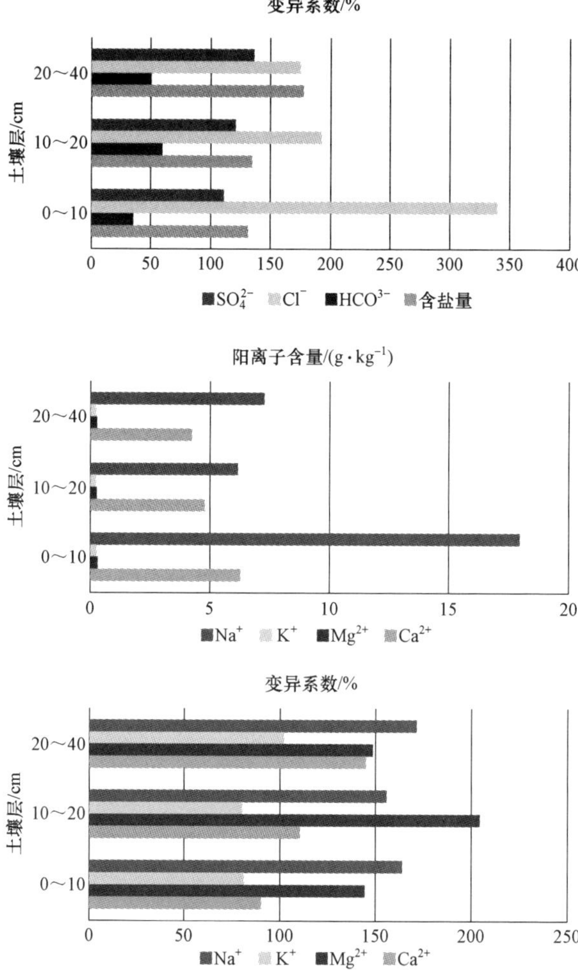

图 1-4-2　土壤各层盐分因子含量及变异系数（续）

4.2　土壤盐分空间分析

为了更加直观地了解艾比湖的盐分因子空间分布，本篇针对不同土壤层盐分因子实现空间化，如图 1-4-3 所示。从图 1-4-3 可以看出，SO_4^{2-}因子主要分布在阿奇克苏河附近，位于艾比湖西南部；盐分主要分布在艾比湖南部，土壤表层盐分较高；Na^+和盐分含量分布大体一致，主要位于精河入湖口；而

Mg^{2+}高值区分布较为广泛，并未出现聚集现象。从奎屯河到阿奇克苏河之间的采样点，Mg^{2+}、Na^{+}、含盐量和 SO_4^{2-}含量较低，不同土壤层含量差别不显著且含量较低。

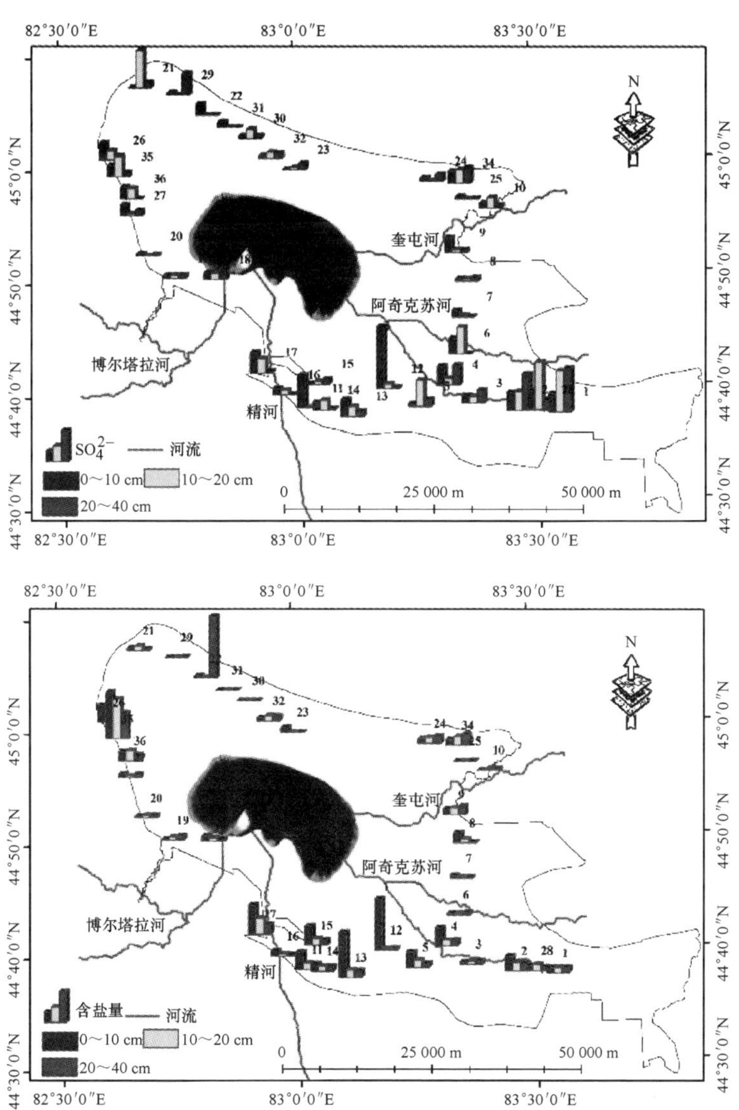

图 1-4-3　土壤各层盐分因子空间分布（一）

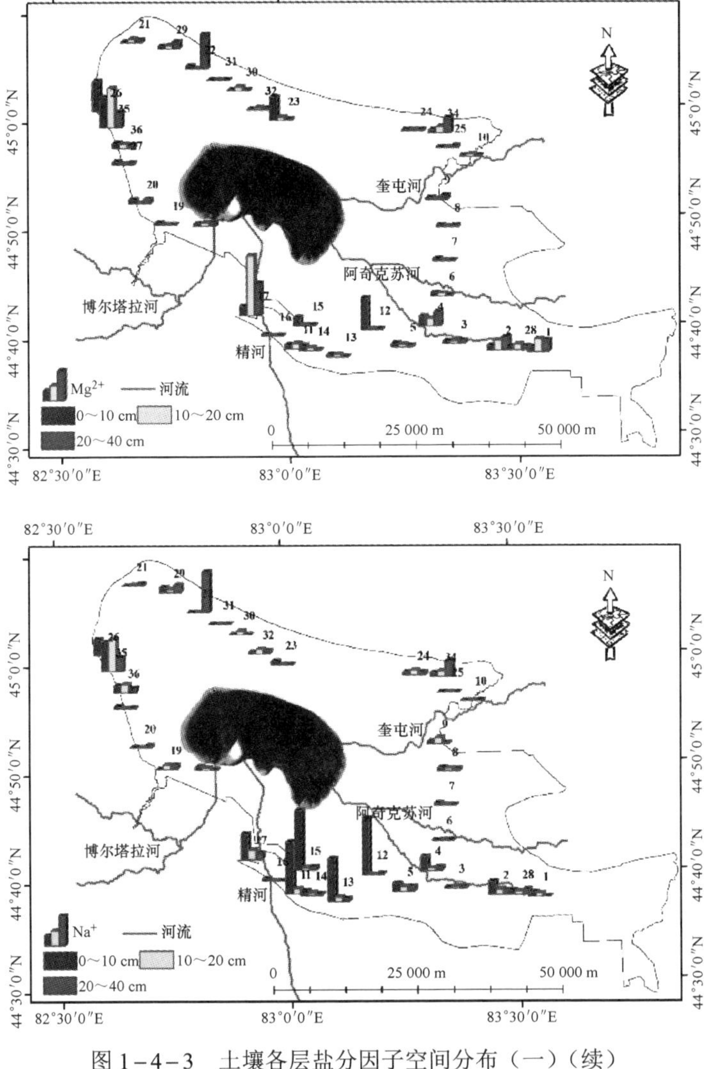

图 1－4－3　土壤各层盐分因子空间分布（一）（续）

K^+的空间分布较均匀，在艾比湖北部，20～40 cm 土壤层中含K^+较多，而艾比湖南部是土壤表层K^+含量较高，如图 1－4－4 所示。整体来看，HCO_3^-因子空间分布差异不大，Cl^-因子的含量最少。从整个研究区来看，土壤各层的Cl^-含量均很低，说明整个保护区 HCO_3^-因子含量最多，Cl^-因子含量最少。Ca^{2+}主要分布在阿奇克苏河和托托县城附近的农田，说明Ca^{2+}含量的高低和人类活动存在一定关系。

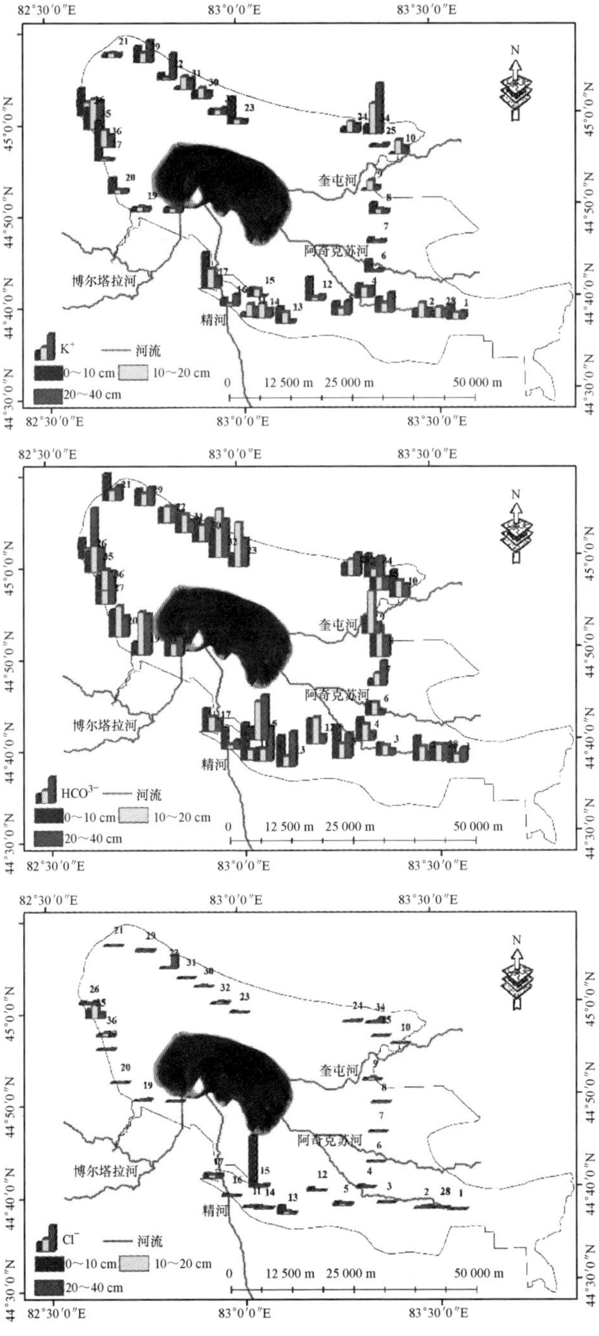

图 1-4-4 土壤各层盐分因子空间分布（二）

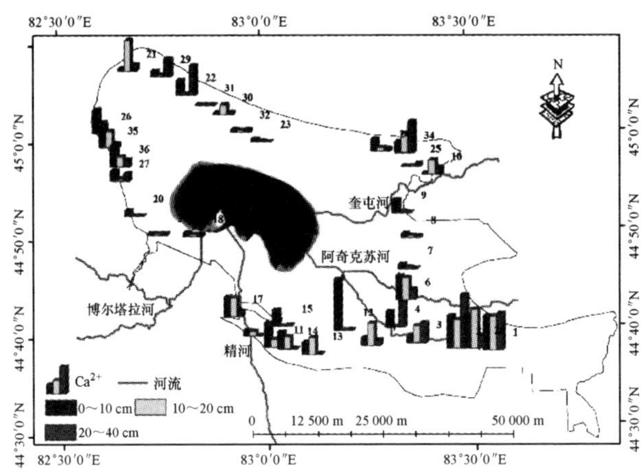

图 1-4-4　土壤各层盐分因子空间分布（二）（续）

4.3　基于不同划分区域的土壤水盐分变化趋势分析

4.3.1　基于通风口划分的剖面水盐分析

为了探究不同剖面的水盐分布特征，作者根据地形和风向，基于阿拉山口将艾比湖一分为二，分为 A 区和 B 区。作者从风口依次对采样点进行分析，如图 1-4-5 所示。从图 1-4-5 可以看出，土壤采样点主要分布于沿湖一带。而 B 区植被覆盖度相对较高，沿途主要经过盐碱滩、盐场，最后到达阿奇克苏河的沿河一带。

作者根据图 1-4-5 的划分剖面沿途进行水盐含量分析。从图 1-4-6 中的 A 区含盐量可以看出，土壤样点 22 在 20～40 cm 土壤层的含盐量出现最高值，整体来看，此点的数值可能是异常点，从而去除异常点后做 A1 区图。从 A1 区图中可以看出，土壤样点 21、29、22、31 在 10～20 cm 土壤层的含盐量最高，土壤样点 31 至 9 在 20～40 cm 土壤层的含盐量最高；土壤样点 9、8、7、6、2、28 在 0～10 cm 土壤层的含盐量最高。究其原因，从图 1-4-5 可以看出，离阿拉山口最近的几个采样点的土壤表层含盐量最少，这可能是由于地处通风口，常年大风将土壤表层的积盐刮到风口，近年来艾比湖盐尘暴频发导致土壤亚层比土壤表层含盐量高。而土壤样点 9、8、7、6、2、28、1 位于艾比湖下游部分，受阿拉山口大风影响较小，所以土壤表层含盐量最高。整体来看，B 区土壤表层含盐量最高，其次是土壤亚层。

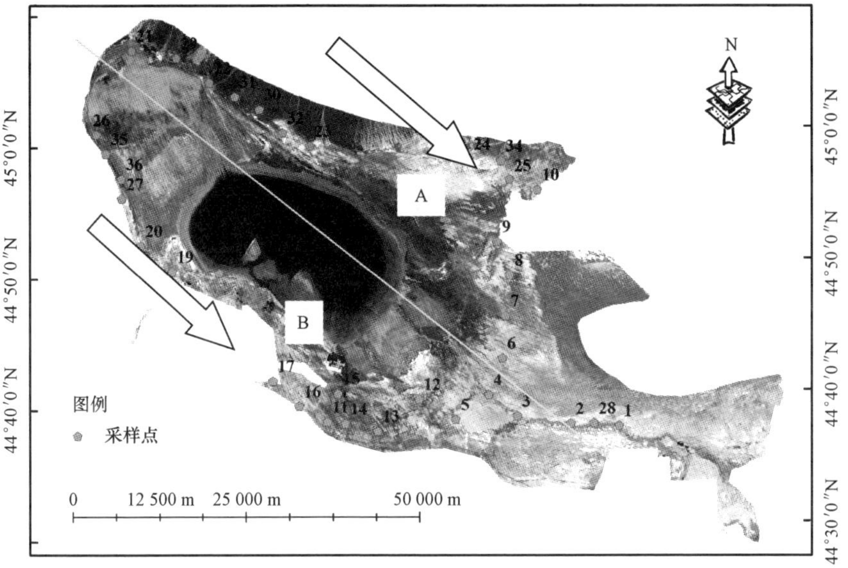

图 1－4－5　分割不同剖面示意

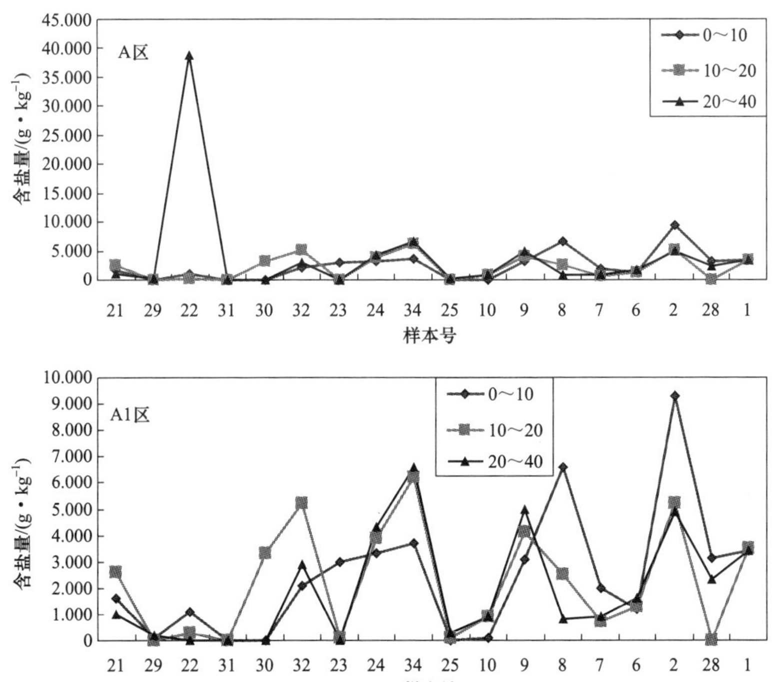

图 1－4－6　不同剖面的水盐变化分析

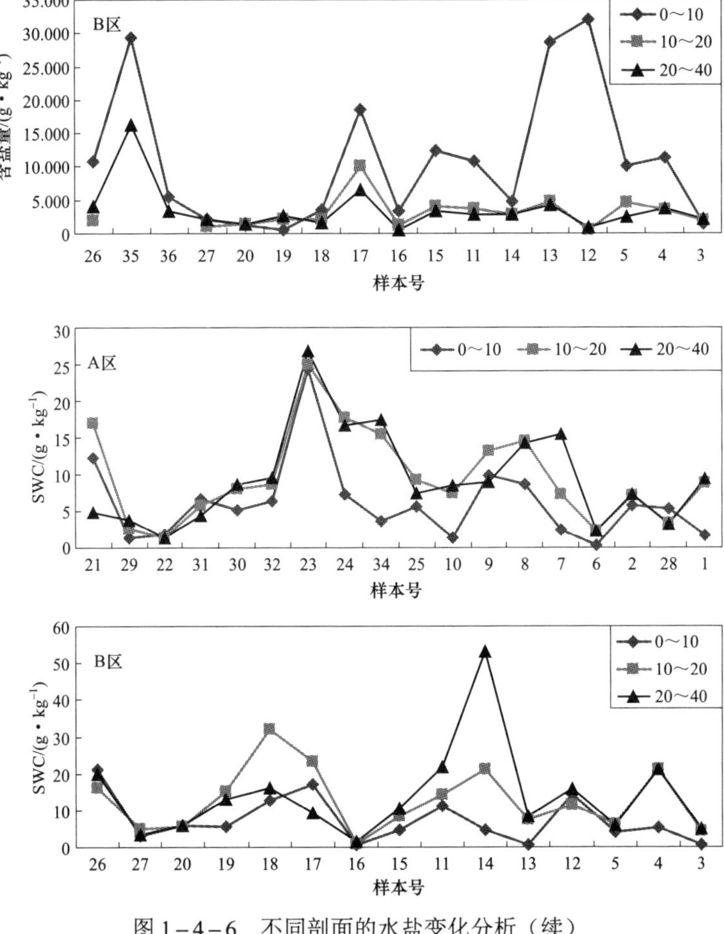

图 1-4-6　不同剖面的水盐变化分析（续）

从图 1-4-6 中 A 区和 B 区 SWC（土壤水分含量）的趋势图可以得出：A 区 SWC 同样分为 3 个阶段，土壤样点 21、29、22、31 在 0～10 cm、10～20 cm、20～40 cm 三层相差不大。从土壤采样点 31 依次按风口往下排，发生了明显变化。土壤表层的 SWC 比亚层的 SWC 要少，而 10～20 cm 与 20～40 cm 土壤层的 SWC 相差不大。土壤采集月份为 5 月，夏季气候比较明显，土壤表层蒸发量比较大，而土壤样点 21、29、22、31 受到风口大风的影响，蒸散发相对弱一些，所以在出风口的土壤样点，各层的 SWC 相对一致。从土壤样点 16 开始出现转折，土壤样点 16 位于盐场，从土壤样点 26 依次到达 16 主要经过绿洲、盐碱滩和湖边，其地下水位较低，所以导致土壤样点 16 出现转折。

4.3.2 基于湖区划分的剖面水盐分析

作者依据艾比湖地理位置和周边环境状况，将研究区分为三个部分，即 C 区、D 区和 E 区，C 区位于艾比湖上游，主要包括盐碱滩和潜水湖；D 区主要是湖的北部和南部两部分，土壤采样点主要位于湖周边；E 区主要位于艾比湖下游，植被覆盖度一般，主要地形包括荒漠、盐碱地和农田等，与托托县相邻。从图 1－4－7 可以看出，此次划分以艾比湖为中心，分为 3 个部分，每个区域的植被和土壤类型很相近。

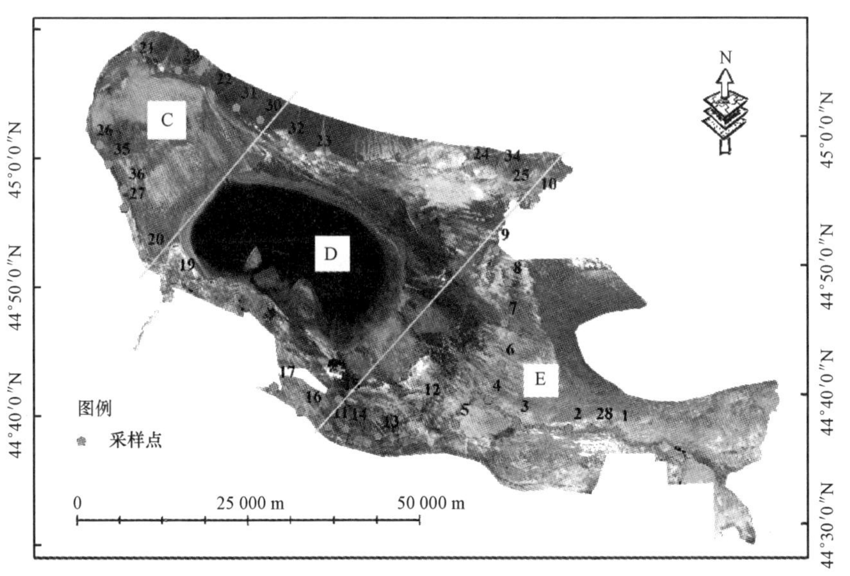

图 1－4－7　剖面划分示意

从图 1－4－8 可以看出，C 区、D 区和 E 区盐分含量相差不大。艾比湖上游 C 区土壤表层和亚层盐分含量相差不大。盐分为 1.2～6.0 g/kg。D 区湖区周边 10～20 cm 和 20～40 cm 土壤层的盐分含量高于土壤表层盐分含量，这可能是由于艾比湖周边气温相对较低，蒸发量较少，土壤表层并未发生积盐现象，所以土壤表层盐分含量低于 10～20 cm 和 20～40 cm 土壤层盐分含量。E 区主要位于艾比湖下游，以荒漠居多，土壤类型主要是沙土，蒸发量比较大，易导致土壤表层发生积盐现象，所以土壤表层盐分含量高于亚层和 20～40 cm 土壤层的盐分含量。从 C 区 SWC 分布图可以看出，土壤表层与亚层 SWC 变化幅度较大，而 E 区 SWC 随土壤层增加而升高。D 区主要是艾比湖周边的土壤采样点。

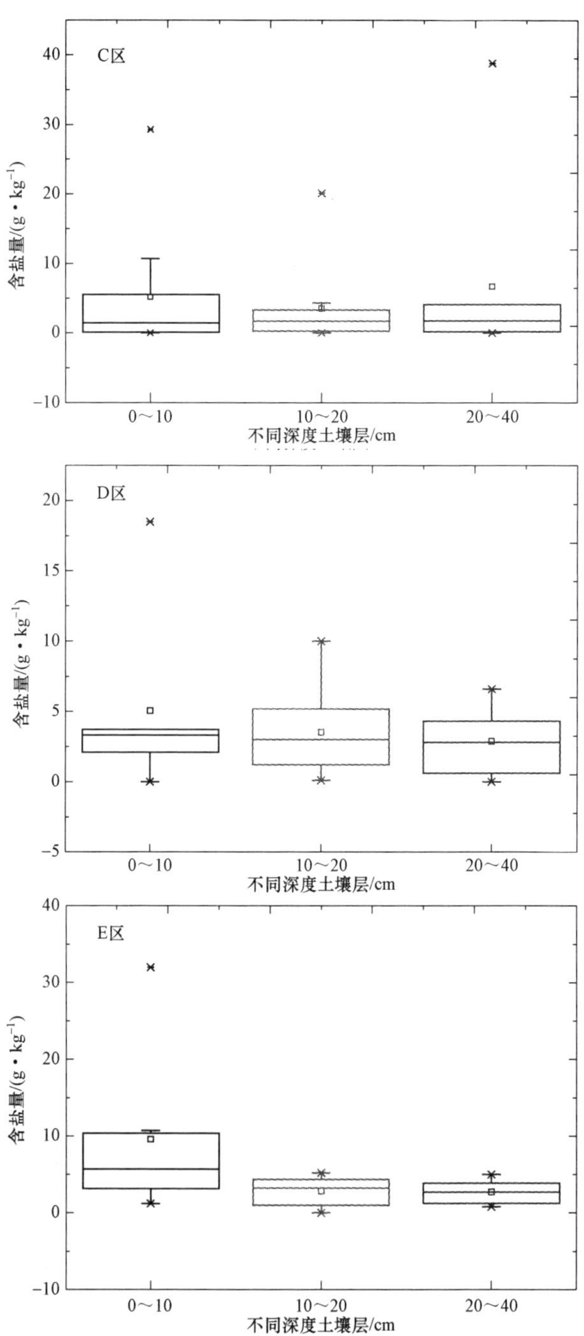

图 1-4-8　不同区域的含盐量和含水量分布

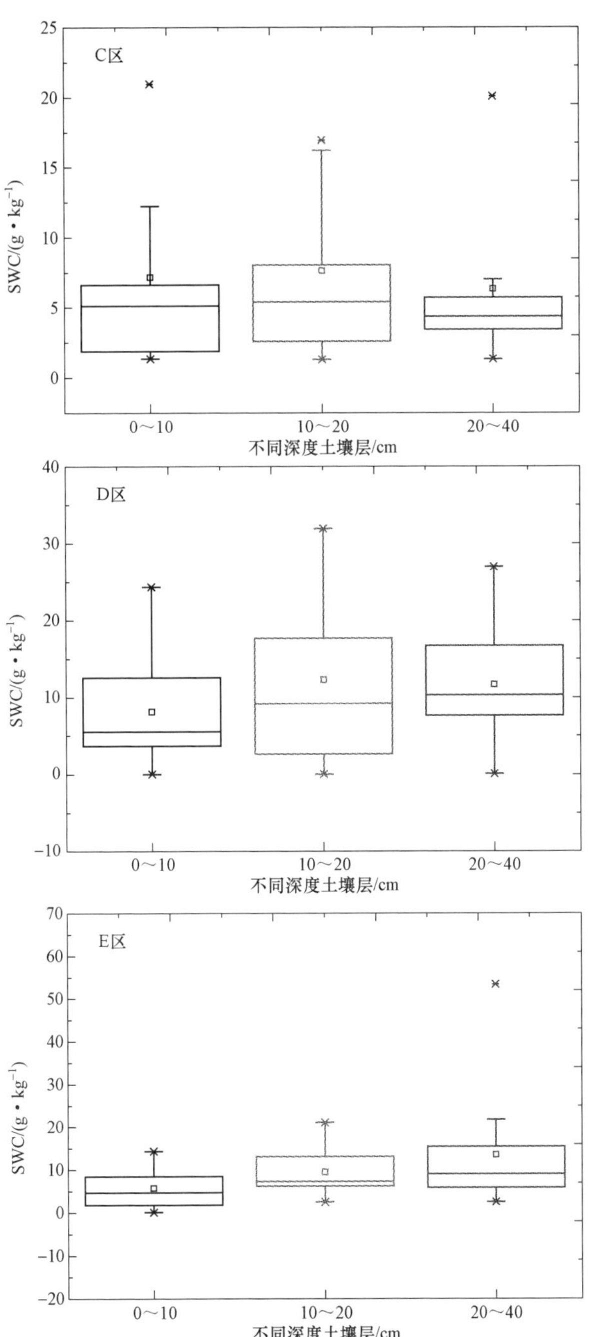

图1-4-8 不同区域的含盐量和含水量分布（续）

第五章

基于地面光谱数据的土壤盐分因子反演

5.1 不同盐分含量的土壤光谱特征分析

盐分是影响土壤反射率的重要因素之一，研究盐分特征波段可为遥感监测土壤盐渍化提供非常必要、有用的理论依据。根据实验室对土壤样本的化验结果，作者分别选取全盐含量为 3.4 g/kg、10.01 g/kg、18.5 g/kg、28.7 g/kg 的土壤样本光谱曲线，土壤光谱样本经平滑、去噪处理，求均值得到土壤反射率光谱曲线，用来研究不同全盐含量土壤光谱曲线特征的相似性和差异性，结果如图 1－5－1 所示。在不同全盐含量水平下，土壤光谱特征在形态上趋于一致。在 600～1 400 nm、1 450～1 750 nm、2 000～2 100 nm 和 2 200～2 250 nm 波段，光谱反射率随波长递增，但增幅减小。在约 1 450 nm 处出现微小的先下降、再上升的波动特征，这是 SWC 的水分吸收导致的，随后反射率增加；在 1 400 nm 和 2 200 nm 附近有吸收谷；在 2 250～2 500 nm 波段，反射率总体呈下降走势，这与前人研究结果一致。从反射强度看，在 350～2 500 nm 波段，不同盐分的光谱曲线并未出现规律性变化。随盐分逐渐增加，土壤光谱反射率没有逐渐增大，全盐含量为 3.4 g/kg 的土壤光谱反射率最大。其中，在 350～600 nm 波段，反射率从大到小对应的全盐含量依次为：3.4 g/kg＞28.7 g/kg＞18.5 g/kg＞10.01 g/kg。在 1 000～2 500 nm 波段，反射率发生变化，从大到小对应的全盐含量依次为：3.4 g/kg＞18.5 g/kg＞28.7 g/kg＞10.01 g/kg。这说明不同的盐分在不同波段区间的响应不同。

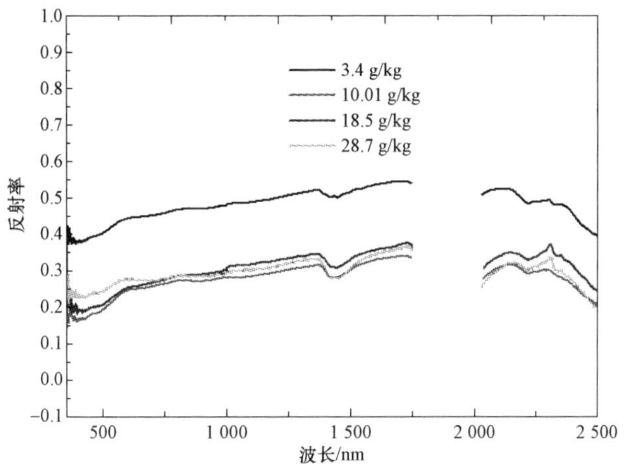

图 1－5－1　不同盐分的反射率曲线分析

5.2　单波段与盐分因子的关系分析

为了筛选盐分因子的特征波段，利用相关性（Correl）逐波段进行土壤盐分因子及其光谱反射率相关性分析（见图 1－5－2），可以看出：整体上各相关性曲线在形状和走势上较为相近，其中，Na^+因子的相关性走势和其他 7 种盐分因子相关性走势不同。在波长 1 260～2 500 nm 区间，Na^+的相关性最高。波长为 350～1 100 nm 区间，Ca^{2+}和 SO_4^{2-}的相关性最高，但随波长增加相关性降低。

从土壤光谱反射率与其主要盐分因子之间的相关性结果来看，如图 1－5－2 所示，Na^+与反射率呈正相关；在 350～1 350 nm，Ca^{2+}和 SO_4^{2-}与土壤光谱呈正相关，系数均小于 0.5，相比盐分和其他因子，Mg^{2+}、Na^+、Ca^{2+}和 SO_4^{2-}相关性较好。分析结果可能为，该区盐分组成主要以钠盐型、钙盐型、镁盐型硫酸物为主，与盐分含量相关性较强的 Mg^{2+}、Na^+、Ca^{2+}和 SO_4^{2-}能较好地反映土壤盐渍化程度。

为了进一步明确表征土壤盐分因子的相关波段，采用 2016 年 5 月土壤盐分因子（K^+、Ca^{2+}、Na^+、Mg^{2+}、Cl^-、SO_4^{2-}、HCO_3^-和含盐量）及其实测光谱反射率，运用 MATLABR2012a 软件分别建立了 DI、RSI、NDSI 数学变换指数和土壤盐分因子含量决定系数图，如图 1－5－3～图 1－5－5 所示，颜色越深，表示相关性越高。

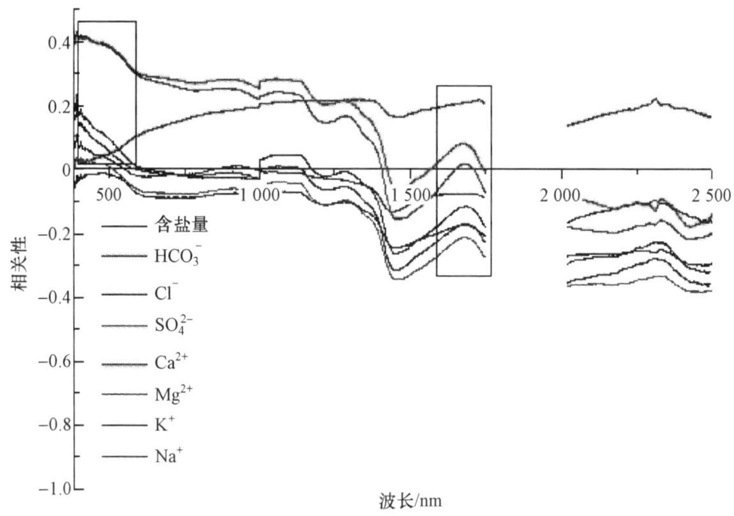

图 1－5－2　波段与盐分因子的相关分析

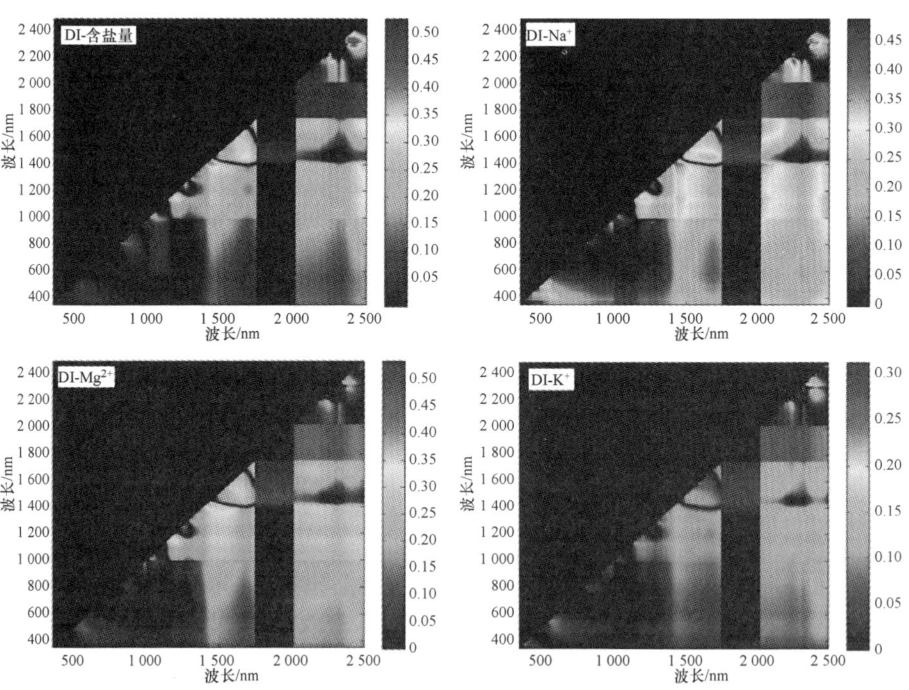

图 1－5－3　DI 指数与盐分因子的决定系数

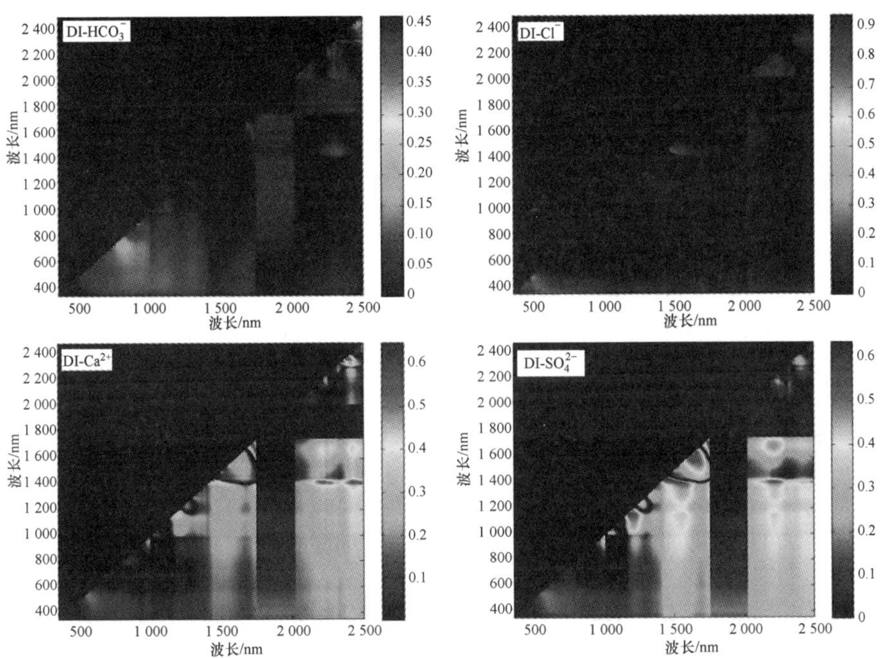

图 1－5－3　DI 指数与盐分因子的决定系数（续）

由图 1－5－3 可知，土壤盐分因子含量与 DI 指数相关性较小，相关性≤0.6。含盐量与 DI 指数确定的敏感波段区间主要位于远红外区域，具体为：*X*：2 200～2 500 nm，*Y*：2 300～2 400 nm，在此区间，最大决定系数在 $R^2=0.5$ 附近，相关性较大。*X*：1 500～1 800 nm，*Y*：1 400～1 500 nm，在此区间，决定系数相对小一些，最大在 $R^2=0.38$ 附近。Na^+与 DI 指数确定的敏感波段区间与含盐量相似，大部分位于可见光区域，具体为：*X*：1 000～1 600 nm，*Y*：1 000～1 700 nm；*X*：2 000～2 500 nm，*Y*：400～1 800 nm；*X*：2 000～2 500 nm，*Y*：2 000～2 400 nm，在此区间，其最大决定系数在 $R^2=0.45$ 附近。Mg^{2+} 与 DI 指数确定的敏感波段区间主要位于近红外区域，具体为：*X*：1 500～1 800 nm，*Y*：1 000～1 700 nm；*X*：2 000～2 500 nm，*Y*：1 000～1 800 nm，在此区间，最大决定系数在 $R^2=0.35$ 附近，相关性较小。K^+、HCO_3^-、Cl^-与 DI 指数几乎没有敏感波段，决定系数均低于 0.2，说明相关性较小。Ca^{2+} 与 DI 指数确定的敏感波段区间主要位于近红外区域，具体为：*X*：1 500～2 000 nm，*Y*：1 000～1 800 nm；*X*：2 000～2 500 nm，*Y*：600～1 800 nm；*X*：2 000～2 800 nm，*Y*：2 200～2 400 nm，在此区间，最大决定系数在 $R^2=0.6$ 附近。SO_4^{2-}与 DI 指数确定的敏感波段区间主要位于近红外区域，具体为：*X*：

1 000～1 400 nm，Y：1 000～1 400 nm；X：1 400～1 750 nm，Y：800～1 800 nm；X：2 000～2 500 nm，Y：400～1 400 nm；X：2 000～2 500 nm，Y：1 500～1 800 nm。在此区间，决定系数 R^2 最大值在 0.6 以上。在上述几种因子类型中，SO_4^{2-} 与 DI 指数相关性最大，特征波段也较多。从可见光到远红外，不同盐分因子的光谱响应不同，说明不同的盐分因子的跃动不同。

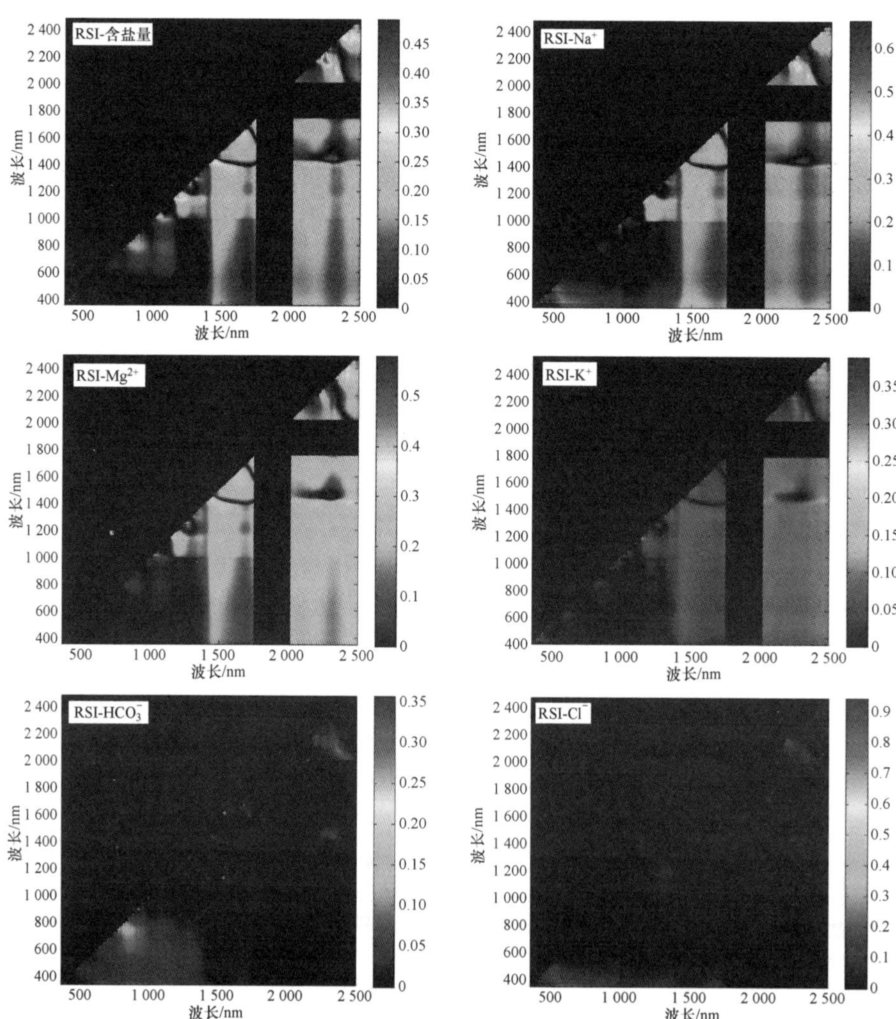

图 1-5-4　RSI 指数与盐分因子的决定系数

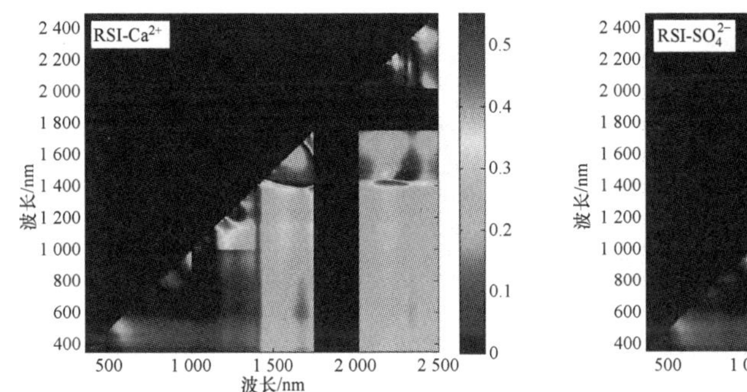

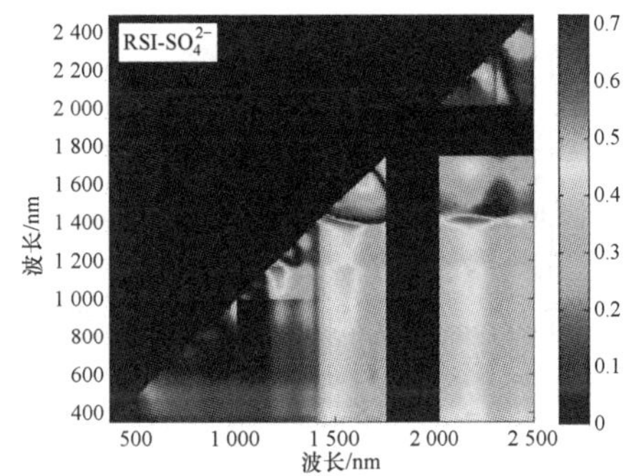

图 1-5-4　RSI 指数与盐分因子的决定系数（续）

由图 1-5-4 可知，K^+、HCO_3^-、Cl^-与 RSI 指数相关性均很低，故在此对其敏感波段不予讨论。土壤盐分因子含量与 RSI 指数相关性偏小，其中，含盐量与 RSI 指数确定的敏感波段区间主要位于近红外区域，具体为：*X*：1 400～1 750 nm，*Y*：1 000～2 400 nm；*X*：2 000～2 800 nm，*Y*：1 000～1 800 nm；*X*：2 000～2 500 nm，*Y*：2 000～2 400 nm，此区间最大决定系数在 $R^2=0.45$ 附近，相关性良好。Na^+与 RSI 指数确定的敏感波段区间与含盐量相似，大部分位于可见光区域，具体为：*X*：1 100～1 750 nm，*Y*：1 000～1 700 nm；*X*：2 000～2 500 nm，*Y*：2 000～2 400 nm，在此区间，其最大决定系数在 $R^2=0.45$ 附近。Mg^{2+}与 RSI 指数确定的敏感波段区间为：*X*：1 100～1 750 nm，*Y*：1 000～1 750 nm；*X*：2 000～2 500 nm，*Y*：400～1 750 nm；*X*：2 000～2 500 nm，*Y*：2 000～2 400 nm，最大决定系数在 $R^2=0.38$ 附近，相关性偏小。Ca^{2+}与 RSI 指数确定的敏感波段为：*X*：1 000～1 400 nm，*Y*：1 000～1 300 nm；*X*：1 400～1 750 nm，*Y*：400～1 800 nm；*X*：2 000～2 500 nm，*Y*：400～1 800 nm；*X*：2 000～2 500 nm，*Y*：2 000～2 400 nm，在此区间，最大决定系数在 $R^2=0.5$ 附近。SO_4^{2-}与 RSI 指数确定的敏感波段为：*X*：1 250～1 450 nm，*Y*：1 000～1 400 nm；*X*：1 450～1 750 nm，*Y*：400～1 800 nm；*X*：2 000～2 500 nm，*Y*：400～1 800 nm；*X*：2 000～2 500 nm，*Y*：2 000～2 400 nm，在此区间，最大决定系数在 $R^2=0.6$ 附近。综上所述，在盐分因子分析中，SO_4^{2-}与 RSI 指数的相关性最大，K^+、HCO_3^-、Cl^-与 RSI 指数的相关性较小，结论和 DI 指数一致。

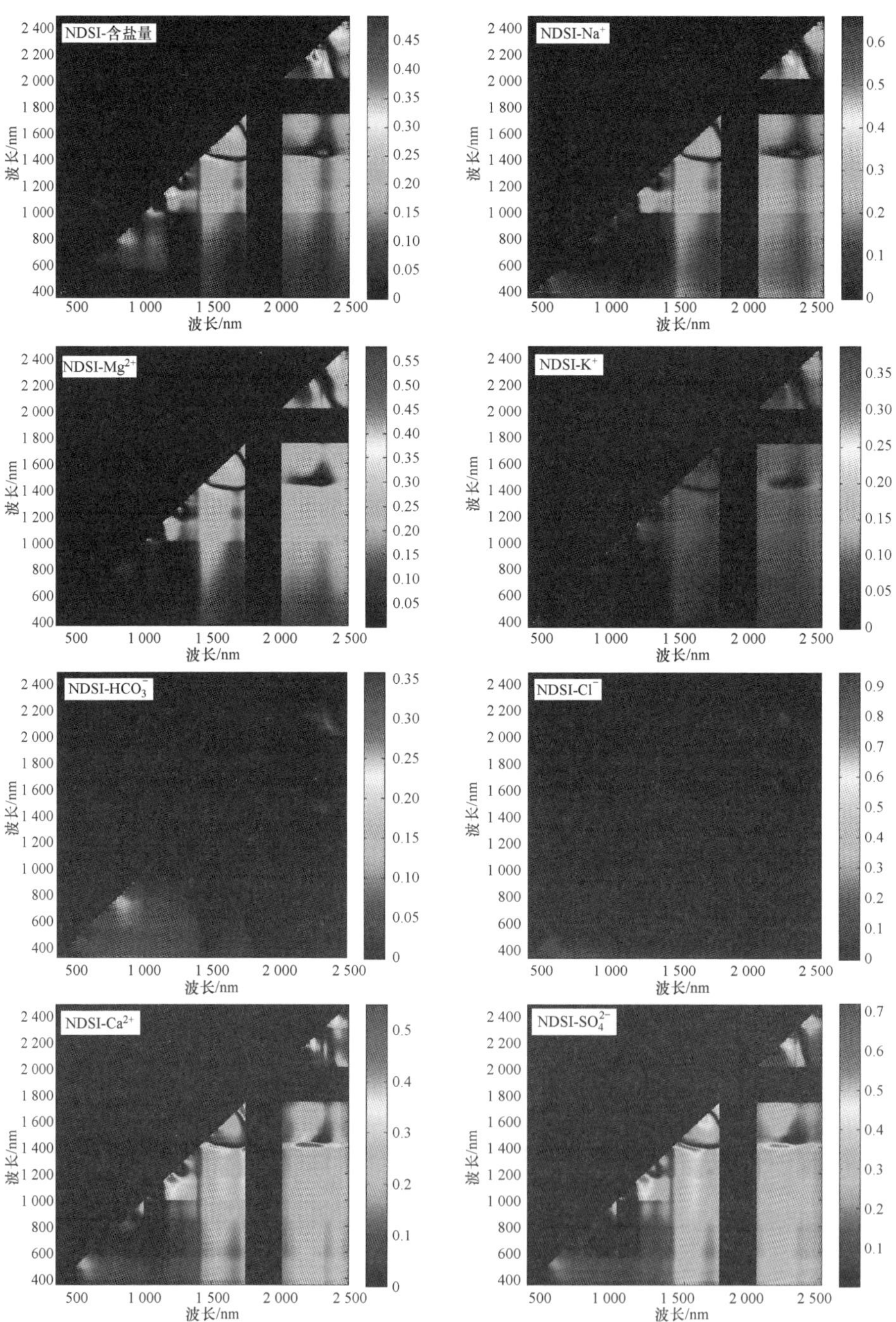

图 1-5-5 NDSI 指数与盐分因子的决定系数

由图 1－5－5 可知，K^+、HCO_3^-、Cl^-与 NDSI 指数的相关性均很小，故在此对其敏感波段不予分析和选取。土壤盐分因子含量与 RSI 指数的相关性较小，其中，含盐量与 RSI 指数确定的敏感波段区间主要位于近红外区域，具体为：*X*：1 000～1 500 nm，*Y*：1 000～1 800 nm；*X*：2 000～2 500 nm，*Y*：1 000～1 800 nm；*X*：2 000～2 500 nm，*Y*：2 000～2 400 nm，在此区间，最高决定系数在 $R^2=0.45$ 附近，相关性一般。Na^+与 NDSI 指数确定的敏感波段区间为：*X*：1 100～1 750 nm，*Y*：1 000～1 780 nm；*X*：2 000～2 500 nm，*Y*：400～1 800 nm，在此区间，最高决定系数在 $R^2=0.45$ 附近。Mg^{2+} 与 NDSI 指数确定的敏感波段区间主要位于远红外区域，具体为：*X*：1 200～1 750 nm，*Y*：1 000～1 800 nm；*X*：2 000～2 500 nm，*Y*：400～1 800 nm；*X*：2 000～2 500 nm，*Y*：2 000～2 400 nm，在此区间，最高决定系数在 $R^2=0.34$ 附近，相关性小。Ca^{2+} 与 NDSI 指数确定的敏感波段区间为：*X*：1 200～1 500 nm，*Y*：1 000～1 200 nm；*X*：1 400～1 750 nm，*Y*：400～1 800 nm；*X*：2 000～2 500 nm，*Y*：400～1 700 nm；*X*：2 200～2 500 nm，*Y*：2 000～2 400 nm，在此区间，最高决定系数在 $R^2=0.5$ 附近。SO_4^{2-}与 NDSI 指数确定的敏感波段区间为：*X*：1 200～1 400 nm，*Y*：1 000～1 200 nm；*X*：1 400～1 750 nm，*Y*：400～1 800 nm；*X*：2 000～2 500 nm，*Y*：400～1 800 nm；*X*：2 200～2 500 nm，*Y*：2 000～2 400 nm，在此区间，最高决定系数在 $R^2=0.6$ 附近。在这几种因子中，SO_4^{2-}与 NDSI 指数相关性整体效果最好。整体上看，在 8 种盐分因子中，SO_4^{2-}含量与 DI 指数、RSI 指数、NDSI 指数构建的植被指数决定系数均达到 $R^2=0.6$ 以上，相关性最好。这说明盐分因子与光谱波段之间的关系与数学变换形式无关。

基于野外实测土壤光谱构建 3 种类型的光谱参数与盐分因子的相关性，包括 DI 指数、RSI 指数、NDSI 指数。土壤盐分因子与光谱指数之间的关系如表 1－5－1 所示。根据相关性与显著性，结合光谱显著性波段信息分别选取了盐分因子（K^+、Na^+、Mg^{2+}、Ca^{2+}、SO_4^{2-}、HCO_3^-、Cl^-和含盐量）的特征波谱区，进而选取了特征波段。在 DI 指数中，含盐量与敏感波段对应光谱的决定系数为 $R^2=0.505$，表明含盐量与土壤 DI 指数具有较大相关性，高于其他光谱指数对应的决定系数值；在 DI 指数和 NDSI 指数中，Cl^-与波段组合对应光谱的决定系数均为 $R^2=0.945$，表明 Cl^-与土壤 DI 指数和 NDSI 指数相关性很大；在 RSI 指数和 NDSI 指数中，SO_4^{2-}与波段组合所对应的决定系数均为 $R^2=0.718$，表明 SO_4^{2-}与 RSI 指数和 NDSI 指数相关性较大，并高于 DI 指数对应的决定系数值；在 DI 指数中，Ca^{2+}因子与 DI 指数的决定系数为 $R^2=0.65$，表明 Ca^{2+}与土壤 DI 指数相关性较大，并高于其他光谱指数对应的决定系数 $R^2=0.552$；Mg^{2+}与波段组合对应的 3 种光谱的决定系数均约为 $R^2=0.5$，表明

Mg^{2+}与构建的 3 种光谱指数相关性较低；K^+与波段组合对应的 3 种光谱的决定系数均小于 $R^2=0.5$，表明 K^+与构建的 3 种土壤光谱相关性很低；在 RSI 指数和 NDSI 指数中，Na^+与敏感波段对应光谱的决定系数均为 $R^2=0.66$，表明 Na^+与 RSI 指数以及 NDSI 指数的相关性较大，并高于 DI 指数对应的决定系数值。

表 1-5-1　土壤盐分因子与光谱指数之间的关系

盐分因子	比值（RSI）		差值（DI）		归一化（NDSI）	
	波段/nm	R^2	波段/nm	R^2	波段/nm	R^2
含盐量	2 220/2 218	0.459	2 418～2 321	**0.505**	（2 405－2 403）/（2 405＋2 403）	0.469
HCO_3^-	766/757	0.357	760～757	0.448	（766－757）/（766＋757）	0.357
Cl^-	881/880	**0.534**	635～634	**0.945**	（635－634）/（635＋634）	**0.945**
SO_4^{2-}	1 434/1 433	**0.718**	1 437～1 433	**0.62**	（1 434－1 433）/（1 434＋1 433）	**0.718**
Ca^{2+}	1 723/1 720	**0.552**	1 443～1 439	**0.65**	（1 723－1 720）/（1 723＋1 720）	**0.552**
Mg^{2+}	1 554/1 553	**0.58**	1 534～1 533	**0.503**	（2 366－2 365）/（2 366＋2 365）	**0.554**
K^+	2 366/2 365	0.313	1 719～1 717	0.295	（1 594－1 592）/（1 594＋1 592）	0.389
Na^+	2 369/2 368	**0.66**	1 430～1 428	0.455	（2 369－2 368）/（2 369＋2 368）	**0.66**

5.3　高光谱指数模型建立

本篇采用 35 个土壤样本为训练样本，将平滑处理后的土壤光谱作为回归方程的自变量，土壤盐分因子参数（含盐量、K^+、Na^+、Mg^{2+}、Ca^{2+}、SO_4^{2-}、HCO_3^-、Cl^-）为因变量，基于 3 种光谱指数，利用 SPSS20.0 软件建立回归模型，将得到的回归方程、建模决定系数（R^2）和检验统计量 F 并列成表格，结果如表 1-5-2 所示。

其中，y 代表土壤盐分因子（含盐量、K^+、Na^+、Mg^{2+}、Ca^{2+}、SO_4^{2-}、HCO_3^-、

Cl^-）。由建模结果得知，在 RSI 指数模型中，Na^+、Cl^-、SO_4^{2-}的对数和幂函数回归模型的 R^2 值分别为 0.719 8、0.536 5 和 0.712 9，模型效果较好。在 DI 指数模型中，Cl^-、SO_4^{2-} 和 Ca^{2+}的一元线性和幂函数回归模型的 R^2 值分别为 0.947 9、0.643 8 和 0.569 6，模型估测效果较好，尤其以 Cl^-的一元线性回归模型最优。在 NDSI 指数模型中，Cl^-、SO_4^{2-} 和 Na^+的一元线性和幂函数回归模型的 R^2 值分别为 0.947 9、0.740 7 和 0.719 8，模型估测效果较好，尤其以 Cl^- 的一元线性回归模型最优。其余光谱指数估算盐分因子的建模决定系数（R^2）均低于 0.5，建模精度偏低，效果一般不具备参考意义。

表 1-5-2　波段组合指数与盐分因子回归模型

指数	盐分因子	方程	R^2	F	P
RSI	含盐量	$y=-2E$[①]$+06x^3+5E+06x^2-5E+06x+2E+06$	0.155 6	0.116	0.046
	HCO_3^-	$y=0.424\ 5x31.174$	0.049 5	1.717	0.199
	Cl^-	$y=-3\ 868\ln(x)+0.376\ 3$	**0.536 5**	38.199	0.01
	SO_4^{2-}	$y=-2\ 781\ln(x)+8.389\ 9$	**0.712 9**	81.942	0.01
	Ca^{2+}	$y=-1\ 077\ln(x)+6.775\ 7$	0.347 8	17.597	0.01
	Mg^{2+}	$y=42.422\ln(x)+0.256\ 3$	0.026 3	0.89	0.352
	K^+	$y=724\ 903x^3-2E+06x^2+2E+06x-722\ 597$	0.236	9.087	0.005
	Na^+	$y=-1E+08x^3+4E+08x^2-4E+08x+1E+08$	**0.719 8**	71.617	0.01
DI	含盐量	$y=-45\ 478x^3-5\ 273.5x^2-286.89x-1.704\ 6$	0.332 2	5.14	0.005
	HCO_3^-	$y=109.17x+0.466\ 8$	0.088	3.185	0.084
	Cl^-	$y=-19\ 873x+0.418\ 5$	**0.947 9**	599.86	0.01
	SO_4^{2-}	$y=7E+07x^3+1E+06x^2-1\ 864.9x+7.458\ 7$	**0.643 8**	18.674	0.01
	Ca^{2+}	$y=1E+08x^3+919\ 691x^2-1\ 949.5x+4.355\ 4$	**0.569 6**	13.677	0.01
	Mg^{2+}	$y=125.86x+0.267\ 9$	0.014 9	0.499	0.485
	K^+	$y=5E+07x^3+103\ 684x^2-159.51x+0.234\ 5$	0.266 6	3.756	0.021
	Na^+	$y=1E+09x^3+9E+06x^2-12\ 441x+8.110\ 2$	0.451 3	8.5	0.11

注① $E=10^{-6}$。

续表

指数	盐分因子	方程	R^2	F	P
NDSI	含盐量	$y=-3E+07x^3-442\ 120x^2-2\ 418.8x+0.883\ 4$	0.348 7	5.533	0.004
	HCO_3^-	$y=-1E+07x^3+47\ 451x^2+33.595x+0.403\ 5$	0.147 6	1.789	0.17
	Cl^-	$y=-13\ 454x+0.418\ 5$	**0.947 9**	599.86	0.01
	SO_4^{2-}	$y=2E+08x^3+2E+06x^2-2\ 119.3x+7.788\ 2$	**0.740 7**	29.514	0.01
	Ca^{2+}	$y=-2E+07x^3+182\ 240x^2-1\ 484.1x+6.069\ 4$	0.391 1	6.638	0.001
	Mg^{2+}	$y=-4E+06x^3-9\ 722.8x^2-80.763x+0.263$	0.076 1	0.851	0.477
	K^+	$y=1E+07x^3-41\ 684x^2+75.024x+0.226\ 3$	0.083 8	0.945	0.431
	Na^+	$y=-1E+09x^3-75\ 326x^2-2\ 918x+9.612\ 2$	**0.719 8**	26.544	0.01

5.4 最优模型的验证

为了模型的推广性及实用性，本次验证采用 2017 年 7 月的 30 个土壤样点作为验证集。所选验证数据集的统计性描述如表 1-5-3 所示。从表 1-5-3 可以看出，SO_4^{2-}、Na^+和 HCO_3^-的含量较高，7 月的数据区间和 5 月的数据区间相近，相差不大。从图 1-5-6 可以看出，5 月和 7 月盐分因子数据相近，拟合程度 $R^2=0.915\ 1$。

表 1-5-3 验证数据集分析

	N	最小值	最大值	均值	标准差	方差
HCO_3^-	30	0.210	9.012	0.77	1.639	2.686
Cl^-	30	0.12	0.737	0.21	0.244	0.06
SO_4^{2-}	30	0.45	13.271	1.51	2.529	6.396
Ca^{2+}	30	0.02	6.02	1.13	1.84	3.387
Mg^{2+}	30	0.05	1.90	0.18	0.166	0.027
K^+	30	0.02	1.35	0.2	0.24	0.058
Na^+	30	0.021	11.48	3.78	2.567	6.59

将野外测定的光谱数据经过平滑、均值等一系列处理后，构建光谱指数。选取建模结果的最优光谱指数估算模型，将验证样本带入回归方程，具体回归方程如表 1－5－2 所示，得到盐分因子预测值。为了判定回归模型估测值的稳定性，本研究将决定系数（R^2）和检验统计量 F 作为评判标准，分别将 30 个样本的土壤盐分及主要盐分因子的真实值与预测值做对比，并制作两者的散点图。为了更为清晰地展示回归模型的估测效果，作者添加了预测趋势线和决定系数 R^2，其结果如图 1－5－7 所示。

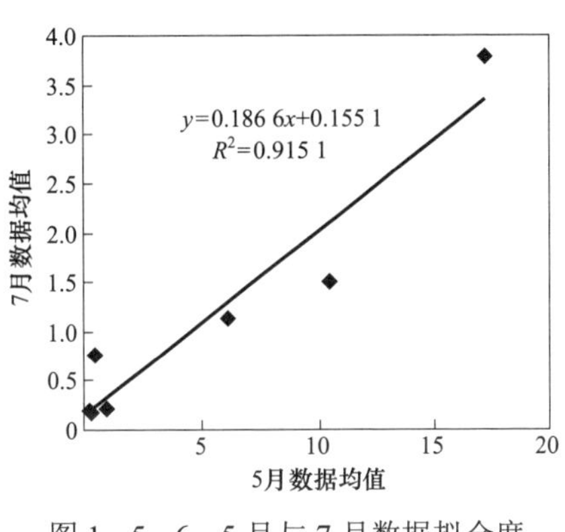

图 1－5－6　5 月与 7 月数据拟合度

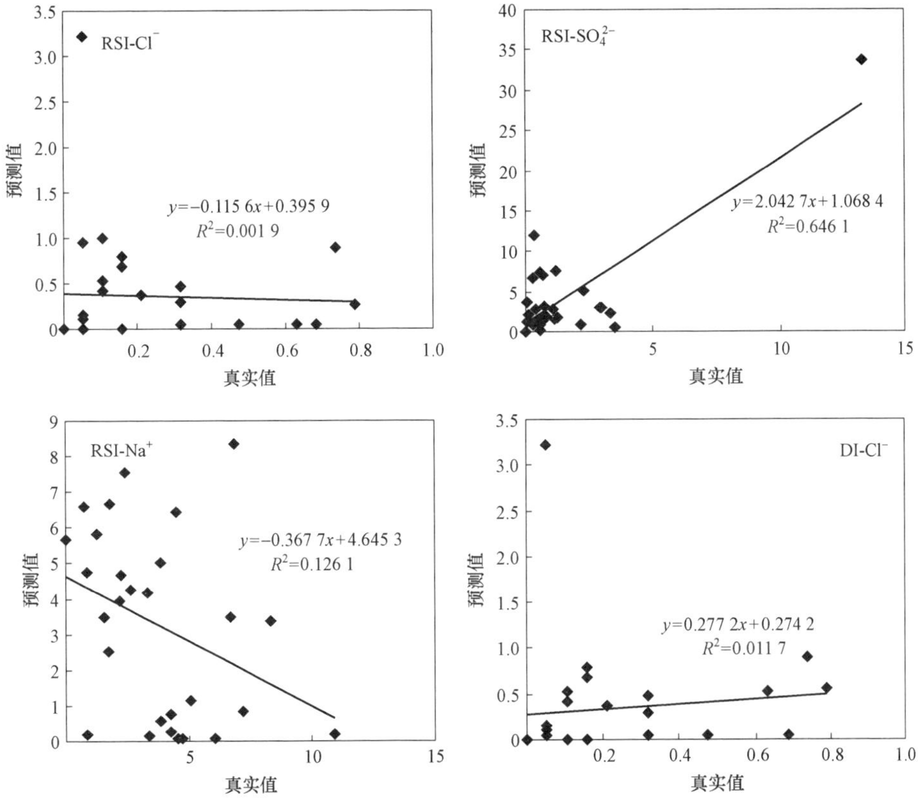

图 1－5－7　模型验证结果

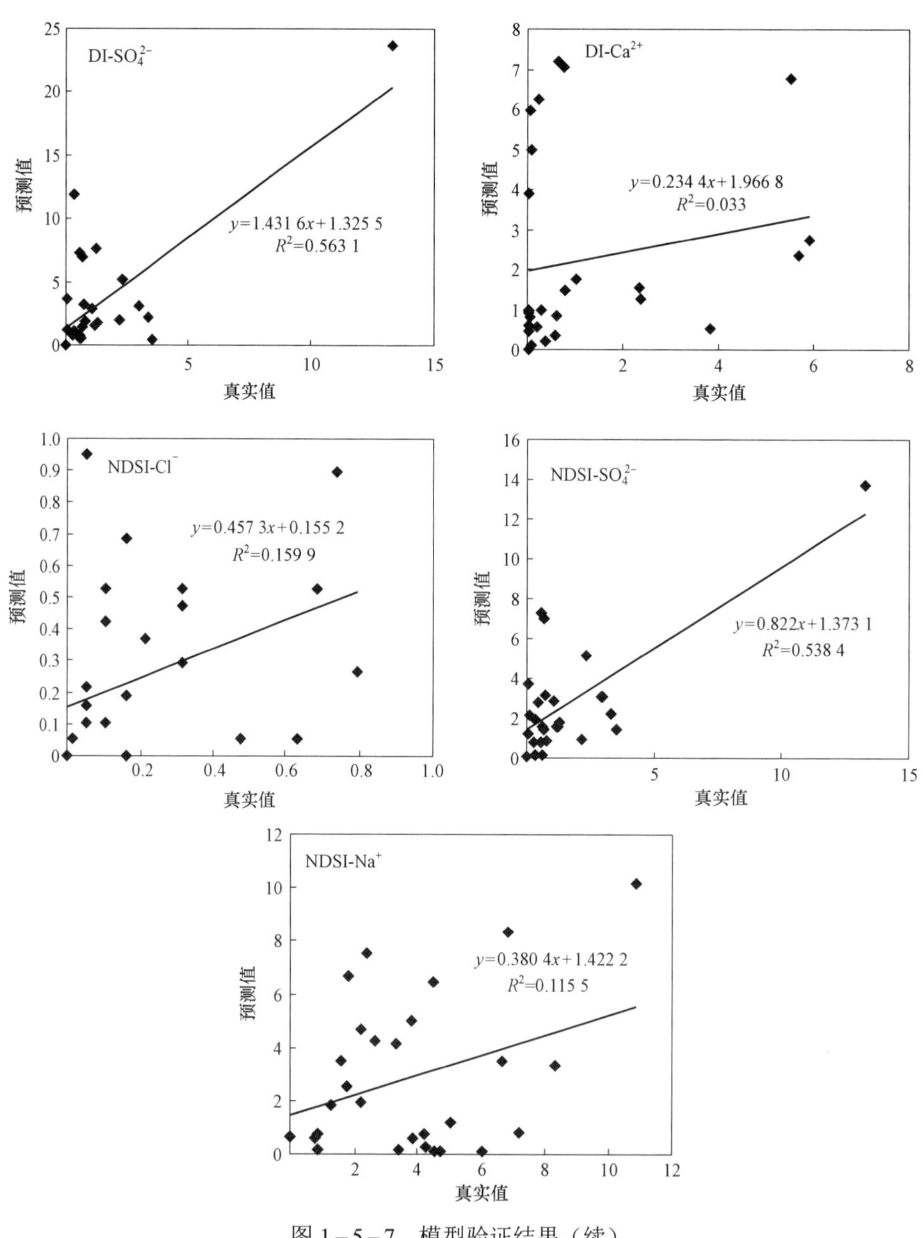

图 1-5-7　模型验证结果（续）

从图 1-5-7 中可以看出，在 RSI 指数中，Cl^-拟合度最低，$R^2=0.001\ 9$；其次是 Na^+拟合度，$R^2=0.126\ 1$；验证效果最好的是 SO_4^{2-}拟合度，$R^2=0.563\ 1$。

在 DI 指数中，Cl^-拟合度最低，$R^2=0.011\,7$；其次是 Ca^{2+}拟合度，$R^2=0.033$；验证效果最好的是 SO_4^{2-}拟合程度，$R^2=0.563\,1$。在 NDSI 指数中，Na^+拟合度最低，$R^2=0.115\,5$；其次是 Cl^-拟合度，$R^2=0.159\,9$；验证效果最好的是 SO_4^{2-}拟合度，$R^2=0.538\,4$。通过样点检验，从验证结果可以看出 SO_4^{2-}效果最佳，其在一定程度上可以作为研究区土壤盐分因子 SO_4^{2-}参数快速估测的依据。土壤盐分因子 Cl^-和 Na^+的回归模型估测值与实测值的决定系数差表明，土壤盐分因子 Cl^-和 Na^+的估测模型效果差。因此，基于上述光谱指数，SO_4^{2-}的估测模型估测效果较为精确，可以估测研究区土壤的 SO_4^{2-}含量。

从 1－5－7 验证图可以得出，SO_4^{2-}的 3 种光谱指数估算值与实测值拟合度均较高，R^2 均高于 0.5，最高达到 0.646 1。Na^+、Ca^{2+}和 Cl^-效果较差，说明此模型预测效果较差，不能应用于实践。从这 3 个指数可以看出，SO_4^{2-}的 3 个指数模型建模与验证效果均较好，从而证明光谱数学变换对 SO_4^{2-}的光谱响应没有影响。

第六章

基于 Landsat8 OLI 的土壤盐分因子反演

6.1 不同波段的光谱反射率分析

针对 Landsat OLI 不同的光谱波段单独作图（见图 1－6－1）可知：B6 与 B7 对水体的响应更加明显。对东南部部分区域植被效果也很明显，说明不同光谱波段区间，地物的响应不同。图 1－6－1 所示为从 Landsat8 OLI 提取出来的各波段遥感影像，其各波段值均在－1～1 区间，其中，B1 的光谱反射率区间为 0～0.937 7；B2 的光谱反射率区间为 0～0.902 6；B3 的光谱反射率区间为 0～0.911 2；B4 的光谱反射率区间为 0～0.936 6；B5 的光谱反射率区间为－0.005 7～0.953 2；B6 的光谱反射率区间为－0.002 3～0.900 7；B7 的光谱反射率区间为－0.000 4～0.867。B1～B4 的光谱反射率区间为 0～1，而 B5～B7 的光谱反射率区间存在负值且数值很小。从图 1－6－1 可以看出，B5～B7 范围内的高值区为盐渍化较为严重区域，能更加明显地区分出来，说明远红外波段对水体及盐渍化信息更加敏感。由此可以说明，增加远红外波段对盐渍化信息提取具有特殊作用。

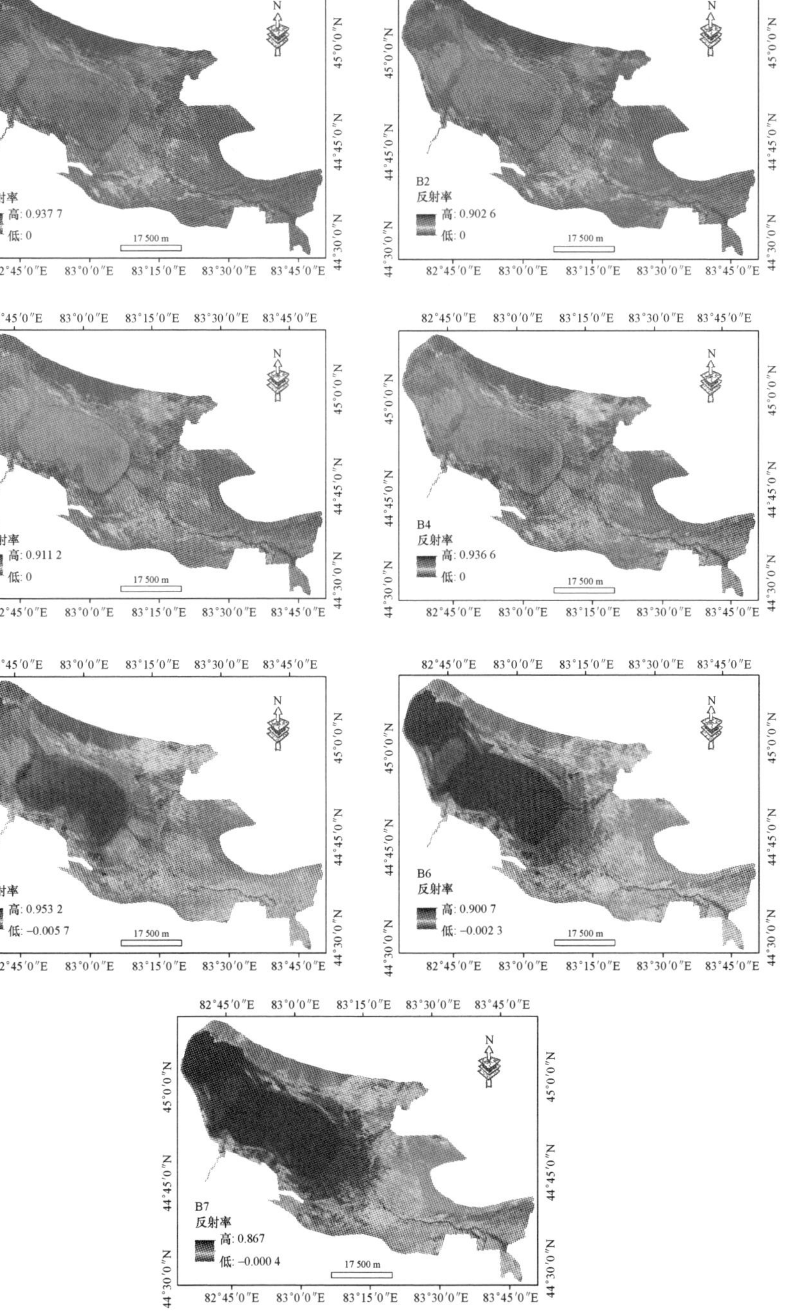

图 1-6-1　不同波段反射率的光谱图

6.2 Landsat8 波段与盐分因子关系分析

将各波段值分别与土壤中的 8 大因子进行相关性分析，由表 1－6－1 可知，在 B1 中，含盐量、SO_4^{2-}、Ca^{2+}、Na^+与单波段存在显著相关性。其中，含盐量与 B1、B2 在 0.01 显著性水平下的决定系数分别为 0.495、0.463。含盐量和 B3、B4 在 0.05 显著性水平下的决定系数分别为 0.375 和 0.361。SO_4^{2-}与 B1、B2、B3、B4、B5、B6 在 0.01 显著性水平下的决定系数分别为 0.630、0.602、0.566、0.542、0.438 和 0.360。Ca^{2+}与 B1、B2、B3、B4 在 0.01 显著性水平下的决定系数分别为 0.624、0.600、0.529 和 0.504。Ca^{2+}和 B5 在 0.05 显著性水平下的决定系数为 0.381。Na^+与 B1 和 B2 在 0.01 显著性水平下的决定系数分别为 0.497 和 0.464。Na^+与 B3 和 B4 在 0.05 显著性水平下的决定系数分别为 0.365 和 0.340。

由以上研究可知，含盐量、SO_4^{2-}、Ca^{2+}和 Na^+与单波段存在显著性相关；HCO_3^-、Cl^-、Mg^{2+}和 K^+与单波段不存在相关性，从而可以筛选出与单波段相关的波段，进而可以应用单波段反演土壤盐分因子，为干旱区遥感监测土壤盐渍化提供科学依据。

表 1－6－1　单波段与盐分因子的相关性分析

	B1	B2	B3	B4	B5	B6	B7
含盐量	**0.495****	**0.463****	**0.375***	**0.361***	0.191	0.101	－0.008
HCO_3^-	0.119	0.133	0.205	0.171	0.245	0.154	0.167
Cl^-	0.059	0.036	－0.068	－0.073	－0.145	－0.187	－0.21
SO_4^{2-}	**0.630****	**0.602****	**0.566****	**0.542****	**0.438****	**0.360****	0.278
Ca^{2+}	**0.624****	**0.600****	**0.529****	**0.504****	**0.381***	0.278	0.142
Mg^{2+}	0.283	0.25	0.171	0.15	0.117	－0.126	－0.288
K^+	0.17	0.148	0.075	0.066	0.089	－0.113	－0.263
Na^+	**0.497****	**0.464****	**0.365***	**0.340***	0.189	0.085	0.004

注：**. 表示在 0.01 水平（双侧）下显著相关；*. 表示在 0.05 水平（双侧）下显著相关。

在 B4 中，同样是含盐量、SO_4^{2-}、Ca^{2+}、Na^+与单波段有显著相关性。其中，SO_4^{2-}与 B4 的相关性最高，为 0.542，而相关性最低的是 Na^+，其决定系数为 0.340。在 B5 中，SO_4^{2-}、Ca^{2+}与其有显著相关性，其中 SO_4^{2-}与 B5 的决定系数为 0.438，而 Na^+与其决定系数为 0.381。在 B6 中，只有 SO_4^{2-}与其有相关性且相关性较低，其决定系数为 0.360。B7 与土壤中的各大因子均无相关性。在 B1～B7 中，SO_4^{2-}和 Ca^{2+}相关性呈下降趋势。而远红外两个波段 B6 和 B7 没有与之存在相关性的盐分因子，说明单波段遥感反演效果较差。由以上可知，与各波段相关性最高的因子是 SO_4^{2-}，其决定系数在各个波段都是最高的，而 HCO_3^-、Cl^-、Mg^{2+}、K^+与各个波段均无相关性。从图 1－6－2 可以看出，波长越长，与盐分因子的相关性越低，呈降低趋势。选出与各个波段有关的因子进行建模并分析。

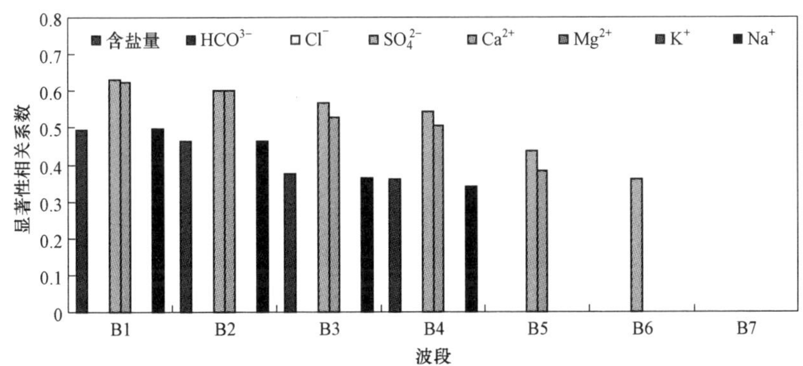

图 1－6－2　不同波段与盐分因子的显著相关性

6.3　多光谱波段建模与验证

根据上述相关性分析结果，作者选取表 1－6－2 中呈显著性相关的波段与盐分因子建立模型，如表 1－6－2 所示，并选择模型决定系数（R^2）大于 0.4 的回归方程进行分析。从表 1－6－3 可知，含盐量与单波段虽呈显著性相关，但建立的估测模型效果一般，决定系数 $0.188<R^2<0.268\,6$，模型预测效果较低。SO_4^{2-}与波段建立的模型预测效果较高，除了 B6 以外，其余 5 个波段相关性>0.5，说明基于单波段反演 SO_4^{2-}含量是可行的。Ca^{2+}的建模精度，只有 B1 和 B2 效果最佳，决定系数 $R^2>0.4$。比较决定系数（R^2）可知，SO_4^{2-}与各波段的决定系数最高，其次是 Ca^{2+}。决定系数（R^2）最高的是 B1 与 SO_4^{2-}，决定系数为 0.632 7；决定系数（R^2）最低的是 B2 与 Ca^{2+}，决定系数为 0.423 8。

因此，分别选取 SO_4^{2-} 与 B1～B5 和 Ca^{2+}与 B1、B2 建立的模型进行土壤盐分因子预测。总体来看，SO_4^{2-} 模型效果最好。

表 1-6-2 单波段与盐分因子的关系模型

波段与盐分因子	公式	R^2	F	P
B1－含盐量	$y=130.94x^2-9.1067x+2.3079$	0.268 6	5.877	0.01
B2－含盐量	$y=158.08x^2-20.81x+3.3654$	0.249 8	5.328	0.01
B3－含盐量	$y=839.04x^3-416.26x^2+76.61x-1.2037$	0.192 6	2.464	0.05
B4－含盐量	$y=723.17x^3-403.69x^2+78.668x-1.2943$	0.188 8	2.405	0.05
B1－SO_4^{2-}	$y=7336.6x^3-2807x^2+392.23x-12.632$	0.632 7	17.798	0.01
B2－SO_4^{2-}	$y=7399.6x^3-2700.9x^2+345.99x-8.6372$	0.616 2	16.592	0.01
B3－SO_4^{2-}	$y=6321.3x^3-3197.7x^2+543.85x-23.264$	0.568	13.585	0.01
B4－SO_4^{2-}	$y=4133.5x^3-2180.9x^2+379.1x-13.923$	0.522 5	11.309	0.01
B5－SO_4^{2-}	$y=3775x^3-2449.6x^2+489.82x-20.934$	0.460 7	8.827	0.01
B6－SO_4^{2-}	$y=25.177x^{1.1035}$	0.162 5	6.404	0.05
B1－Ca^{2+}	$y=1143.7x^3-340.81x^2+76.09x-2.4581$	0.439 9	8.116	0.01
B2－Ca^{2+}	$y=1176.4x^3-308.41x^2+58.842x-0.8574$	0.423 8	7.601	0.01
B3－Ca^{2+}	$y=1730.7x^3-873.52x^2+168.17x-6.9169$	0.361 9	5.861	0.01
B4－Ca^{2+}	$y=1151.3x^3-602.47x^2+118.86x-3.6732$	0.333 9	5.181	0.01
B5－Ca^{2+}	$y=1704.7x^3-1139.7x^2+236.1x-9.3252$	0.353 7	5.654	0.05
B1－Na^+	$y=6611.2x^3-1949.5x^2+310.63x-12.829$	0.312	4.689	0.01
B2－Na^+	$y=8675.9x^3-2875.4x^2+408.77x-13.848$	0.293	4.285	0.01
B3－Na^+	$y=11498x^3-6032.3x^2+1052.5x-47.41$	0.245	3.553	0.05
B4－Na^+	$y=11498x^3-6032.3x^2+1052.5x-47.41$	0.245	2.974	0.05

为了检验估算模型的可靠性和适用性，作者选取表 1－6－2 中决定系数 $R^2>0.4$ 的模型进行验证，结果如图 1－6－3 所示。检验结果表明，SO_4^{2-} 与 B1、B2、B3、B4 和 B5 的决定系数 R^2 分别为 0.677 7、0.674 4、0.550 6、0.629 6 和 0.529 5，验证结果均较好，说明基于单波段遥感监测土壤的 SO_4^{2-} 含量是可行的。Ca^{2+} 与 B1、B2、B3 的决定系数 R^2 分别为 0.517 8、0.518 4 和 0.473。当决定系数（R^2）在 0.6 上时，实测值与预测值除个别异常点外，其他值均接近一条直线，而 Ca^{2+} 与 B3 的决定系数最低为 0.473。如 SO_4^{2-} 与 B3、B5，Ca^{2+} 与 B1、B2 的决定系数都在 0.5 以上，预测精度一般，说明此模型的预测还需进一步修改，才能使模型预测效果和稳定性更好，模型才能推广。

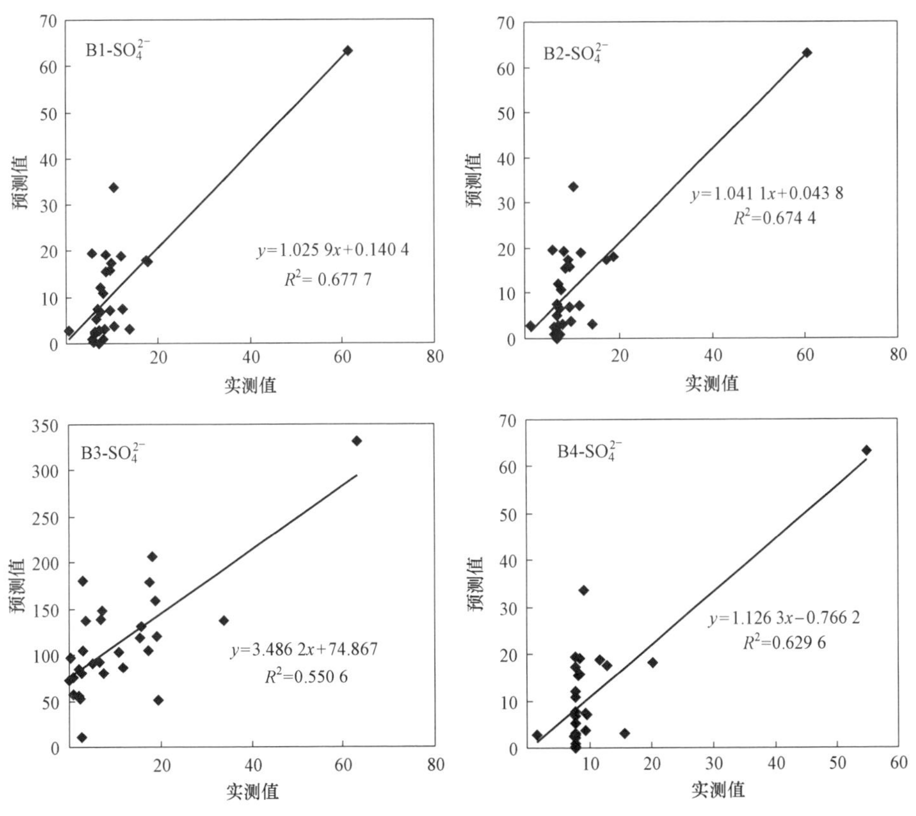

图 1－6－3　模型验证结果

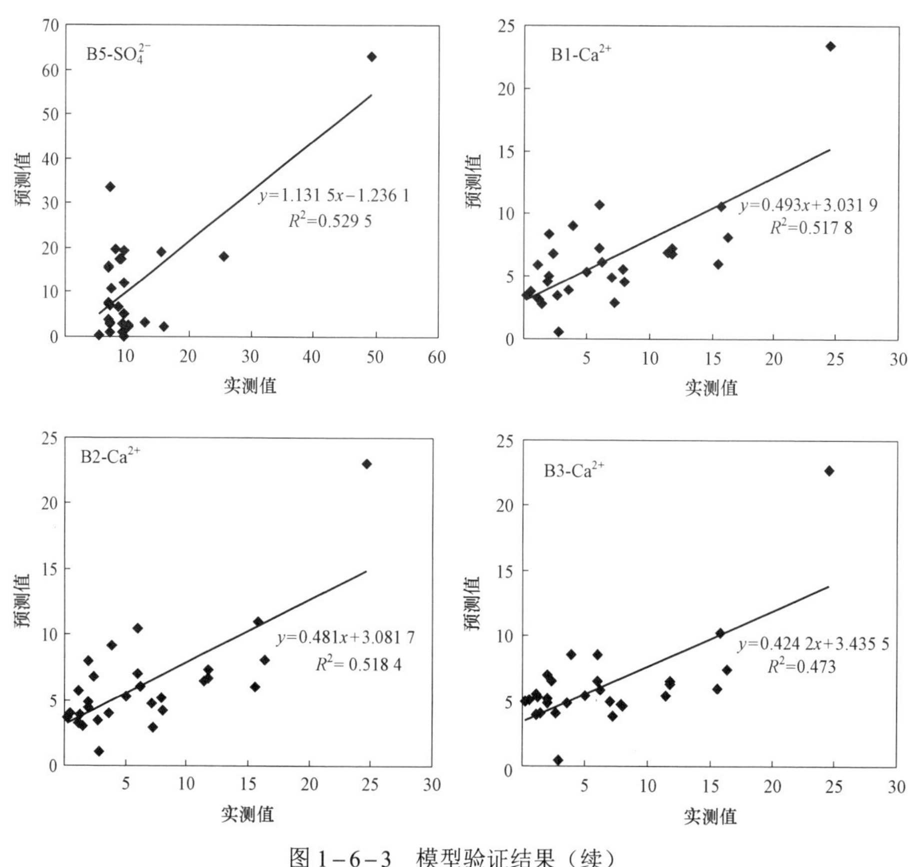

图 1-6-3 模型验证结果（续）

6.4 多光谱波段组合分析

为了充分利用各个波段的波段信息并进一步明确表征土壤盐分因子的特征波段，运用 MATLABR2012a 软件分别建立了 RSI 指数、DI 指数、NDSI 指数和土壤盐分因子含量决定系数等值线图，得出各光谱指数值与盐分因子存在明显的相关性波段组合。因此，利用 MATLAB 软件批量运算各波段反射率 RSI、DI 和 NDSI 波段组合的光谱参数，计算结果如图 1-6-4 所示。

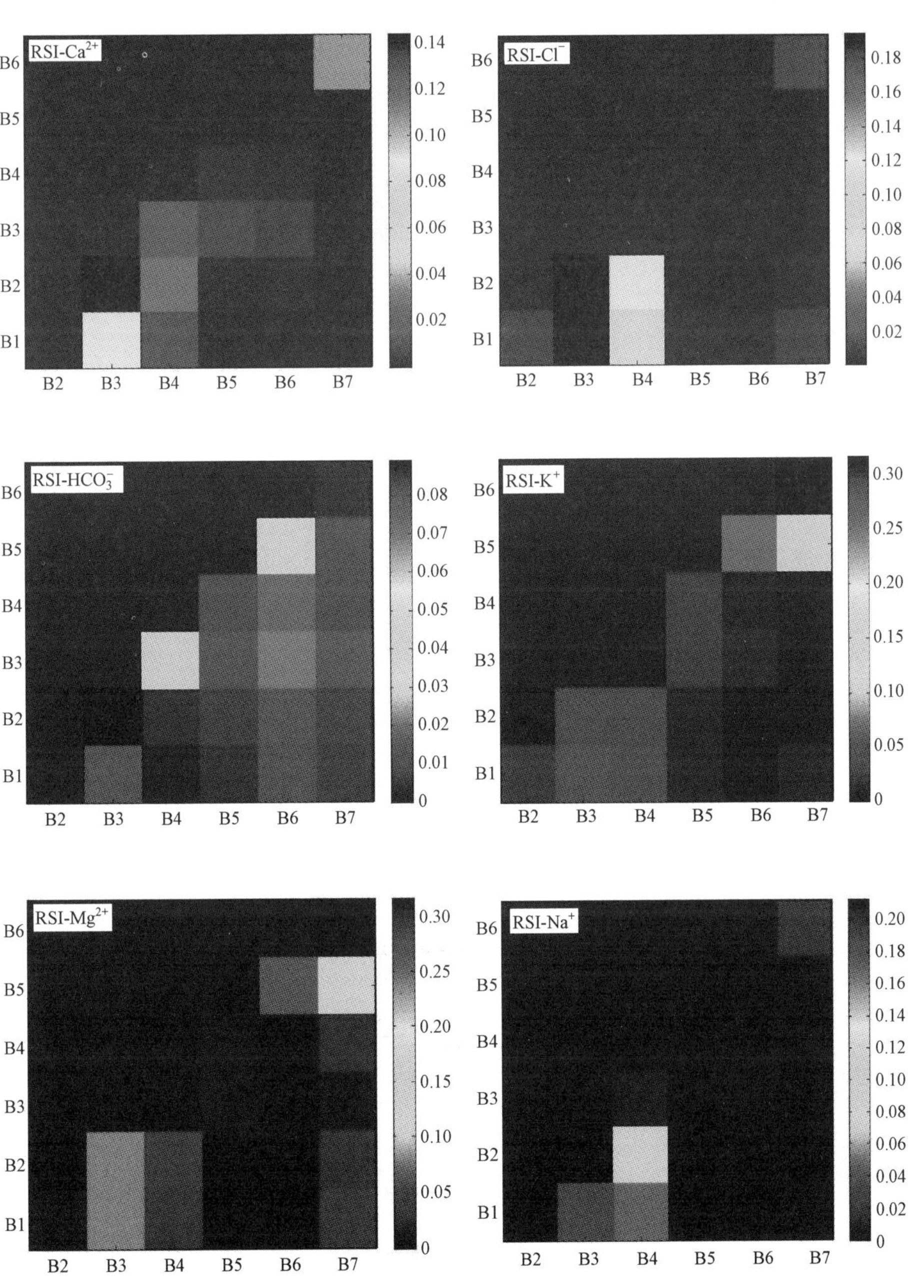

图 1-6-4　多光谱波段组合决定系数

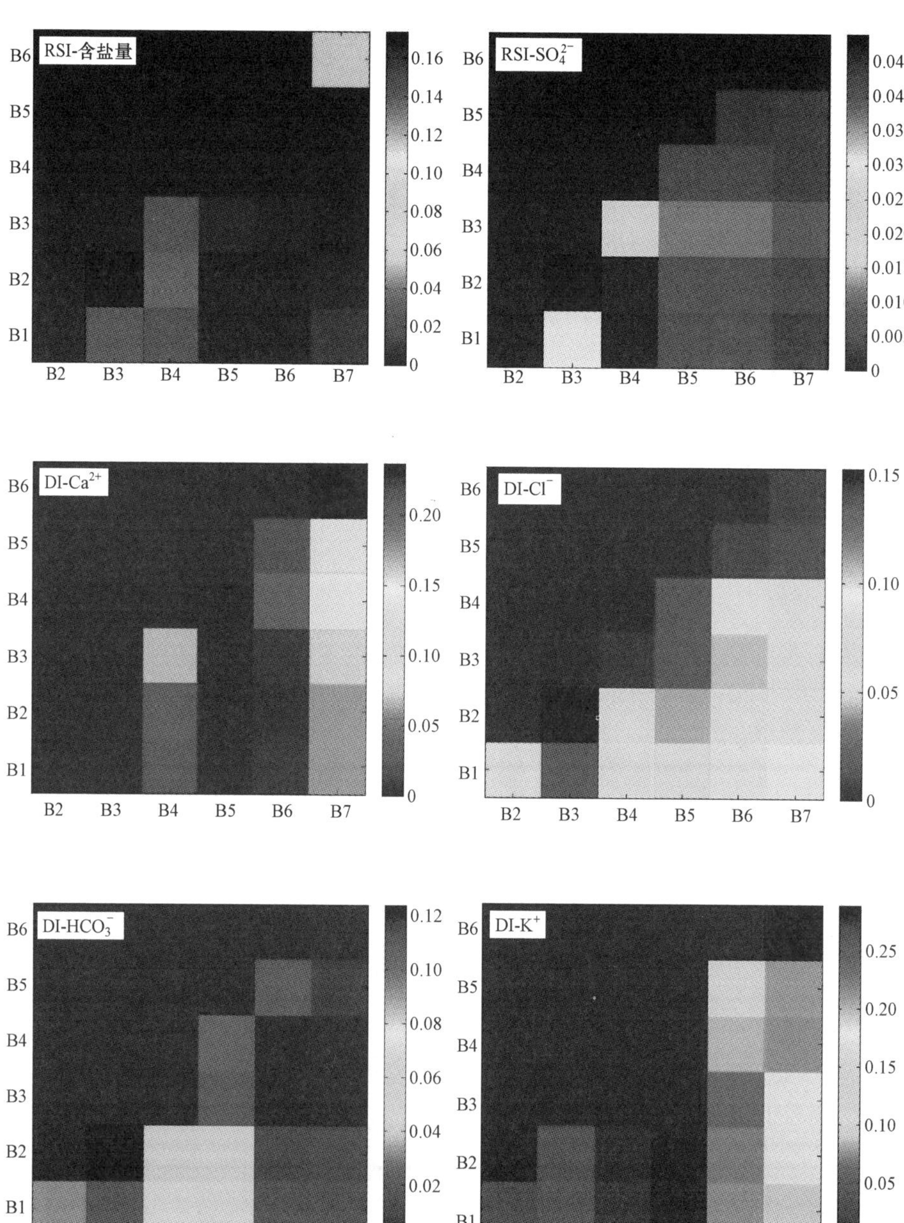

图 1-6-4　多光谱波段组合决定系数（续）

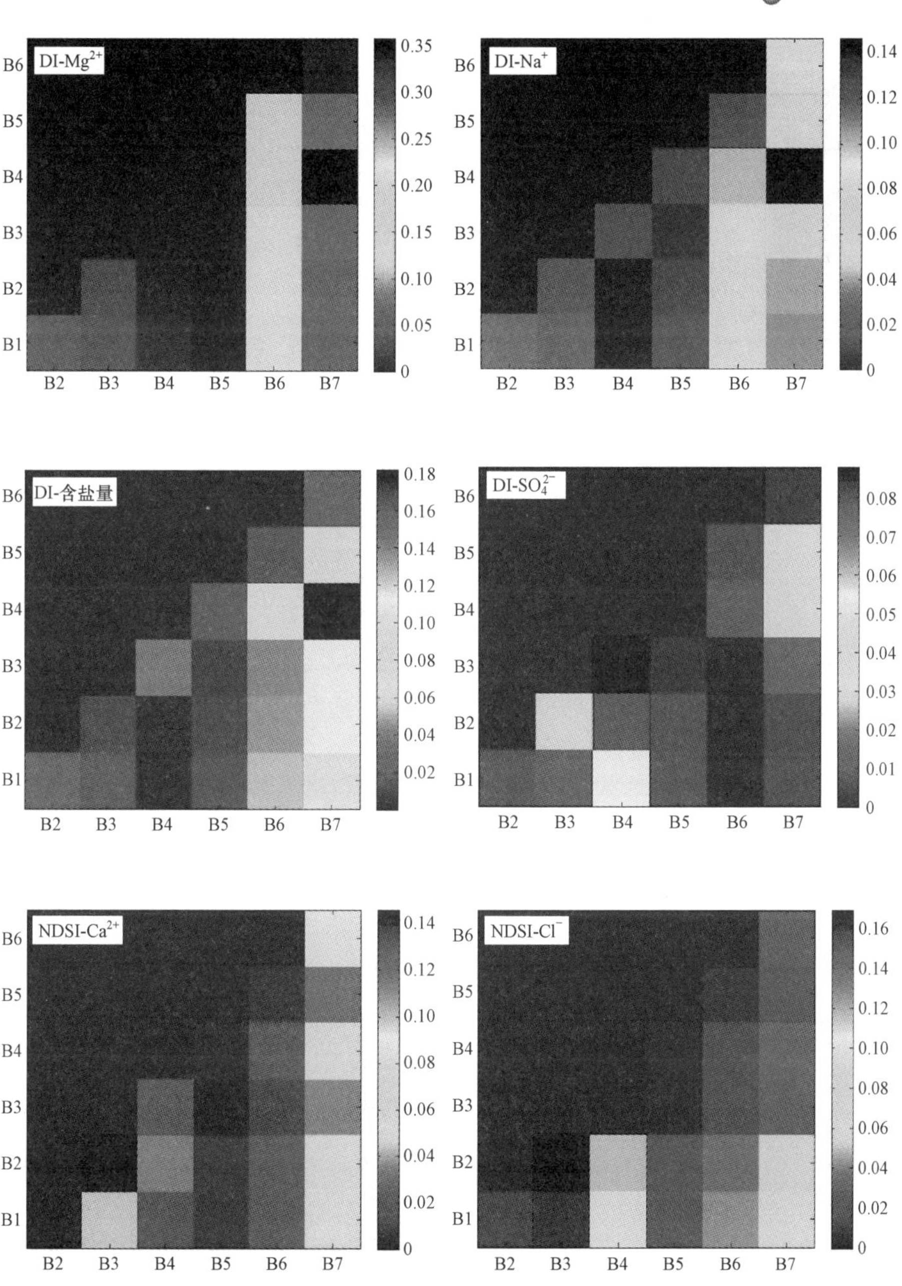

图 1-6-4　多光谱波段组合决定系数（续）

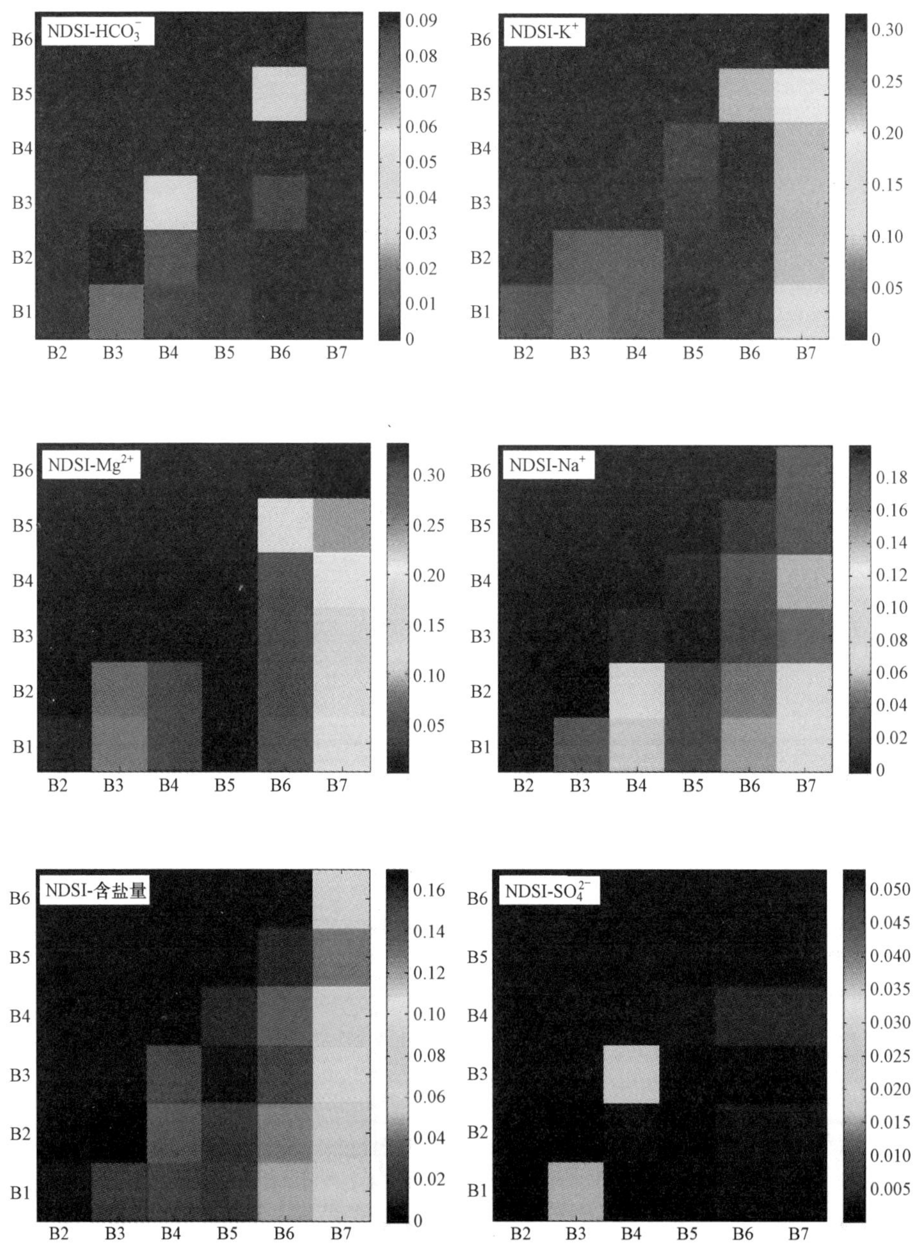

图 1-6-4　多光谱波段组合决定系数（续）

从 RSI 指数决定系数图 1-6-4 可看出，不同的盐分因子会出现相关性较高的波段组合。其中，含盐量、HCO_3^-、Cl^-、SO_4^{2-}、Ca^{2+}和 Na^+与波段 B3/B2

相关性最好，决定系数分别为 0.173、0.089、0.193、0.049、0.144 和 0.214；Mg^{2+}和 K^+与波段 B7/B6 的决定系数均为 0.316。HCO_3^-与波段 B3/B2 相关性最好，决定系数为 0.089。含盐量、HCO_3^-、Cl^-、SO_4^{2-}、Ca^{2+}和 Na^+与波段 B3－B2/B3＋B2 相关性最好，决定系数分别为 0.169、0.092 4、0.169、0.053、0.146 和 0.199。Mg^{2+}和 K^+与波段 B7－B6/B7＋B6 的决定系数分别为 0.33 和 0.315。从上述可以看出，RSI 指数和 NDSI 指数出现相同的变换类型，决定系数结果也很相近，说明光谱反射率波段变换不影响土壤盐分因子与反射率之间的相关性。

如表 1－6－3 所示，在 RSI 波段组合中，B7/B6 与 Mg^{2+}、B7/B6 与 K^+的相关性（$p<0.01$）达到显著水平，其决定系数都为 0.316；在 DI 波段组合中，B7－B4 与 Mg^{2+}通过了 0.01 显著水平检验，其决定系数为 0.357 8；在 NDSI 波段组合中，（B7－B6）/（B7＋B6）与 Mg^{2+}和（B7－B6）/（B7＋B6）与 K^+的相关性（$p<0.01$）达到显著水平，其决定系数分别为 0.33 和 0.315。由此可知，以上波段与盐分因子的相关性显著。

表 1－6－3　土壤盐分因子与指数之间的决定系数定量关系

盐分因子	RSI		DI		NDSI	
	波段	R^2	波段	R^2	波段	R^2
含盐量	B3/B2	0.173	B7－B4	0.181	（B3－B2）/（B3＋B2）	0.169
HCO_3^-	B3/B2	0.089	B3－B2	0.123	（B3－B2）/（B3＋B2）	0.092 4
Cl^-	B3/B2	0.193	B3－B2	0.152	（B3－B2）/（B3＋B2）	0.169
SO_4^{2-}	B3/B2	0.049	B4－B3	0.087	（B3－B2）/（B3＋B2）	0.053
Ca^{2+}	B3/B2	0.144	B7－B6	0.236 9	（B3－B2）/（B3＋B2）	0.146
Mg^{2+}	B7/B6	**0.316**	B7－B4	**0.357 8**	（B7－B6）/（B7＋B6）	**0.33**
K^+	B7/B6	**0.316**	B7－B6	0.289	（B7－B6）/（B7＋B6）	**0.315**
Na^+	B3/B2	0.214	B7－B4	0.146 8	（B3－B2）/（B3＋B2）	0.199

第七章

基于窄波段与宽波段结合的综合指数反演

7.1 高光谱窄波段与多光谱宽波段分析

本篇基于不同的波段区间进行波段分析，可见光－蓝（430～450 nm）；可见光－绿（450～510 nm）；可见光－红（530～590 nm）；近红外（640～670 nm）；中红外（850～880 nm）；远红外 1（1 570～1 650 nm）；远红外 2（2 110～2 290 nm）总共 7 个波段。从这 7 个波段可以得出，随波长区间增加，地物信息区分更加显著。其中，远红外波段对盐渍化信息更加敏感，波长越大，盐渍化信息越显著。因此在反演盐渍化信息时，加入远红外波段，可增加盐渍化的监测精度，如图 1－7－1 所示。

作者随机抽取了 7 条光谱曲线，根据图 1－7－1 所示的波段区间，对高光谱进行分段，从图 1－7－2 可知，实线框代表 Landsat OLI 波段所对应的区间，其中 Red 框相对应的反射率随波长增加较快，SWIR1 和 SWIR2 存在相反变化。NIR 和 MIR 框所对应的反射率变化不大，比较平稳。高光谱波段比多光谱波段区间宽，且高光谱波段比多光谱波段区间多出了水分吸收波谱区间，这说明高光谱比多光谱包含的信息量要大得多，无形之中产生了大量冗余数据。

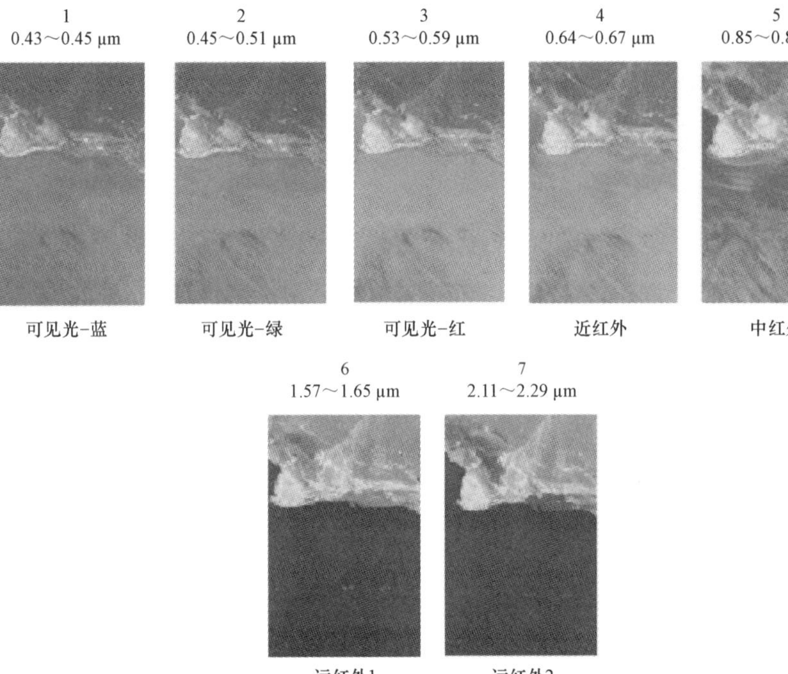

图 1-7-1　多光谱波段分析

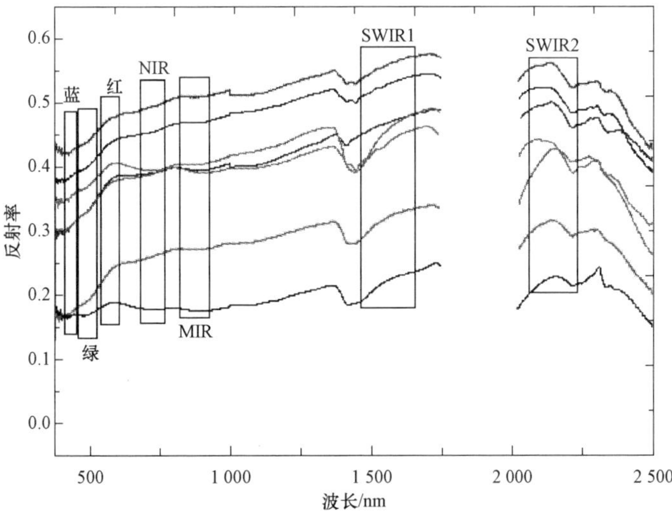

图 1-7-2　土壤高光谱波段分析

7.2 多光谱波段与高光谱波段分析

Landsat8 多光谱影像数据经大气校正和几何校正后能在影像上进行较精确的地理定位及获取相应反射率。通过 Landsat8 多光谱数据的 7 个波段区间内野外实测光谱数据波段反射率取平均值的方法和取中心波长的方法进行波段反射率模拟。（平均值法：根据 landsat8 各个波段的区间，对地面高光谱进行分割，将分割成的每一段波谱区间内所有波段的反射率均值作为此波段的反射率。中心波长法：根据 landsat8 各个波段的区间，对地面高光谱进行分割。分割成的每一段波谱区间，取中间波段反射率作为此波段的反射率。）用野外实测光谱数据的波段反射率模拟 Landsat8 多光谱数据的 7 个波段的反射率。如图 1－7－3 所示，高光谱模拟的波段与 Landsat8 的波段反射率趋势基本一致，模拟的反射率比 Landsat8 的 7 个光谱反射率均要高，这是由于卫星透过大气层，减弱了反射率强度，所以卫星遥感影像的反射率较低。中心波长模拟与波段均值模拟很接近，无明显差别。

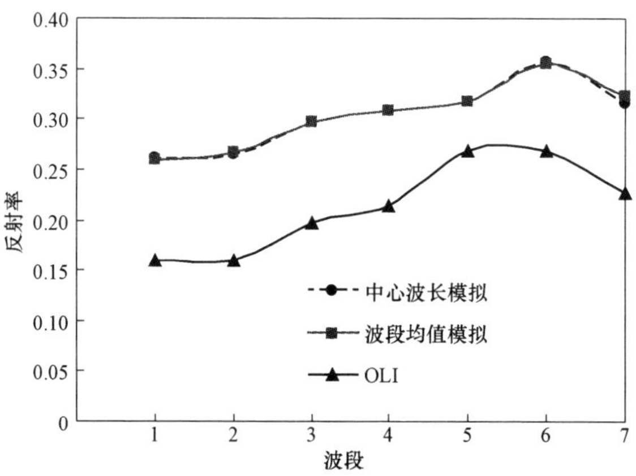

图 1－7－3　模拟波段与 Landsat8 波段对比分析

为了选取更佳方法进行探讨，本篇将模拟的波段与卫星波段反射率建立综合指数模型。本篇对两种方法模拟的波段和 Landsat8 的 7 个波段分别进行相关性分析，结果如图 1－7－4 所示。基于中心波长的方法，模拟出的 Landsat8 波段与原始影像波段的相关性系数为 0.861 7，而取波段均值所模拟出来的波段与原始影像波段的相关性系数为 0.852 4，这说明两种方法得出的效果均较好，基于中心波长法结果更好一些。因此，本篇选取基于中心波长法模拟的波段进行综合指数建模。

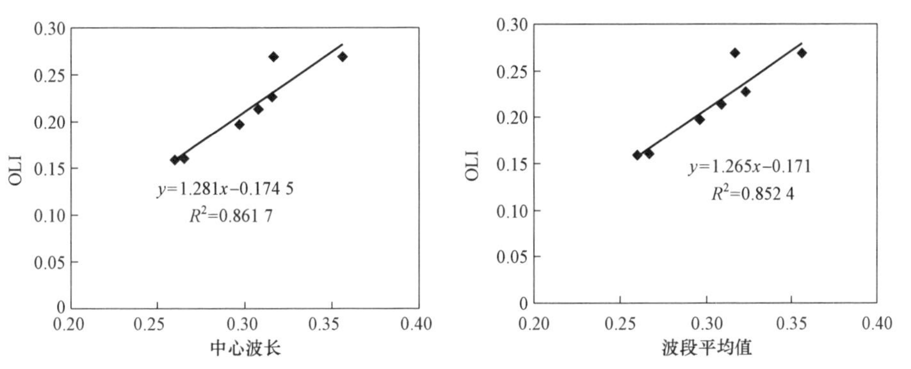

图 1－7－4　高光谱模拟波段与 Landsat8 波段相关性

从图 1－7－4 可知，高光谱模拟的波段与 Landsat8 遥感反射率存在一定的出入。为了减少误差，作者基于比值均值法对 Landsat8 遥感反射率进行修正。将每个样点的 5 条土壤光谱反射率取均值作为该样点的反射率，将 36 个样点的高光谱反射率，利用 ArcGIS 和 ENVI 软件将采集的 GPS 坐标点导入到遥感影像上，求 36 个样点在 Landsat8 OLI 上各波段的平均反射率，作为遥感反射率，并进行比较分析，通过（高光谱反射率（A）/遥感反射率（R））修正系数（B）对影像反射率进行修正，修正后的遥感反射率（R'）＝原始遥感反射率（R）×修正系数（B），以此应用反演模型，如表 1－7－1 所示。

表 1－7－1　高光谱与 Landsat8 对比分析

波段	B1	B2	B3	B4	B5	B6	B7
R	0.159 0	0.160	0.197	0.213	0.268	0.268	0.226
A	0.260	0.265	0.297	0.308	0.316	0.356	0.315
B	1.636	1.658	1.506	1.442	1.180	1.324	1.390

7.3　构建高光谱波段与 Landsat8 波段的光谱指数

为了综合显示波谱信息，构建不同空间尺度的光谱指数，明确表征土壤盐分因子特征波段，作者运用 MATLABR2012a 软件分别建立和值型指数（SI）、归一化型指数（NDSI）、归一化倒数型指数（NDD）与土壤盐分因子含量的决定系数图，如图 1－7－5 所示，根据决定系数的不同分别提取对土壤盐分因子敏感的光谱参数组合。由以上可知，各波段值与盐分因子明显相关。因此，利用 MATLAB 软件批量运算各波段反射率组成的比值（RSI）、差值（DI）和归一化（NDSI）波段组合的光谱参数，计算结果如图 1-7-5 所示，结果显示各波段组合与土壤盐分因子具有一定相关性。

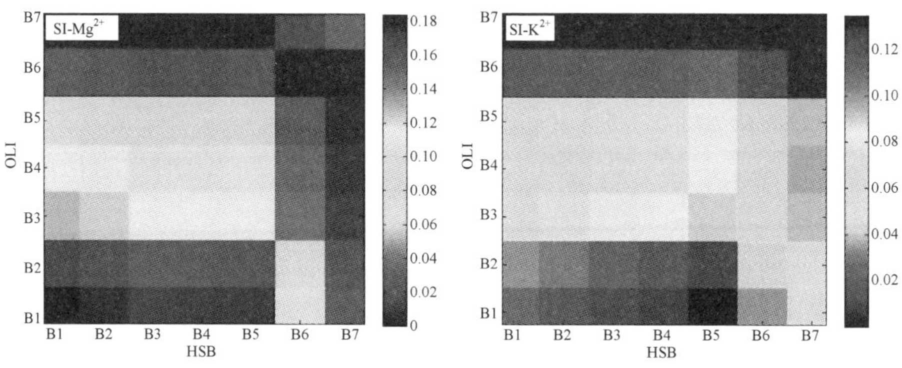

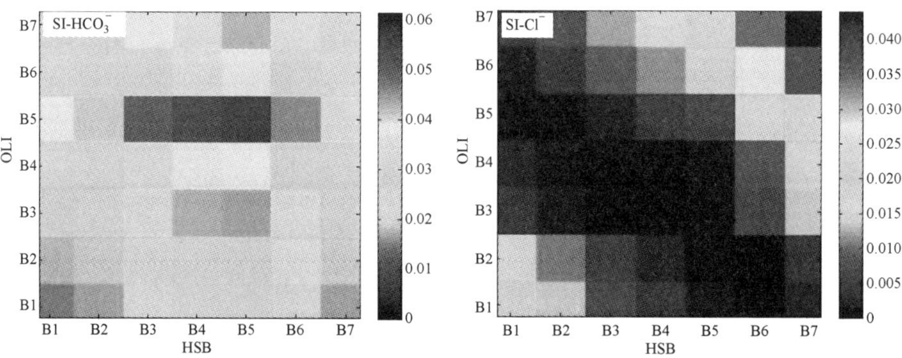

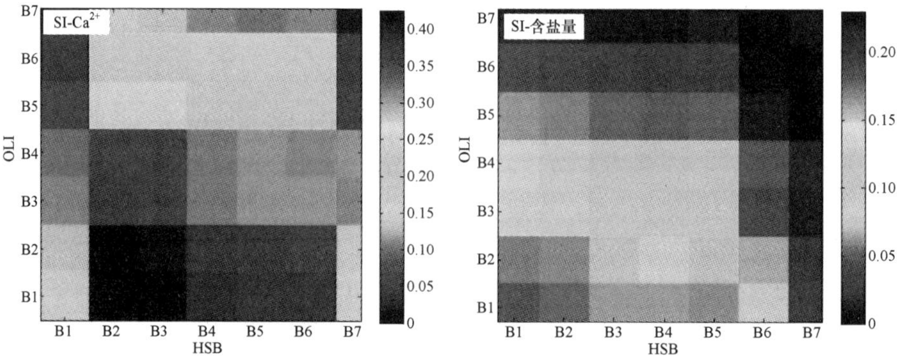

图 1-7-5　综合光谱指数与土壤盐分因子含量的决定系数图

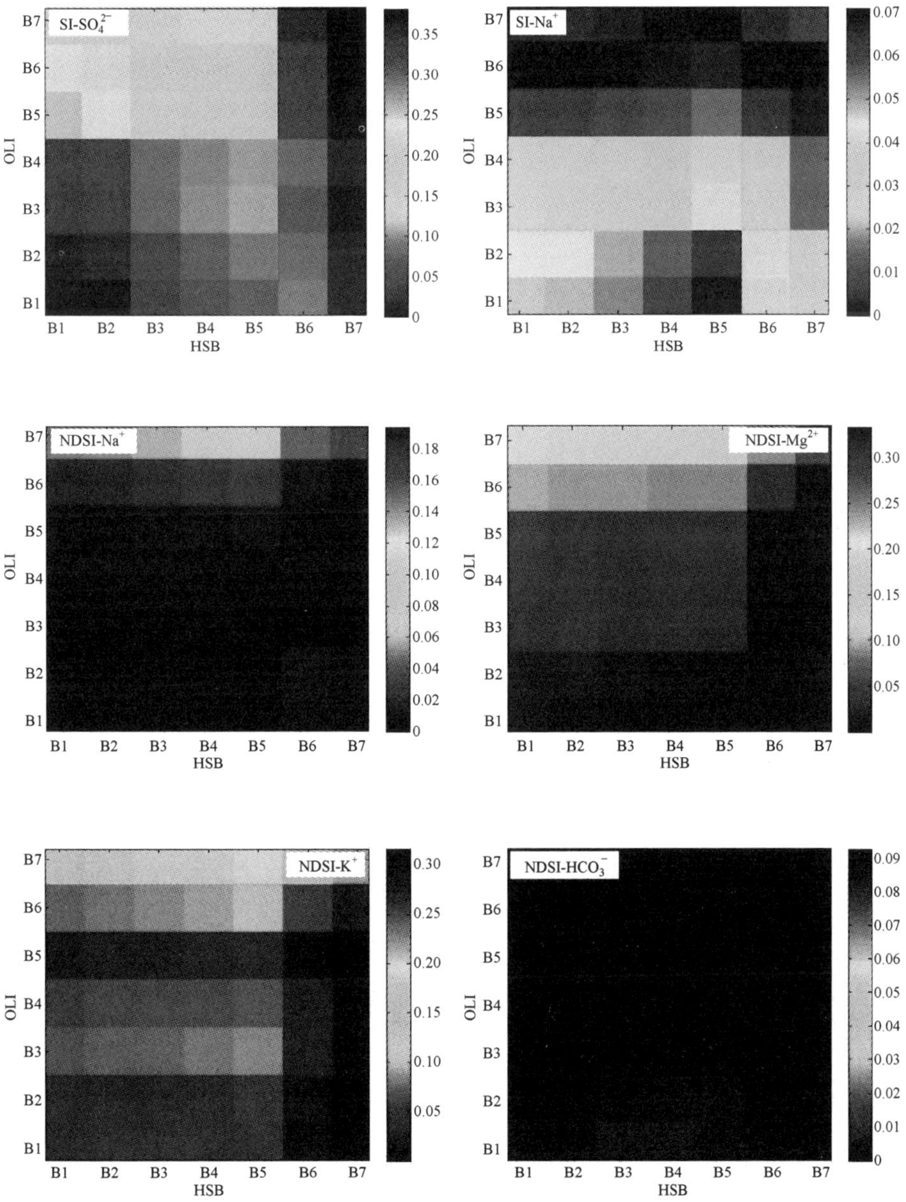

图 1-7-5 综合光谱指数与土壤盐分因子含量的决定系数图（续）

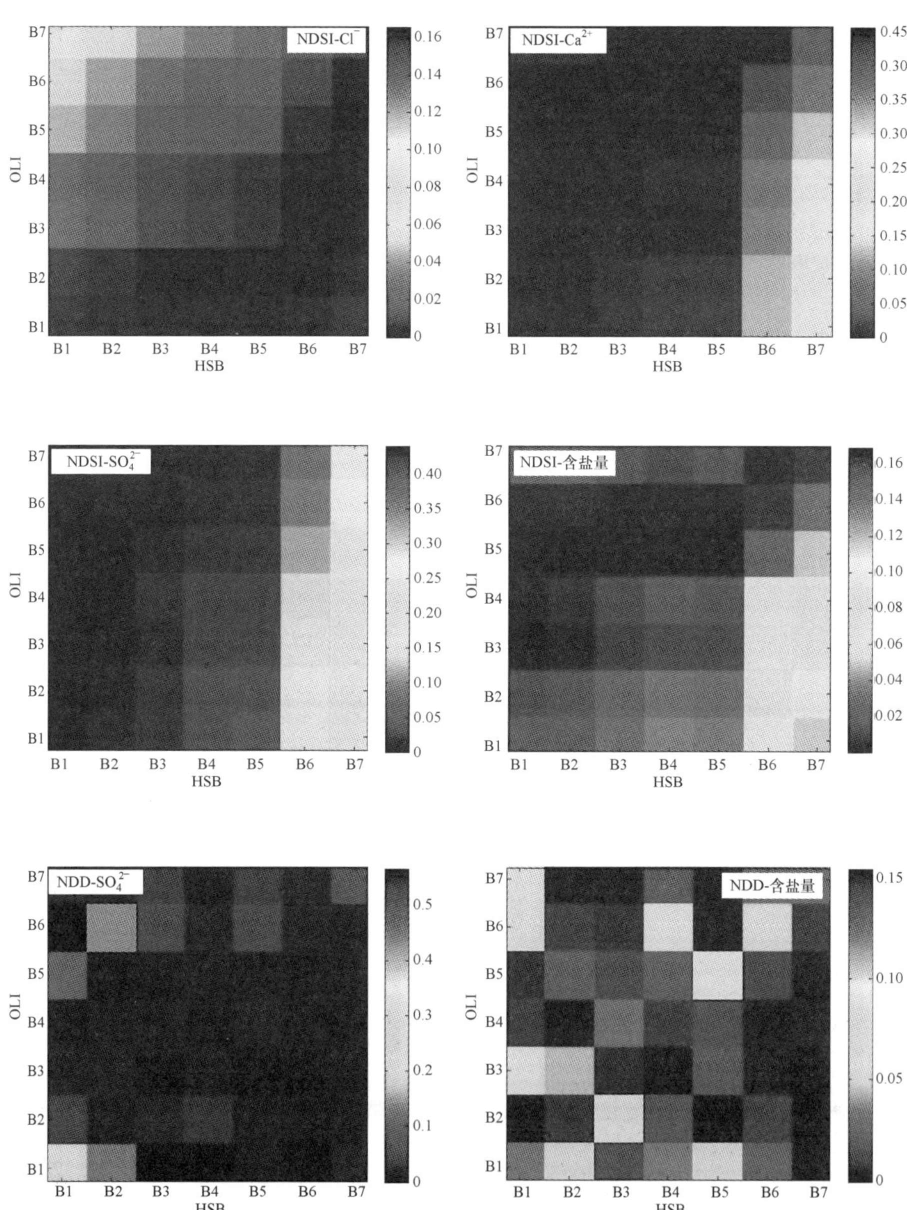

图 1-7-5　综合光谱指数与土壤盐分因子含量的决定系数图（续）

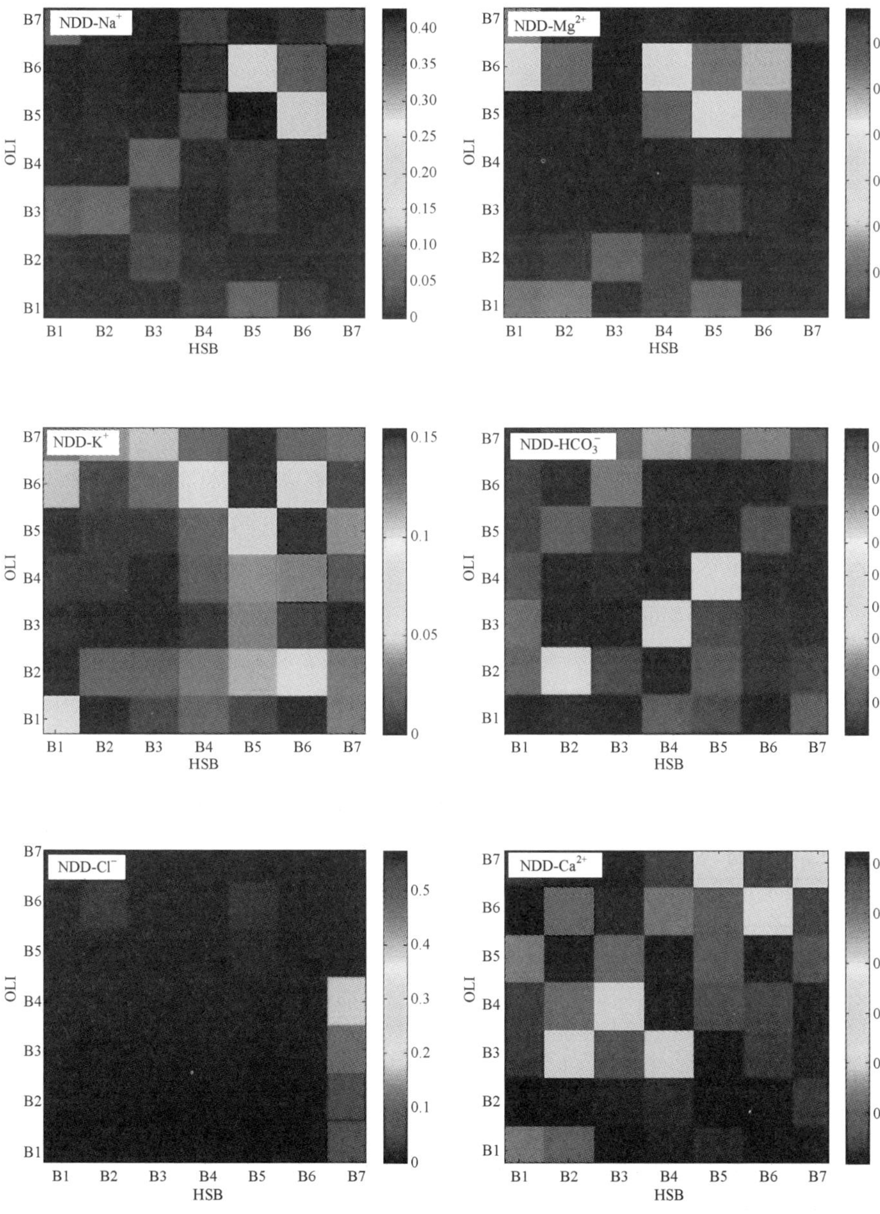

图 1-7-5　综合光谱指数与土壤盐分因子含量的决定系数图（续）

从 SI 型光谱指数决定系数图（见图 1－7－5）中可以看出，不同的盐分因子出现相关性较高的波段组合，从波段选择可以看出高光谱波段（Hyperspectral Spectrum Band，HSB）选出了 B1、B5 和 B7，而 OLI（这里指 Landsat8 Band）同样选出了 B1、B5 和 B7，这说明从高光谱波段到多光谱波段对土壤盐分因子的响应是相同的。SO_4^{2-}和 Ca^{2+}与 B1（HSB）＋B1（OLI）的相关性最好，决定系数分别为 0.382 和 0.426。含盐量、Ca^{2+}和 SO_4^{2-}与 B7－B1/B7＋B1 组合的光谱指数决定系数均较低，决定系数分别为 0.116、0.23、0.205。在 NDD 型光谱指数中，Cl^-与 B7＋B1/B7－B1 相关性较好，决定系数为 0.509。SO_4^{2-}与 B1＋B6/B1－B6 的相关性最好，决定系数为 0.567。Na^+与 B5＋B5/B5－B5 的相关性一般，决定系数为 0.428。

综上所述，由图 1－7－5 可知 HSB 选择的波段有 B1、B3、B4、B5、B6 和 B7；Landsat8 选取的波段有 B1、B3、B4、B5、B6 和 B7。两组数据存在共性，均没有选出 B2 波段。其中，B1、B6 和 B7 所建立的综合指数与盐分因子相关性普遍较高，说明添加远红外波段可以增加盐渍化监测的精确度。

基于野外实测土壤光谱，构建 3 种类型的主要盐分因子光谱指数，包括和值型指数（SI）、归一化型指数（NDSI）、归一化倒数型指数（NDD），土壤盐分因子与各光谱指数的敏感性波段及决定系数如表 1－7－2 所示。根据相关性分别选择盐分因子（K＋、Na＋、Mg^{2+}、Ca^{2+}、SO_4^{2-}、HCO_3^-、Cl^-和含盐量）的敏感波段，进而构建综合指数。和值型指数中，SO_4^{2-}与波段组合对应光谱的决定系数，R^2＝0.382 8；Ca^{2+}与波段组合对应光谱的决定系数，R^2＝

表 1－7－2　盐分因子与各光谱指数的敏感性波段及决定系数

	SI				NDSI				NDD	
	HSB	OLI	R^2		HSB	OLI	R^2		HSB	OLI	R^2
含盐量	B1	B1	0.183 5	含盐量	B7	B1	0.116	含盐量	B5	B5	0.091
HCO_3^-	B5	B5	0.054 5	HCO_3^-	B3	B1	0.005	HCO_3^-	B5	B4	0.068
Cl^-	B7	B7	0.044	Cl^-	B1	B7	0.05	Cl^-	B7	B1	**0.509**
SO_4^{2-}	B1	B1	**0.382 3**	SO_4^{2-}	B7	B1	0.23	SO_4^{2-}	B1	B6	**0.567**
Ca^{2+}	B1	B1	**0.426**	Ca^{2+}	B7	B1	0.205	Ca^{2+}	B1	B6	0.313
Mg^{2+}	B1	B1	0.184	Mg^{2+}	B1	B7	0.193	Mg^{2+}	B4	B6	0.194
K^+	B5	B1	0.135	K^+	B5	B7	0.189	K^+	B6	B4	0.12
Na^+	B5	B1	0.071	Na^+	B5	B7	0.06	Na^+	B5	B5	**0.428**

0.426。其余盐分因子与土壤和值型光谱具有弱相关性，相关性较小，本篇并未对此做进一步分析。在归一化型指数中，盐分因子与波段组合的综合指数相关性均较小，决定系数均小于0.3。作者基于归一化型指数，对归一化型指数进行变化，得出归一化倒数型指数（NDD），其中 Cl^- 与 NDD 相关性较大，决定系数 $R^2=0.509$；SO_4^{2-} 与综合指数呈较强相关性，决定系数 $R^2=0.567$；Na^+ 与综合指数呈较强相关性，决定系数 $R^2=0.428$；表明从 NDSI 变换成 NDD 相关性显著提高，说明数学变换对光谱分析有很重要的意义，能够凸显细小的光谱信息。

7.4　综合指数的反演模型与验证分析

根据各个波段组合，构建综合指数与盐分因子并进行建模，由表1－7－3可知，建立的模型包括二次函数模型和三次函数模型，选择决定系数大于0.4的模型进行盐分因子模型验证。比较决定系数可知，SO_4^{2-}、Ca^{2+} 和 Mg^{2+} 建立的综合指数模型决定系数最好，分别为0.669 1、0.414 8和0.428 2。归一化倒数型指数建立的模型中，Cl^- 和 SO_4^{2-} 建立的模型精度较好，决定系数分别为0.954 9和0.596 6，均呈显著性相关。求和值型指数（SI）与盐分因子建立的模型，模型精度较低，只有 SO_4^{2-} 和 Ca^{2+} 的模型精度较高，也均呈显著性，说明 SO_4^{2-} 对综合指数最为适应。鉴于前面的分析结果，SO_4^{2-} 对光谱的响应最为明显，而其他的盐分因子构建的模型稳定性较差。

表1－7－3　综合指数的反演模型

指数	盐分因子	公式	R^2	F	P
NDSI	含盐量	$y=-15.031x^3+6.497\,8x^2-1.733\,1x+4.266\,5$	0.168 7	2.097	0.121
	HCO_3^-	$y=2.077\,4x^3-0.664\,8x^2-0.156x+0.528$	0.060 4	0.664	0.58
	Cl^-	$y=-27.878x^3+7.000\,4x^2+9.819\,2x+1.404\,9$	0.184 8	2.342	0.092
	SO_4^{2-}	$y=-129.23x^3+66.911x^2+0.882\,2x+6.481$	**0.669 1**	20.892	0.001
	Ca^{2+}	$y=-44.668x^3+21.55x^2-1.656\,6x+5.103\,6$	**0.414 8**	7.323	0.001
	Mg^{2+}	$y=-4.475\,2x^3+0.83x^2+1.821\,2x+0.414\,2$	**0.428 2**	7.738	0.001
	K^+	$y=-1.956\,1x^3+0.665\,4x^2+0.756\,6x+0.258\,2$	0.394 3	6.728	0.001
	Na^+	$y=-270.93x^3+145.41x^2+48.141x+13.121$	0.107 7	1.247	0.31

续表

指数	盐分因子	公式	R^2	F	P
NDD	含盐量	$y=-5E-05x^2-0.033\,7x+4.446\,1$	0.093 8	1.656	0.207
	HCO_3^-	$y=-6E-08x^3-4E-05x^2-0.000\,7x+0.507\,1$	0.076 9	1.228	0.306
	Cl^-	$y=2E-05x^3-0.001\,5x^2-0.072\,1x+0.473\,5$	**0.954 9**	28.636	0.001
	SO_4^{2-}	$y=6E-05x^3+0.011\,4x^2-0.046\,2x+8.084\,5$	**0.596 6**	15.28	0.001
	Ca^{2+}	$y=0.000\,3x^2-0.065\,7x+5.437\,5$	0.316	7.392	0.002
	Mg^{2+}	$y=-1E-07x^3-3E-05x^2-0.000\,7x+0.268\,6$	0.237	3.21	0.036
	K^+	$y=4E-07x^3+7E-08x^2+0.000\,2x+0.255\,9$	0.145 9	1.765	0.174
	Na^+	$y=-0.000\,1x^2-0.201\,9x+16.71$	0.063 2	1.079	0.352
SI	含盐量	$y=110.72x^3-209.06x^2+133.1x-23.425$	0.229 5	3.077	0.042
	HCO_3^-	$y=0.568\,4x^{0.355\,3}$	0.063 7	2.244	0.144
	Cl^-	$y=8.987\,6x^2-16.289x+7.406\,4$	0.054 6	0.924	0.407
	SO_4^{2-}	$y=447.66x^3-720.53x^2+392.87x-63.29$	**0.628 5**	17.483	0.001
	Ca^{2+}	$y=77.247x^3-113.48x^2+71.13x-11.434$	**0.481 7**	9.602	0.001
	Mg^{2+}	$y=16.831x^3-30.096x^2+17.845x-3.195\,9$	0.294 3	4.31	0.012
	K^+	$y=7.863\,8x^3-15.569x^2+10.268x-1.969\,4$	0.183 1	2.316	0.095
	Na^+	$y=1\,734x^3-3\,213.1x^2+1\,940.6x-365.85$	0.251 3	3.469	0.028

注：x 代表综合指数；y 代表盐分因子含量。

为了验证模型的精确度，作者选取表 1－7－3 中 $R^2>0.4$ 以上决定的模型进行验证，结果如图 1－7－6 所示。结果表明归一化型模型验证结果均较好，其中，Ca^{2+} 验证精度最高，$R^2=0.859\,6$；其次是 Mg^{2+} 验证精度，$R^2=0.462\,9$；SO_4^{2-} 虽然建模精度较高，但是验证精度不高，说明 SO_4^{2-} 所建立的归一化型指数效果不好。在归一化倒数型指数建立的模型中，SO_4^{2-} 建立的模型验证效果最好，$R^2=0.651\,9$。求和值型指数与 SO_4^{2-} 验证结果为 $R^2=0.764\,8$，Ca^{2+} 的模型验证结果为 $R^2=0.457\,4$，验证结果相对较好。

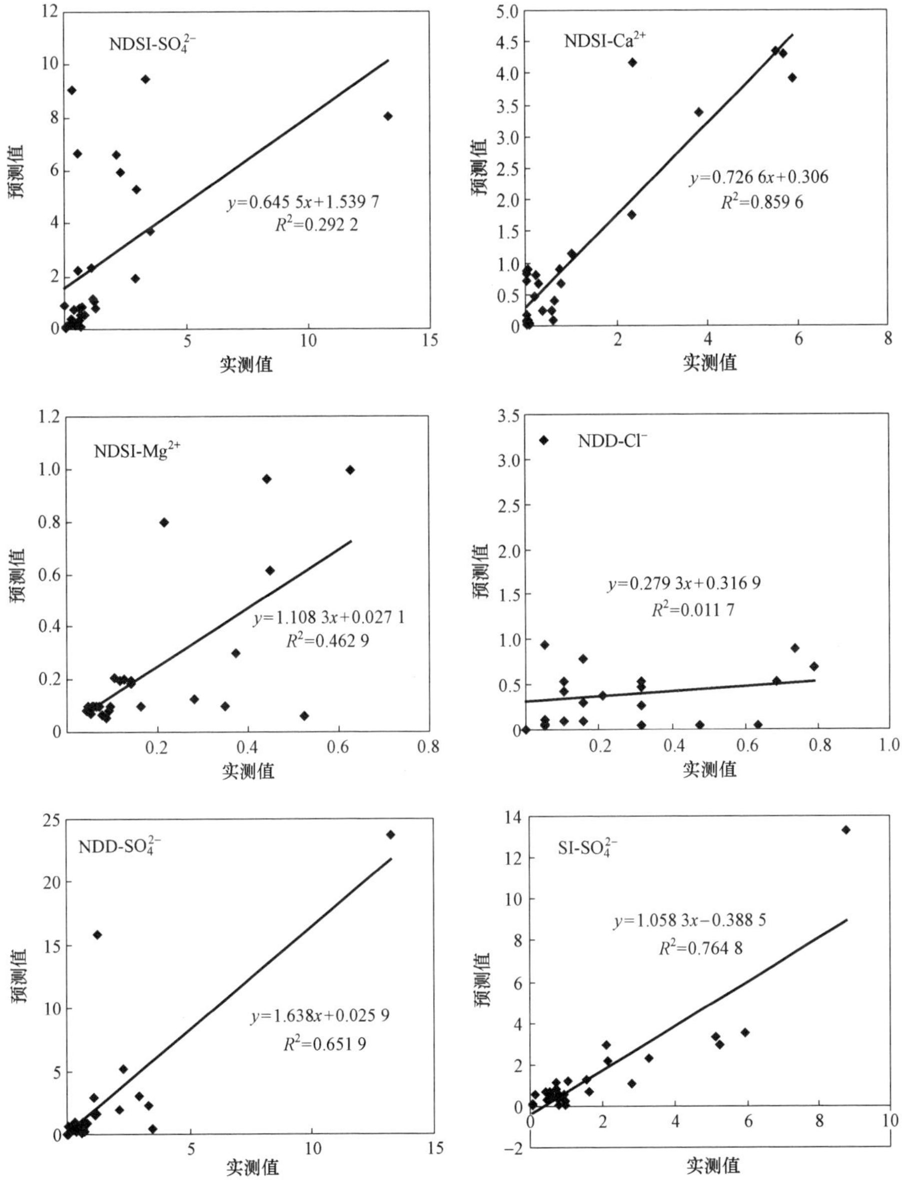

NDSI-SO_4^{2-}

y=0.645 5x+1.539 7
R^2=0.292 2

NDSI-Ca^{2+}

y=0.726 6x+0.306
R^2=0.859 6

NDSI-Mg^{2+}

y=1.108 3x+0.027 1
R^2=0.462 9

NDD-Cl^-

y=0.279 3x+0.316 9
R^2=0.011 7

NDD-SO_4^{2-}

y=1.638x+0.025 9
R^2=0.651 9

SI-SO_4^{2-}

y=1.058 3x−0.388 5
R^2=0.764 8

预测值 / 实测值

图 1-7-6 综合指数模型验证

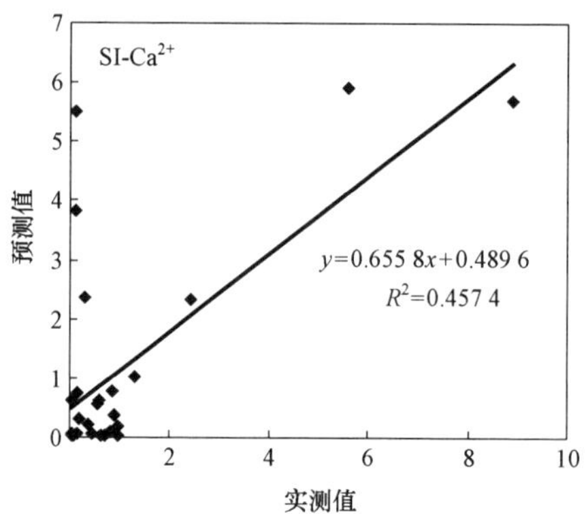

图 1-7-6　综合指数模型验证（续）

经过上述文章研究，我们发现 SO_4^{2-} 的精度最好，不论是建立高光谱窄波段还是多光谱宽波段，结果均较好。最后建立的综合光谱指数中，SO_4^{2-} 的效果最好，说明 SO_4^{2-} 光谱响应最明显，而对于其他盐分因子，通过一些光谱波段的组合，其相关性有显著提高，这说明多源数据的光谱组合对反演盐渍化信息有重要意义。

第八章

结　论

本篇以艾比湖土壤盐分因子为研究靶区，对湿地采集土壤样品，分析其样品盐分和 7 大因子特性，采用多元统计分析和光谱分析技术等方法，分析艾比湖土壤盐分因子的理化性质、空间分布、剖面变化特征以及光谱特征，以地面高光谱和 Landsat8 影像数据为光谱数据。利用数学组合算法建立单波段和波段组合指数的土壤盐分因子反演模型，最终建立多光谱和高光谱的综合指数进行综合建模，得出以下主要结论：

（1）由不同土壤层盐分因子分布情况可知，盐分因子主要聚集在土壤表层，且随深度增加逐渐下降，HCO_3^- 在不同土壤层含量不变；Cl^- 含量随土壤深度增加略微下降；SO_4^{2-} 在 0～10 cm、10～20 cm 土壤层含量一致；Ca^{2+} 含量随着土壤深度的增加逐渐降低；Mg^{2+} 含量在不同土壤层变化甚微；Na^+ 含量随土壤深度的增加而下降。SO_4^{2-}、Cl^-、盐分因子均大于 100，为强空间变异性，其中，0～10 cm 土壤层中的 Cl^- 变异系数最大，为 340，属于极强空间变异性。从土壤剖面图分析可知：A 区分为 3 个阶段，每个阶段水盐状况不同且存在一定规律性。B 区，整体来看主要是土壤表层盐分含量最高，其次是 10～20 cm 土壤层变化一样。艾比湖上游 C 区土壤表层和 10～20 cm 土壤层盐分含量相差不大。D 区湖区周边土壤 10～20 cm 和 20～40 cm 土壤层的盐分含量高于土壤表层盐分含量；E 区域土壤表层盐分含量高于 10～20 cm 和 20～40 cm 的土壤层。

（2）对不同盐分光谱曲线进行分析，可知：土壤盐分光谱特征在形式和变化趋势上基本一致。在 600～1 400 nm、1 450～1 750 nm、2 000～2 100 nm 和 2 200～2 250 nm 区间分析发现，Na^+与土壤盐分光谱波长呈正相关。基于波段组合的光谱指数中：Cl^-与 RSI 指数的决定系数为 0.945，SO_4^{2-}与 RSI 和 NDSI 指数的决定系数均为 0.718，Ca^{2+}与 DI 指数的决定系数为 0.65。依据建模结果，Na^+、Cl^-、SO_4^{2-}的对数和幂函数回归模型的 R^2 值分别为 0.719 8、0.536 5 和 0.712 9，模型估测效果较好。Cl^-、SO_4^{2-}和 Ca^{2+}的一元线性和幂函数回归模型的 R^2 值分别为 0.947 9、0.643 8 和 0.569 6，模型估测效果较好。模型验证结果最好的是 SO_4^{2-}，拟合系数分别为 $R^2=0.646\ 1$、$R^2=0.563\ 1$ 和 $R^2=0.538\ 4$。

（3）分析多光谱波段和盐分因子的相关关系可知：从 B1～B7 波段，SO_4^{2-}和 Ca^{2+}相关性呈下降趋势。决定系数最高的因子是 SO_4^{2-}，其决定系数在各个波段都是最高的。验证结果表明：SO_4^{2-}与 B1、B2、B3、B4 和 B5 单波段模型精度分别为 0.677 7、0.674 4、0.550 6、0.629 6 和 0.529 5，验证结果均较好。建立多光谱的波段组合指数与盐分因子的相关性，效果不佳，本篇在这里不再叙述。

（4）本篇基于一种指数将多光谱与高光谱数据融合在一起，建立一个反演盐分因子的综合指数，分析综合指数和盐分因子的相关性，最终建立综合指数模型。结果表明：NDSI 模型验证结果均为良好，Ca^{2+}验证结果最好，决定系数 $R^2=0.859\ 6$，其次是 Mg^{2+}验证结果，决定系数 $R^2=0.462\ 9$。在 NDD 指数建立的模型中，SO_4^{2-}的验证结果最好，决定系数 $R^2=0.651\ 9$。SI 指数与 SO_4^{2-}验证结果为 $R^2=0.764\ 8$，Ca^{2+}的模型验证结果为 $R^2=0.457\ 4$。

参考文献

[1] Hussain N，Ai－Rawahy S A，Rabee J，et al. Causes，origin，genesis and extent of soil salinity in the sultanate of oman［J］. Pakistan Journal of Agricultural Sciences，2006，43（1－2）：1－6.

[2] Farifteh J，Farshad A，George R J. Assessing salt－affected soils using remote sensing，solute modelling，and geophysics［J］. Geoderma，2006，130（3）：191－206.

[3] 张芳，熊黑钢，田源，等. 区域尺度地形因素对奇台绿洲土壤盐渍化空间分布的影响［J］. 环境科学研究，2011，24（7）：731－739.

[4] 姜红涛，买买提・沙吾提，张飞等. 于田绿洲土壤盐渍化动态变化研究［J］. 土壤通报，2014，45（1）：123－129.

[5] 樊自立，马英杰，马映军. 中国西部地区的盐渍土及其改良利用［J］. 干旱区研究，2001，18（3）：1－6.

[6] 王永东，李生宇，徐新文，等. 塔里木沙漠公路防护林咸水灌溉土壤盐渍化状况研究［J］. 土壤学报，2012，49（5）：886－891.

[7] 赖宁，李新国，梁东. 开都河流域下游绿洲盐渍化土壤高光谱特征［J］. 干旱区资源与环境，2015，29（2）：151－156.

[8] Csillag F，Pasztor L，Biehl L L. Specreal band selection for the characterization of salinity status of soil ［J］. Remote Sensing of Environment，1993，43（3）：231－242.

[9] 刘广明，吴亚坤，杨劲松，等. 基于电磁感应技术的区域三维土壤盐分空间变异研究［J］. 农业机械学报，2013，44（7）：78－82.

[10] Ghassemi F，Jakeman A J，Nix H A. Salinisation of land and water resources：human causes，extent，management and case studies［J］. University of New South wales press，sydney，1995.

[11] 田长彦，周宏飞，刘国庆. 21 世纪新疆土壤盐渍化调控与农业持续发展研究建议［J］. 干旱区地理（汉文版），2000，23（2）：177－181.

[12] 董新光，周金龙，陈跃滨. 干旱内陆区水盐监测与模型研究及其应用［M］. 北京：科学出版社，2007.

[13] 朱高飞. 农田盐渍化土壤光谱特征及其遥感反演与分类研究［D］. 新疆农业大学，2013.

[14] 汪杰，张晓琴，魏怀东.河西走廊盐渍化草场土壤水盐动态观测研究［J］. 甘肃林业

科技，1999，(3)：7－11.

[15] CLARK R，Roush T. Reflectance spectroscopy：Quantitative analysis techniques for remote sensing application [J]. Journal of Geographical Research，1984，89（7）：6329－6340.

[16] Melendez－Pastor I，lgnacio，Navarro-Pedreno，Jose, Gomez，lgnacio，Identifying optimal spectral bands to assess soil properties with VNIR radiometry in semi－arid soil [J]. Geoderma，2008.147（3－4）：126－132.

[17] Farifteh J，van der Meer F，van der Meijde M，et al. Spectral characteristics of salt－affected soils：A laboratory experiment [J]. Geoderma，2008，145，196－206.

[18] Volkan Bilgili A，van Es HM，Akbas F，et al. Visible-near infrared reflectance spectroscopy for assessment of soil properties in a semi-arid area of Turkey [J]. Journal of Arid Environments，2010，74：229－238.

[19] Fernandez－Buces N，Siebe C，Cramb S，et al. Mapping soil salinity using a combined spectral response index for bare soil and vegetation：A case study in the former lake Texcoco，Mexico [J]. Journal of Arid Environments，2006，65：644－667.

[20] Fernandez–Buces N，Siebe C，Cram S. Mapping soil salinity using a combined spectral response index for bare soil and vegetation：A case study in the former lake Texcoco，Mexic [J]. Journal of Arid Environments，2006，65（4）：664－667.

[21] 翁永玲，宫鹏. 土壤盐渍化遥感应用研究进展[J]. 地理科学，2006，26(3)：369－375.

[22] 翁永玲，戚浩平，方洪宾，等. 基于 PLSR 方法的青海茶卡—共和盆地土壤盐分高光谱遥感反演 [J]. 土壤学报，2010，47（6）：1255－1263.

[23] 陈涛，常庆瑞，刘京.基于光谱信息辅助的污灌区农田土壤镉协同克里格分析 [J]. 光谱学与光谱分析，2013，33（8）：2157－2162.

[24] 郭龙，张海涛，陈家赢，等.基于协同克里格插值和地理加权回归模型的土壤属性空间预测比较 [J]. 土壤学报，2012，49（5）：1037－1042.

[25] 刘庆生，骆剑承，刘高焕. 资源一号卫星数据在黄河三角洲地区的应用潜力初探 [J]. 地球信息科学学报，2000，2（2）：56－57.

[26] 陈奕云，漆锟，刘耀林，等. 顾及土壤湿度的土壤有机质高光谱预测模型传递研究 [J]. 光谱学与光谱分析，2015，35（6）：1705－1708.

[27] 陈实，徐斌，金云翔，等. 北疆农区土壤盐渍化遥感监测及其时空特征分析 [J]. 地理科学，2015，35（12）：1607－1615.

[28] 代富强，周启刚，刘刚才.基于回归克里格和遥感的紫色土区土壤有机质含量空间预测 [J]. 土壤通报，2014，45（3）：562－567.

[29] 张芳，熊黑钢，栾福明，等. 土壤碱化的实测光谱响应特征 [J]. 红外与毫米波学报，

2011，30（1）：55－60.

［30］ 张芳，熊黑钢，丁建丽，等. 碱化土壤的野外及实验室波谱响应特征及其转换［J］. 农业工程学报，2012，28（5）：101－107.

［31］ 刘艳芳，卢延年，郭龙，等.基于地类分层的土壤有机质光谱反演校正样本集的构建［J］. 土壤学报，2016，53（2）：332－341.

［32］ Ben－Dor E，Patkin K，Banin A，et al. Mapping of several soil properties using DAIS－7915 hyperspectral scanner data－a case study over clayey soils in Israel［J］. International Journal of Remote Sensing，2002，23（6）：1043－1062.

［33］ Reeveslii J B. Near－versus mid－infrared diffuse reflectance spectroscopy for soil analysis emphasizing carbon and laboratory versus on－site analysis：Where are we and what needs to Be done ［J］. Geoderma，2010，158（1－2）：3－14.

［34］ Jing W，He T，Lv C Y，et al. Mapping soil organic matter based on land degradation spectral response units using hyperion images［J］. International Journal of Applied Earth Observations & Geoinformation，2010，12（9）：171－180.

［35］ 任岩，张飞，王娟，等. 新疆艾比湖流域地表水丰水期和枯水期水质分异特征及污染源解析［J］. 湖泊科学，2017，29（5）：1143－1157.

［36］ 张月，张飞，王娟，等. 近 40 年艾比湖湿地自然保护区生态干扰度时空动态及景观格局变化［J］. 生态学报，2017，37（21）：7082－7097.

［37］ 王璐，丁建丽.基于景观尺度的艾比湖保护区 LUCC 变化及其驱动力分析［J］. 水土保持研究，2015，22（1）：217－223.

［38］ 陈蜀江，侯平，李文华，等. 新疆艾比湖湿地自然保护区综合科学考察［M］. 乌鲁木齐：新疆科学技术出版社，2006.

［39］ 陈昌笃，袁国映. 艾比湖干缩引起的环境问题与应采取的对策［A］. 见：新疆生态环境研究［C］. 北京：科学出版社，1989：80－81.

［40］ 李艳红，姜黎，佟林. 新疆艾比湖流域生态环境空间分异特征研究［J］. 干旱区资源与环境，2007，21（11）：59－62.

［41］ 杨青，何清，李红军，等. 艾比湖流域沙尘气候趋势及其突变研究［J］. 中国沙漠，2003，23（5）：503－508.

［42］ 汪军能，张落成. 艾比湖流域水资源变化与区域响应［J］. 干旱区资源与环境，2006，20（4）：157－161.

［43］ 钱亦兵，蒋进，吴兆宁. 艾比湖地区土壤异质性及其对植物群落生态分布的影响［J］. 干旱区地理，2003，26（3）：217－222.

［44］ 谢霞. 艾比湖区域生态脆弱性评价遥感研究［D］. 新疆大学，2010.

［45］ 徐翠娟，努尔巴依•阿布都沙力克. 艾比湖湿地自然保护区湿地植被研究［J］. 干旱

区资源与环境，2008，22（10）：106－110.

［46］ 张海威，张飞，李哲，等. 新疆艾比湖主要入湖河流精河与博尔塔拉河三维荧光光谱特性及其与水质的关系［J］. 湖泊科学，2017，29（5）：1112－1120.

［47］ 李瑞. 艾比湖地区的地表水资源时空分布特征及承载力评价研究［D］. 新疆大学，2016.

［48］ 张海威，张飞，李哲，等. 艾比湖流域盐渍土土壤含水量光谱特征分析与建模［J］. 中国水土保持科学，2017，15（1）：8－14.

［49］ 李艳红，姜黎，佟林. 新疆艾比湖流域生态环境空间分异特征研究［J］. 干旱区资源与环境，2007，21（11）：59－62.

［50］ 孔琼英. 艾比湖流域植被研究［D］. 新疆大学，2008.

［51］ 孔琼英，努尔巴依·阿布都沙力克. 新疆艾比湖流域植物区系研究［J］. 干旱区资源与环境，2008，22（11）：175－179.

［52］ 傅德平，谢辉，于恩涛，等. 艾比湖湿地自然保护区荒漠植物群落物种多样性研究［J］. 干旱区资源与环境，2009，23（1）：174－179.

［53］ 张东. 分数阶微分在土壤盐渍化遥感监测中的应用研究［D］. 新疆大学，2017.

［54］ Zhou S，Wang Q L，Jie P，et al. Development of a national VNIR soil－spectral library for soil classification and prediction of organic matter concentrations［J］. Science China Earth Sciences，2014，57（7）：1671－1680.

［55］ Liu B，Li Y，Zhang Q，et al. Spectral characteristics of weathered oil films on water surface and selection of potential sensitive bands in hyper－spectral images［J］. Journal of the Indian Society of Remote Sensing，2017，45（1）：171－177.

［56］ 程街亮，纪文君，周银，等. 土壤二向反射特性及水分含量对其影响研究［J］. 土壤学报，2011，48（2）：255－262.

［57］ Olli Wilkman，Maria Gritsevich，Nataliya Zubko，et al. Photometric modelling for laboratory measurements of dark volcanic sand［J］. Journal of Quantitative Spectroscopy and Radiative Transfer，2016，185：37－47.

［58］ 张照录. 地物光谱反射率野外测量实验方案改进［J］. 测绘科学，2010，35（5）：176－177.

［59］ 董毅，何明元，吕佳彦，等. 基于野外地物光谱时间序列的反射率测量方法［J］. 红外，2016，37（1）：31－35.

［60］ 蒲莉莉，刘斌. 结合光谱响应函数的 Landsat8 影像大气校正研究［J］. 遥感信息，2015（2）：116－119.

［61］ Gitelson A A，Kaufman Y J，Stark R，et al. Novel algorithms for remote estimation of vegetation fraction［J］. Remote Sensing of Environment，2002，80（1）：76－87.

[62] Miller J R，Hare E W，Wu J. Quantitative characterization of the vegetation red edge reflectance: An inverted – Gaussian reflectance model[J]. International Journal of Remote Sensing，1990，11（10）：1755 – 1773.

[63] Lyon J G，Yuan D，Lunetta R S，et al. A change detection experiment using vegetation indices[J]. Photogrammetric Engineering and Remote Sensing，1998，64（2）：143 – 150.

[64] Shi T Z，Liu H Z，Chen Y Y，et al. Estimation of arsenic in agricultural soils using hyperspectral vegetation indices of rice［J］. Journal of Hazardous Materials，2016，308：243 – 252.

[65] Frazier B E，Cheng Y，Frazier B E，et al. Remote sensing of soils in the eastern Palouse region with Landsat Thematic Mapper［J］. Remote Sensing of Environment，1989，28（89）：317 – 325.

[66] 李哲，张飞，冯海宽，等. 基于波段组合的植被叶片盐离子估算研究［J］. 光学学报，2017（11）：317 – 331.

[67] 高文义，林沫，邓云龙，等. F 检验法在年降水量分析计算中的应用［J］. 东北水利水电，2008，26（285）：33 – 34.

[68] 于雷，洪永胜，耿雷，等.基于偏最小二乘回归的土壤有机质含量高光谱估算［J］. 农业工程学报，2015，31（14）：103 – 109.

[69] 曹文涛，吴泉源，王菲，等. 基于野外实测光谱的潍北地区土壤全盐量监测研究[J]. 土壤通报，2016，47（2）：265 – 271.

[70] 黄帅，丁建丽，李相，等. 土壤盐渍化高光谱特征分析与建模［J］. 土壤通报，2016，47（5）：1042 – 1048.

[71] 陈红艳，赵庚星，陈敬春，等. 基于改进植被指数的黄河口区盐渍土盐分遥感反演［J］. 农业工程学报，2015，31（5）：107 – 114.

下　篇

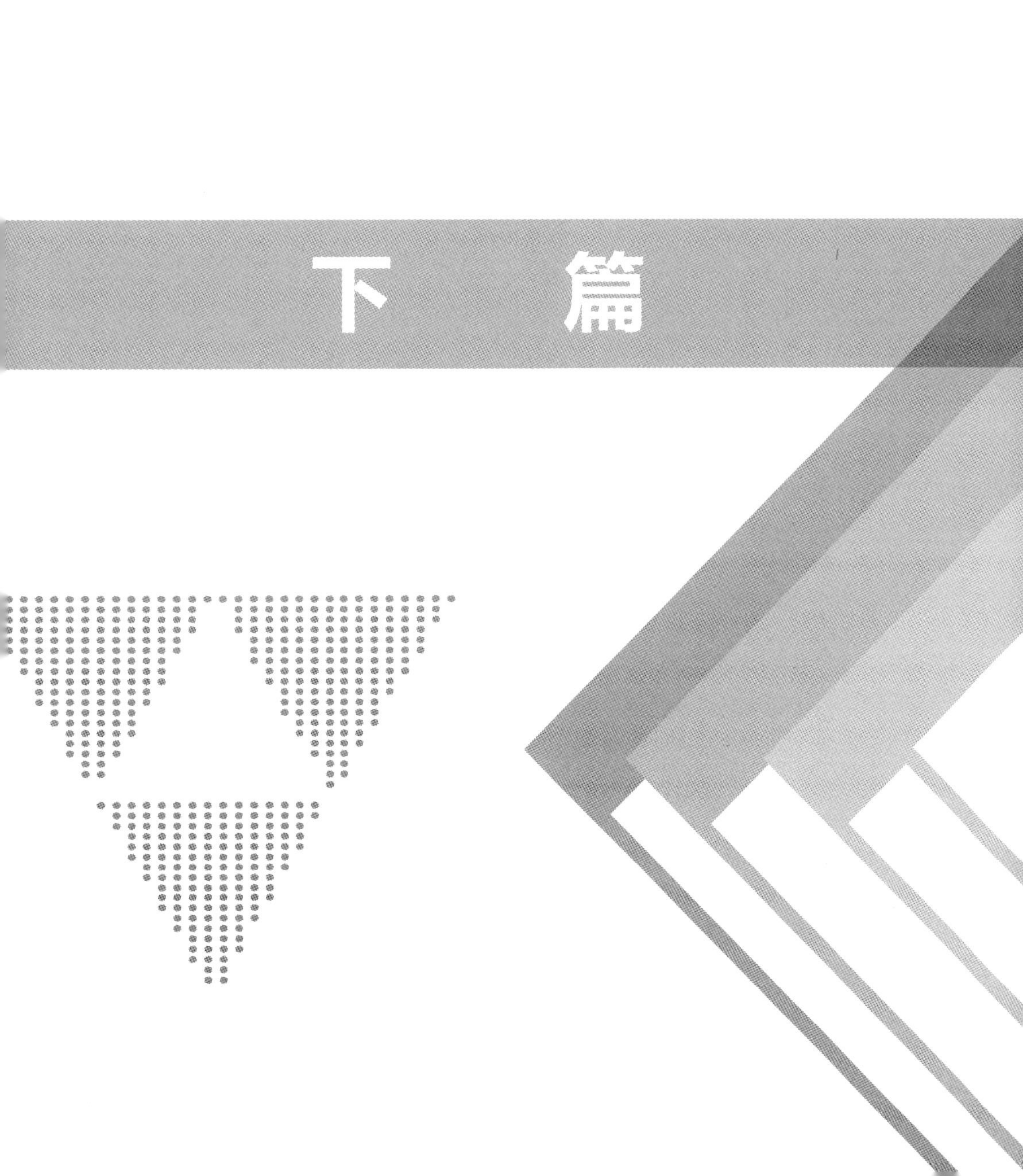

第一章

绪　论

1.1　研究目的和意义

1.1.1　研究目的

本研究以干旱区典型盐生植物为研究对象，综合运用植被光谱特征、水盐数据以及数理统计分析等手段，在不同季节、不同群落盐生植物光谱特征与植被指数等相关关系基础上，构建水盐影响下的盐生植物高光谱模型。该结果将对土壤盐渍化的生态治理、遏制土壤盐生化以及促进全球生态环境的良性循环有重大意义。

1.1.2　研究意义

土壤盐渍化已成为全世界关注的重大环境问题之一，其驱动因子包括自然因子和人为因子。全球有将近 10 亿 hm^2 的土壤受到盐渍化的危害，尤其在干旱内陆区，盐渍化降低了土壤生产力，最终导致土壤沙化。新疆由于地理位置、地形地势的特殊性，气候干旱少雨，多出现沙尘暴和盐尘暴天气，该区域分布大量的盐碱地，面积高达 10 万 km^2，占新疆多半的土地面积。土壤的盐碱化已经严重影响到动植物的生长，对新疆的可持续发展造成了一定程度的影响，如何解决该类环境问题已成为全球学者研究的热点。盐渍化的环境对植物产生多种影响，如渗透影响、氧化影响和离子毒害。盐分影响是多数植物生长的抑制因子，在盐分的影响下，植物除受直接毒害外，土壤溶液中的盐分含量超标还会间接导致植物的营养成分流失。Rozema 首次在研究中鼓励学者寻找在盐渍化土壤中具有耐盐性质的植物。虽然新疆的气候干旱、恶劣天气频繁，但特殊的地理环境孕育出了多种多样的盐生植物，其种类包揽了全国近半数的盐生植物。新疆的盐生植物发源于“三山两盆”的地形中，南北疆地区、河流周边等也有分布。盐生植物是盐渍土孕育的产物，是重要的植物资源。盐生植物的耐盐机制是通过吸收和积累无机离子进行渗透调节的，不仅能快速融入到极端天气控制的环境中，而且是阻挡沙尘暴、盐尘暴的天然屏障。盐生植物内部的生化组分，例如叶绿素、含水量、蛋白质、木质素、钾离子、钠离子等都是植物健康的判断标准。研究水盐影响下盐生植物的光谱特征变化可为揭示盐生植物耐盐机理提供理论基础，也可为遏制土地荒漠化及合理利用盐生植物进行盐碱地改良提供科学依据。

本研究以典型盐生植物为研究对象，综合运用植被光谱特征、水盐数据以及数理统计分析等手段，在不同季节不同群落盐生植物光谱特征与植被指数等相关关系基础上，对全波段范围的反射率进行组合，最终构建出差值（DI）、归一化（NDSI）和比值（RSI）类型的多种新型植被指数，采用多元线性回归模型对比分析已发表光谱指数和新构建的植被指数与含水量相关性的大小，采用 BP 神经网络模型探讨新构建的植被指数与含盐量相关性的大小，分别选出最理想的估算模型，进而实现对盐生植物水盐含量状况的快速监测。

1.2 国内外研究进展

1.2.1 基于高光谱遥感的植物光谱特征研究

随着高光谱遥感技术日新月异的发展，植物光谱特征的研究成为国内外学者研究的热点，研究发现植被的生理化学特征及矿物质含量与叶片光谱变化有密切的关联。由于植被内部的矿物质含量及营养物质等对光谱有反应，因此微观的光谱变化可以通过高光谱中的遥感信息表现出来。大部分研究已倾向于利用高光谱技术对植被的生化组分进行建模估算。Johnson 等在冠层尺度上，找到了 AVIRIS 光谱数据与植物木质素、含氮量之间的复杂响应过程。Dawson 利用叶片光谱信息研究叶子的生理化学特征，构建了 LIBERTY 模型。Adams 采用 AVIRIS 光谱数据构建 YI 指数监测植物叶子的病虫害。多数研究表明，高光谱遥感技术已扩展到农作物的病虫害诊断、庄稼的生产力评估、森林监测和干旱区的植物评价等领域。

1.2.2　地面遥感应用于植物信息的提取

（1）金属元素影响。

刘素红、刘新会、迟光宇、刘帅等以多种农作物为研究对象，在土壤或水分为培养基的前提下，观察不同金属对植被叶片光谱的响应，得到以下结论：当植被叶片吸收了土壤或水中的金属元素，叶片中的生化组分，如叶绿素含量下降，光谱中的可见光波段反射率上升，而近红外光谱反射率下降。杨璐等研究发现，在金属铜的影响下，农作物光谱曲线发生了显著变化。随着铜含量的不断增加，光谱曲线在可见光范围呈上升趋势。梁雯、周广柱利用数学变换手段研究植被光谱的变化状况。任红艳通过研究土壤光谱与土壤的重金属含量之间的关联，建立土壤重金属含量的最佳估算模型。李庆亭结合遥感影像数据，分析了铜矿区域环境下植被的光谱特征变化。郝建婷对如何获取植物光谱信息和光谱数据分析处理过程进行了详细分析。江南构建了 3 种植被指数（NDVI、MTVI2、MCARI/OSAVI），用于监测重金属影响下作物的生长状况。李娜在富含铜、锡元素的环境背景下，利用高光谱遥感技术构建了反演重金属的估算模型，为矿山的环境污染监测提供了理论基础和技术支持。

（2）非金属元素影响。

Tracy 等在研究氮影响下的农作物时发现，550～600 nm 与 800～900 nm 波段内的光谱比值是其敏感波段范围。Noomen 等得出结果：在 CO^2 泄漏影响下，玉米的光谱经一阶微分变换后，黄边位置和红边位置之差能够较准确地预测玉米的叶绿素含量。Chávez 等发现，干旱影响下植被指数 $CI_{red-edge}$ 与叶面积指数相关性较大。任红艳对氮磷影响下的小麦冠层光谱特征变化进行了较为细致的研究。易秋香等将可见光区域 759 nm 位置的光谱进行一阶微分变换，构建了玉米全氮含量的预测模型。张雪红发现，氮浓度对光谱特征有一定程度的影响，可见光波段反射率变小，体现在可见光区域反射率变小，近红外区域则相反；“双峰”曲线得以加强，即一阶导数光谱趋于长波位置发展。王珂在冠层和叶片尺度下，对水稻中的钾含量进行了估算监测。郭曼对植物生化组分和农作物光谱曲线特征的关联进行了探究。

（3）水盐方面影响。

利用高光谱遥感技术对植物冠层及叶片尺度的水盐含量进行监测及估算已成为近年来的研究话题。前人发现，在近红外和短波红外区存在以 970 nm、1 200 nm、1 450 nm、1 930 nm 和 2 500 nm 为中心的 5 个叶片水分吸收带，这一发现开启了叶片含水量监测和估算的先河。国外率先进行了此项研究，早在

20 世纪 70 年代初，Thomas 在构建叶片含水量估算模型时发现，1 450 nm 和 1 930 nm 波段的反射率与叶片相对含水量相关性较大。Curran 的研究得出：1 450 nm 波段主要影响叶片的水分吸收功能；970 nm、1 200 nm、1 900 nm 波段的吸收峰受植物蛋白质、淀粉等多种生物化学成分影响。Dobrowski 在 690 nm 波段处和 740 nm 波段处研究水分影响下的植被冠层光谱 Carter 等发现：1 450 nm、1 950 nm 和 2 500 nm 波段的反射率对叶片含水量最为敏感。国内进行此类研究相对滞后，但研究结果具有一致性，田庆久等利用光谱归一化手段研究小麦的光谱特性，得到 1 450 nm 波段主要影响叶片的水分吸收功能；沈艳采用植被光谱指数对植被叶片及冠层叶片进行含水量估算模型研究，得出反射率 $Ratio_{975}(Ratio_{975}=(2\times R_{960\sim990})/(R_{920\sim940}+R_{1\,090\sim1\,110}))$是叶片尺度估算叶片含水量的最佳光谱指数，而土壤可调节水分指数 SAWI（$SAWI=(R_{820}-R_{1\,600})\times(1+L)/(R_{820}+R_{1\,600}+L)$，式中，$L$ 为土壤调节系数）是冠层尺度估算叶片含水量的最佳光谱指数。

Maimaitiyiming 等利用光谱反射率探测葡萄在不同程度的水分影响下的生理参数，分析得出新构建的 NDSI（R603，R558）与电导率有良好的相关性，利用偏最小二乘回归方法能够很好地预测葡萄的生理参数。Namik Kemal 等研究了灌溉水盐度对番茄植株能量利用的影响，利用 VI 指数、NDVI 指数、SI 指数和 NDSI 指数与植被反射率进行盐影响监测。卢霞等以滨海湿地盐沼植被大米草为研究对象，进行不同盐分梯度（10，20，30）影响处理，对比分析不同盐分含量对各个测定期的大米草叶片反射率和叶绿素浓度的影响，研究发现：在不同盐影响下，大米草叶片反射率的光谱曲线在绿光波段的反射峰和 680 nm 附近抬升明显，叶绿素浓度越低抬升越高。POSS 等利用 71 种植被指数在可见光和近红外波段估算了水盐影响下苜蓿和麦草的产量，发现：利用多元线性回归模型估算时，其中 2 种植被指数（Onecartwr 和 Invreadthr）能够较好地估算作物产量。Elsayed 等利用高光谱遥感技术评估了水盐影响下玉米冠层的水分状况、生物量和产量，结果表明：3 种植被水分指数$(R_{970}-R_{900})/(R_{970}+R_{900})$、$(R_{970}-R_{880})/(R_{970}+R_{880})$和$(R_{970}-R_{920})/(R_{970}+R_{920})$与玉米参数有较好的相关性。

1.3 研究目标、内容和技术路线

1.3.1 研究目标

本篇借助高光谱遥感技术，依据主成分分析、BP 算法等多种数学手段，以新疆艾比湖为研究对象，以 2016 年 5 月、7 月、10 月和 2017 年 5 月及 7 月盐生植物的叶片光谱反射率和水盐数据为数据源，分析研究了同一季节不同群落间的植物光谱变化规律、同一群落不同季节间的植物光谱变化规律、土壤盐分对盐生植物叶片光谱反射率的影响、土壤水分对盐生植物叶片光谱反射率的影响；运用多元线性回归模型对比了已发表植被指数、新型植被指数与植被含水量之间的关系，并进行了精度验证，建立了最佳估算模型；运用BP神经网络建立了叶片盐离子与新型植被指数的估算模型，并进行了精度验证，从中选出最佳拟合模型。此研究方法可为干旱区盐生植物光谱信息提取提供有利的技术支撑，为环境、植物遥感监测领域提供有效的数据来源。

1.3.2 研究内容

（1）艾比湖盐生植物叶片光谱特征研究。

分析同一季节不同群落间的植物光谱变化规律、同一群落不同季节间的植物光谱变化规律、土壤盐分对盐生植物叶片光谱反射率的影响、土壤水分对盐生植物叶片光谱反射率的影响，对盐生植物叶片光谱信息处理和识别有重要作用，为不同季节、不同种类的盐生植物高光谱遥感监测提供科学的光谱学依据和理论基础。

（2）基于多元逐步回归模型的盐生植物叶片含水量高光谱估算模型研究。

运用生态程序软件Canoco5.0筛选出与研究区盐生植物相关的、已发表的植被水分指数，并运用编程软件MATLAB对全波段范围的反射率进行组合，最终构建出差值、归一化和比值类型的多种新型植被指数，运用多元逐步回归模型对已发表的植被水分指数、新构建的植被光谱指数与叶片含水量进行建模，并验证精度，对比两种指数模型的优劣，选出各时期最佳的盐生植物叶片含水量高光谱估算模型。

（3）基于BP神经网络模型的盐生植物叶片含盐量高光谱估算模型研究。

借助编程软件MATLAB对全波段范围的反射率进行组合，最终构建出差值、归一化和比值类型的多种新型植被指数，运用BP神经网络对新构建的植被光谱指数和4种盐离子（K^+、Na^+、Ca^{2+}和Mg^{2+}）进行建模，并验证精度，选出各时期最佳的盐生植物叶片含盐量高光谱估算模型。

1.3.3 技术路线

本次研究的技术路线如图2－1－1所示。

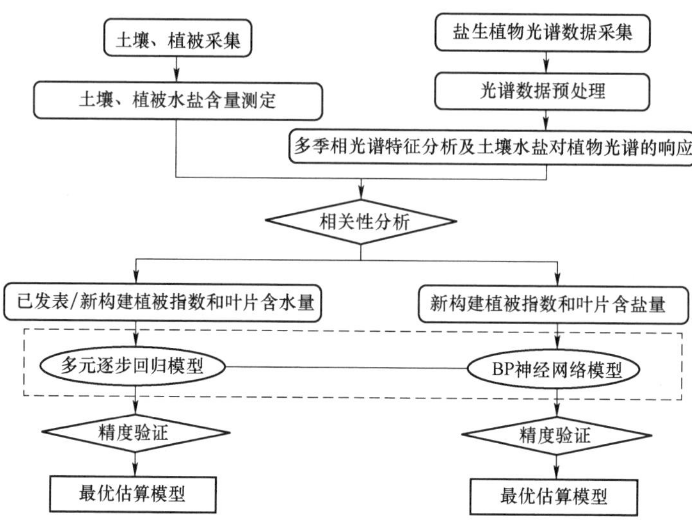
土壤、植被采集
盐生植物光谱数据采集
土壤、植被水盐含量测定
光谱数据预处理
多季相光谱特征分析及土壤水盐对植物光谱的响应
相关性分析
已发表/新构建植被指数和叶片含水量
新构建植被指数和叶片含盐量
多元逐步回归模型
BP神经网络模型
精度验证
精度验证
最优估算模型
最优估算模型

图 2-1-1　技术路线

第二章

研究区概况

2.1 地理位置

艾比湖位于新疆博尔塔拉蒙古自治州境内东北部，环绕北疆博尔塔拉蒙古自治州精河县、博乐市和阿拉山口市，被誉为新疆的“绿色长廊”。其地理位置如图 2-2-1 所示。东西长 102.63 km，南北宽 72.3 km，总面积 2 670.8 km^2，占博尔塔拉蒙古自治州总面积的 10%以上。其中，保护区核心区面积为 1 054.69 km^2，试验区面积为 542.22 km^2。研究区范围以艾比湖湖体为中心，东以乌苏、精河县为界，北以塔城为界，南以北疆铁路为界，西以博乐市的干旱区森林带为界。艾比湖是南北疆水域面积最广的咸水湖，也是较大的水盐汇集中心地。湖泊平均水深 1.4 m，最深 3 m，湖盆海拔 189 m，湖面椭圆形，面积变化为 500～1 000 km^2。

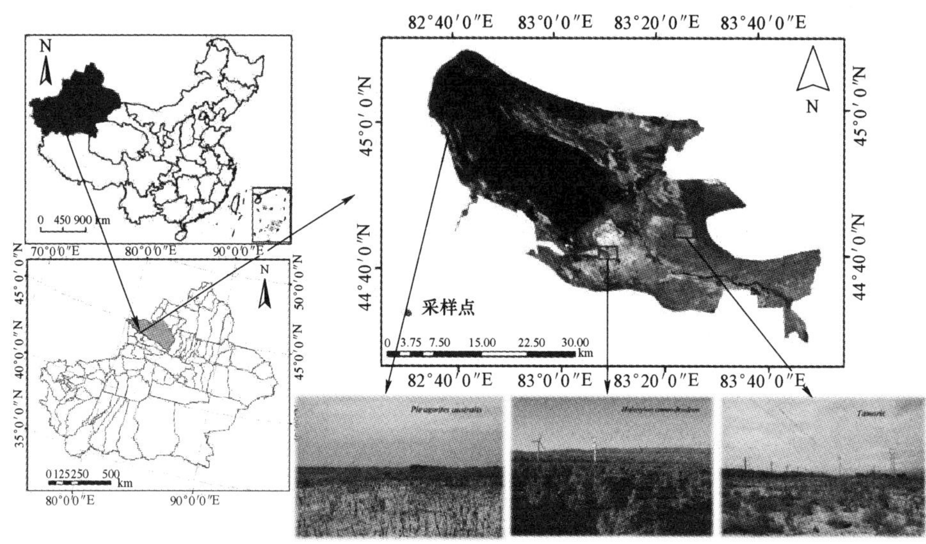

图 2-2-1　艾比湖地理位置示意

2.2 地貌特征

艾比湖是喜马拉雅山脉造山运动形成的断裂陷落湖。距今两万年前，艾比湖水资源充足，湖水面积达到 3 000 km^2，随着气候向暖干趋势发展，到第四纪后期湖泊逐渐萎缩。艾比湖海拔最低值为 196 m，是准噶尔盆地西部的主要集水地。地质构造线受纬向构造的影响以东北—西南方向发展。北为准噶尔西部山地中的玛依力山脉，地势略低；西北是天山山系最北分支阿拉套山，最高峰海拔为 2 609 m。

据李艳红研究，艾比湖的地貌分为三个类型：湖泊、沼泽和盐碱滩。研究区地貌如图 2-2-2 所示。

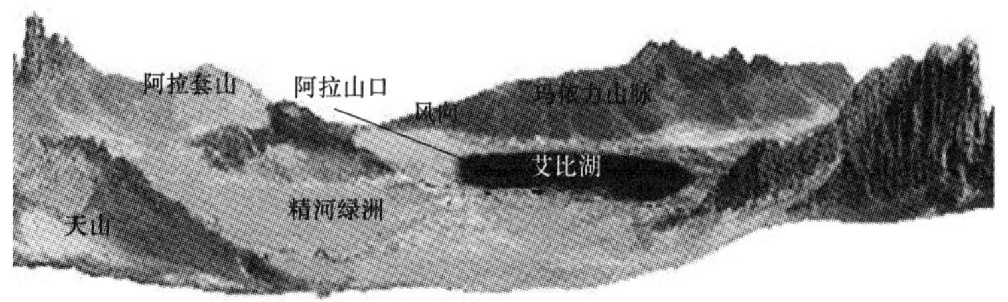

图 2-2-2　研究区地貌

2.3　气候与水文

保护区位于亚欧大陆中纬度地区，属于北温带大陆干旱气候，气温随纬度变化较小，故南北气温差异小。由于西高东低的地势，年均温由东向西降低。海拔每上升 100 m，年均温下降 0.3 ℃～0.4 ℃，年均温为 6.8 ℃，极端最高气温达到 41.7 ℃，极端最低气温低于 32 ℃，活动温度总和为 3 000 ℃～3 500 ℃，平均无霜期 160 d。光照充足，年日照数 2 800 h，有效辐射量为 65 kcal/cm^2 • a，年降水量为 90.9～163.9 mm，年蒸发量在 3 700 mm 以上。保护区处于阿拉山口大风通道，年均大风日高达 165 天，风速 6 m/s，最大风速 55 m/s。在风吹蚀影响下，沙尘暴天气屡次发生，因此艾比湖被列入我国 4 大浮尘区之一。

流域水资源主要来自奎屯河、博河和精河，奎屯河占 44.87%，博河、精河共占 55.13%，平原地区降水少、蒸发量大，地表径流稀少，因此径流的主要补给来源是山区降水。流域内的众多河流源头为天山北坡，小部分来自阿拉套山和麻依拉山。然而近几十年河区上游开展大量的水利工程，使得水资源紧张，目前以地表径流补给艾比湖的河流仅有 3 条，分别是奎屯河、精河和博尔塔拉河。

艾比湖地势低洼，湖水矿化度高，流域的河流由南向北、自西向东汇入艾比湖，河流的矿化度程度自北向南、自东向西依次递减，高值区集中于艾比湖低地。地下水从中间向内部水质恶化程度加深，并沿河区域延伸发展。

2.4　土 壤 概 况

灰漠土、风沙土和灰棕漠土为艾比湖的典型土壤类型，盐渍土、沼泽土和草甸土为隐域性土壤。灰漠土多为盐碱化土壤，发源于冲积平原的黄土状粉砂质亚砂土。风沙土是湖区面积最大，分布最广的土壤类型，风沙土的动力源为阿拉山口的大风。灰棕漠土是艾比湖地区的典型土壤，发育在红棕色紧实层的砾质洪积—冲积扇上。开发前的湖滨区以草甸土、沼泽土、林灌草甸土为主，经过大规模的水利开发，这类土壤转变为漠化的草甸土、沼泽土和残余泥炭土。艾比湖的成母质有冲积物、洪积物、湖积物、风蚀物等，含盐量高，造成该区土壤盐渍化严重。

2.5　植 被 概 况

根据中国湿地植被的分类划分标准，将艾比湖植被划分为森林植被类型、灌木植被类型、草甸植被类型、沼泽植被类型和水生植被类型，形成水生、湿生、沙生、盐生和旱生的植被群落，该研究区植被的主要类型是旱生植被。据统计，全区高等植物 1 178 种，隶属于 79 科 440 属。蕨类植物 7 科 9 属 15 种，裸子类植物 3 科 4 属 7 种，被子类植物 69 科 427 属 1 156 种，国家二级保护植物共 12 种，保护区植被区系属温带植被，以中亚、欧亚和北温带类型为主。中亚植被类型种类最多，有 524 种，占全区总种数的 44.14%；欧亚在平原湿地、山前坡地分布较多，有 273 种，占全区种数的 23.02%；北温带分布 126 种，占全区种数的 10.77%，代表性植物有柽柳（*Tamarix Chinensis*）、梭梭（*Haloxylon Ammodendron*）、白梭梭（*Haloxylon Persicum*）、盐节木（*Halocnemum Strobilaceum*）、芦苇（*Phragmites Communis*）、骆驼刺（*Alhagi Sparsifolia*）、胡杨（*Populus Diversifolia*）、盐穗木（*Halostachys Caspica*）、盐爪爪（*Kalidium Foliatum*）、枸杞（*Lycium Halimifolium*）、碱蓬（*Suaeda Glauca*）、艾比湖桦（*Betula Ebinuricum*，特有品种）、艾比湖沙拐枣（*Calligonum ebinuricum ivanova*，特有品种）等。

2.6 流域社会经济背景

研究区位于博尔塔拉蒙古自治州境内，距阿拉山口 40 km，距博乐市 70 km，在 2007 年 4 月被国务院批准为国家级湿地自然保护区，设有甘家湖梭梭林保护区，属于半农半牧的经济欠发达地区。研究区内常住人口 307 人，牧区人口 294 人，共计 6 户，占总人口的 95%以上。研究区暂住人口 400 多人，大部分是每年卤虫盛产季的外来务工者和周边居民。保护区以农牧业为主，生产力水平受限，居民年人均收入在 1 000 元内，经济状况差，政府正在实施有计划的移民政策。研究区内没有医院、教育机构等社会文化卫生服务等基础设施，因此区内居民均在城镇解决就医、上学等问题。

第三章

数据来源与处理

3.1 盐生植物野外光谱测定

为研究艾比湖盐生植物光谱特征，分别于 2016 年 5 月（春季）、7 月（夏季）、10 月（秋季），2017 年 5 月（春季）和 7 月（夏季）对研究靶区进行野外调研考察，以湖体为中心沿周边设置 36 个样点，每个样点采集两种或两种以上该区域的植被优势种。利用便携式地物光谱仪 ASD（Analytical Spectral Devices）对每个植物光谱曲线进行收集，波谱范围设置为 350～2 500 nm，光谱分辨率为 3 nm。测定时间选在风速较小、天气晴朗的上午 9:00—11:00 和下午 14:00—16:00 两个时间段，该时间段叶面温度稳定、入射光线强。测定时探头位置固定，垂直向下，每 20 min 用漫反射白板进行一次仪器优化。

3.2 盐生植物含水量测定

直接进行称重的叶片作为该叶片的鲜重，然后在 120 ℃下杀青，最后在 80 ℃的温度下烘焙两天以上，直至叶片质量稳定，最后称得叶片干重。叶片含水量的计算公式为

$$叶片含水量\ W=（鲜重-干重）/鲜重\times 100\%$$

3.3 盐生植物盐离子含量测定

单叶光谱测定之后，立即将叶片取下带回室内，105 ℃杀青 30 min 后，70 ℃烘至恒量。用干灰化法测定植物粗灰分含量，将盛样坩埚放在调温电炉上，加热，待样品冒烟后，再烧 15 min 左右。在高温电炉中放入坩埚并使其盖子呈半开状态，温度升至 400 ℃，保持 0.5 h，再升至 550 ℃，6 h 之后，与称空坩埚同样步骤称量。再于 550 ℃灼烧 2 h，至恒重。取一定量的灰分，经粉碎过筛后用 HNO_3-HClO_4 溶解定容后，用 TAS－986 型原子吸收分光光度计测定 K^+、Na^+、Ca^{2+}和 Mg^{2+}的含量。

3.4 土壤含水量测定

采集艾比湖土壤表层（0～10 cm）的样品数据，为避免水分的散失用铝盒取样。将土样放置烘箱内，在 105 ℃下烘干 12 h 后在干燥器中冷却，然后进行样品干重测量，根据土壤含水量测定公式，得出土壤含水量。

$$m_{sc}=\frac{(m_1-m_2)}{(m_2-m)}\times 100\% \qquad (2-3-1)$$

式中，m_{sc} 为土壤含水量，单位为 g/kg；m 为铝盒质量，单位为 g；m_1 为土壤烘干前质量，单位为 g；m_2 为土壤烘干后质量，单位为 g。

3.5 土壤盐分含量测定

将剔除杂质的土壤样品风干数日，平铺在平整木板上，先用干净的木棒进行研磨、压碎，再过 2 mm 孔径筛；称量 20 g 土壤样品与 100 mL 去离子水，以 5:1 的水土比进行抽滤，振荡 5 min，静置 30 min，含盐量采用 Orion l 15＋A 仪器测定。

3.6 数据分析及方法

3.6.1 光谱数据分析

首先把光谱曲线从光谱仪内导出，利用 View Spec Pro 对测得的叶片光谱曲线取平均值，存到 Excel 中。利用 Origin8.0 软件、ENVI 对光谱进行平滑

去噪等预处理操作。依据式（3－2）计算盐生植物反射光谱的一阶导数，公式为

$$R'(\lambda_i)=\frac{R(\lambda_{i+1})-R(\lambda_{i-1})}{2\Delta\lambda} \quad （2－3－2）$$

式中，λ_i 是某一波段；$R'(\lambda_i)$ 是在波段 λ_i 处的一阶导数光谱值；$R(\lambda_{i+1})$ 和 $R(\lambda_{i-1})$ 分别是波段 λ_{i+1} 和波段 λ_{i-1} 处的光谱反射率值；$\Delta\lambda$ 是 λ_{i+1} 或 λ_{i-1} 与 λ_i 之间的波长差。

3.6.2 植被光谱指数

植被光谱指数能够应用于植被估算模型的检测研究中，准确反映光谱的变化规律。应用于叶片尺度的植被光谱指数大多数结构相对简单，常用比值型、差值型、归一化差值型、新二重差值型及改进版本等。较为典型的有改进的叶绿素吸收指数 MCARI 和土壤调节指数，其优点在于消除冠层参数，如叶面积指数 LAI 和土壤背景变化等影响。因此，本篇选取了 10 种典型的高光谱植被指数应用于盐生植物叶片尺度的水分含量反演研究。水分指数计算公式如表 2－3－1 所示。

表 2－3－1 水分指数计算公式

光谱指数	计算公式	引文
	比值型	
MSI	$MSI=R_{1\,600}/R_{820}$	[24]
WI	$WI=R_{900}/R_{970}$	[25－26]
SRWI	$SRWI=R_{860}/R_{1\,240}$	[27－28]
	归一化型	
NDII	$NDII=(R_{820}/R_{1\,600})/(R_{820}+R_{1\,600})$	[29]
$NDWI_{1\,200}$	$NDWI_{1\,200}=(R_{860}-R_{1\,200})/(R_{860}+R_{1\,200})$	[20]
$NDWI_{1\,240}$	$NDWI_{1\,240}=(R_{860}-R_{1\,240})/(R_{860}+R_{1\,240})$	[30]
$NDWI_{1\,640}$	$NDWI_{1\,640}=(R_{860}-R_{1\,640})/(R_{860}+R_{1\,640})$	[31]
$NDWI_{2\,130}$	$NDWI_{2\,130}=(R_{860}-R_{2\,130})/(R_{860}+R_{2\,130})$	[31]
NMDI	$NMDI=[R_{860}-(R_{1\,640}-R_{2\,130})]/[R_{860}+(R_{1\,640}-R_{2\,130})]$	[32]
GVMI	$GVMI=[(R_{820}+0.1)-(R_{1\,600}+0.02)/(R_{820}+0.1)+(R_{1\,600}+0.02)]$	[33]

本篇参照前人植被光谱研究中描述植被特征的植被指数，构建了适用于本研究区的 NDSI 指数、DVI 指数和 RSI 指数，具体计算公式为

$$\mathrm{NDSI}_{(\lambda_1,\lambda_2)}=\frac{R_{\lambda_1}-R_{\lambda_2}}{R_{\lambda_1}+R_{\lambda_2}} \tag{2-3-3}$$

$$\mathrm{DVI}_{(\lambda_1,\lambda_2)}=R_{\lambda_1}-R_{\lambda_2} \tag{2-3-4}$$

$$\mathrm{RSI}_{(\lambda_1,\lambda_2)}=\frac{R_{\lambda_1}}{R_{\lambda_2}} \tag{2-3-5}$$

式中，λ_1 为波长 1，单位 nm；λ_2 为波长 2，单位 nm；R_{λ_1} 为波长 1 的荒漠植被的叶片反射率，无量纲；R_{λ_2} 为波长 2 的荒漠植被的叶片反射率，无量纲。

3.6.3　主成分分析

主成分分析是一种降维处理技术。根据样品在主成分的得分提供相关数据结构的基本信息，如样品、变量间的相关程度等。权系数相近的变量为相关变量，对主成分贡献大的变量影响程度就大。通过结果得到的主成分，PC_1 代表第 1 主成分，PC_2 代表第 2 主成分，以此类推。本篇用 Canoco 5.0 软件进行主成分分析（Principal Components Ananlysis，PCA），筛选对盐生植物种类特征敏感的光谱指数。

3.6.4　BP 算法

误差反向传播（Back Propagation，BP）算法是目前人工神经网络（Artificial Neural Network，ANN）中应用最普遍也是最流行的学习算法。其中心思想是通过改变权值减小网络误差，隐含层用来吸收、接纳学习的结果信息，进而调整权系数矩阵，从而完成学习目标。

正向传播和逆向传播贯穿了 BP 算法的整个流程。其研究基础是：在正向传播时，隐含层处理经输入层达到的输入样本，最终指向输出层。在传播过程中，若网络联通权重和阈值输出层未能达到期望的输出矢量，则误差函数偏大，进而转入逆向传播。在逆向传播过程中，利用误差信号沿原道路返回的方式，改变各层神经元的权重和阈值，进而达到缩小误差函数值的目的。进行多次正向、逆向传播，直到达到预先设定的要求。一般地，误差函数小于某一相当小的正值或进行迭代运算时误差函数不再减小，即为完成网络训练。图 2–3–1 所示为 BP 神经网络结构示意。

BP 神经网络中隐含层节点可根据需要自行设置，调整 BP 神经网络的连接权值、网络的规模，就可完成任意精度、逼近任何非线性函数，如图 2–3–2 所示。

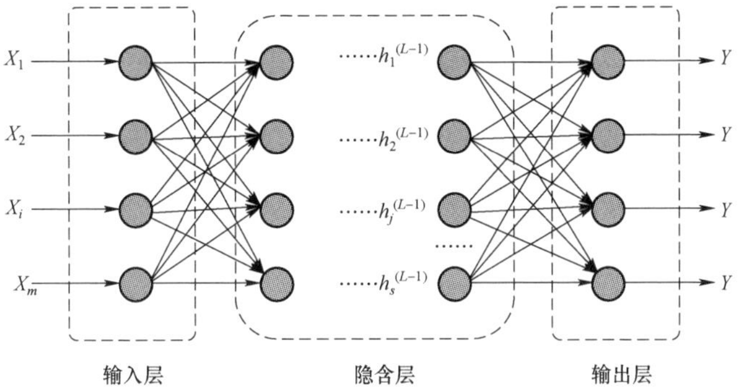

输入层 隐含层 输出层

图 2-3-1 BP 神经网络结构示意

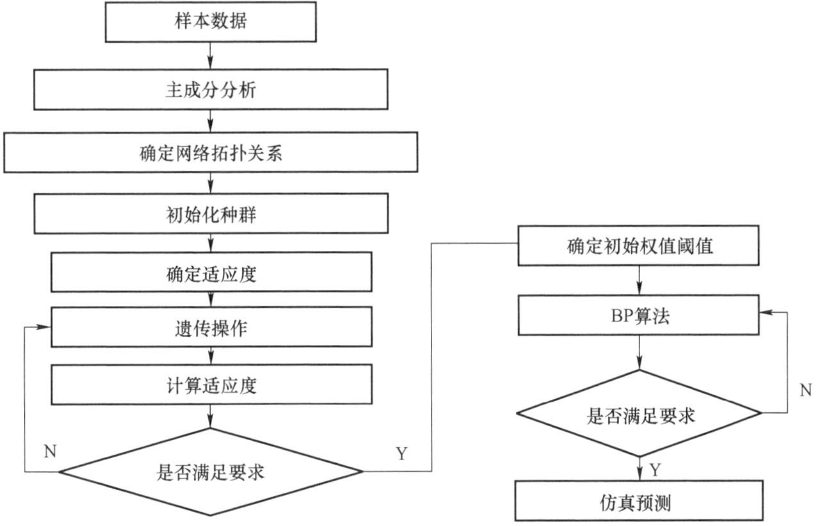

图 2-3-2 模型建立流程

3.6.5 模型检验方法

（1）决定系数 R^2。

$$R^2 = \left(\frac{\sum_{i=1}^{n}(X_i - \overline{X})(Y_i - \overline{Y})}{\sqrt{\sum_{i=1}^{n}(X_i - \overline{X})^2}\sqrt{\sum_{i=1}^{n}(Y_i - \overline{Y})^2}} \right)^2 \qquad (2-3-6)$$

式中，X_i 为实测值；Y_i 为预测值；$\overline{X}$ 为实测值的平均值；$\overline{Y}$ 为预测值的平均值；n 为样本总数。R^2 越接近 1；表示模型的准确性越高。

（2）均方根误差 RMSE。

$$\mathrm{RMSE}=\sqrt{\frac{\sum(y_i^{\mathrm{o}}-y_i^{\mathrm{s}})^2}{n}} \tag{2-3-7}$$

式中，y_i^{o} 和 y_i^{s} 分别为第 i 个样点的观测值和模拟值。RMSE 代表测量数值偏离真实值的大小，RMSE 的数值越小，表示模型的预测能力越趋于稳定。

（3）相对分析误差 RPD。

$$\mathrm{RPD}=\mathrm{STDEV}(X_i)/\mathrm{RMSE} \tag{2-3-8}$$

式中，X_i 为验证样本的实测值。RPD 越大，表示模型的精度越高。根据 Chang、Pirie 和 Razakamamarivo 等对 RPD 精度范围的界定：当 RPD＞2 时，表明模型有极好的预测能力；当 1.4＜RPD＜2.0 时，表明模型可以对样本进行粗略估测；而当 RPD＜1.4 时，表明模型无法对样本预测。

（4）F 检验。

F 检验又叫方差齐性检验，从研究总体中随机抽取样本，通过比较两组数据的方差以确定它们的精密度是否具有显著性。

$$\mathrm{SST}=\mathrm{SSA}+\mathrm{SSE} \tag{2-3-9}$$

$$\mathrm{SSA}=\sum_{i=1}^{k}n_i(\overline{x}_i-\overline{x})^2 \tag{2-3-10}$$

$$\mathrm{SSE}=\sum_{i=1}^{k}\sum_{j=1}^{n_i}(x_{ij}-\overline{x}_i)^2 \tag{2-3-11}$$

$$F=\frac{\mathrm{SSA}/(k-1)}{\mathrm{SSE}/(n-k)} \tag{2-3-12}$$

式中，SST 为总的变异平方和；SSA 为组间离差平方和，反映控制变量的影响程度；SSE 为组内离差平方和，代表数据抽样误差的大小值；k 为水平数，n_i 为第 i 个水平下的样本容量；F 检验值是平均组间平方和与平均组内平方和的比值，F 检验值越大，模型越好。

第四章

艾比湖盐生植物叶片光谱特征研究

20 世纪 50 年代，苏联的学者克里诺夫掀开了地物波谱研究的序幕，科研工作者们开始了较为广泛的地物反射率特征研究。近年来，我国学者也对地物波谱特性进行了较为细致深入的研究，目前研究的波段基本覆盖了遥感所使用的全波段范围。

本章将对同一季节不同群落间的植物光谱变化特征、同一群落不同季节间的植物光谱变化特征、土壤盐分对盐生植物叶片光谱反射率的影响以及土壤水分对盐生植物叶片光谱反射率的影响进行分析。

4.1 同一季节不同群落间的植物光谱变化特征

相同的季节由于盐生植物的生理结构和生态环境的不同，地物反射光谱曲线的变化也有差异。虽然在一些波段范围内光谱变化相同或相近，但是在其他波段仍存在较大区别。图 2－4－1 对同一季节不同盐生植物群落反射光谱曲线的变化特征进行了对比研究。在图 2－4－1 中，lw 表示芦苇，yjc 表示盐角草，by 表示白杨，ss 表示梭梭，bc 表示白刺，yjm 表示盐节木，cl 表示柽柳，gbhm 表示戈宝红麻，ltc 表示骆驼刺，hhc 表示花花柴，gq 表示枸杞，ysm 表示盐穗木，ppc 表示琵琶柴。

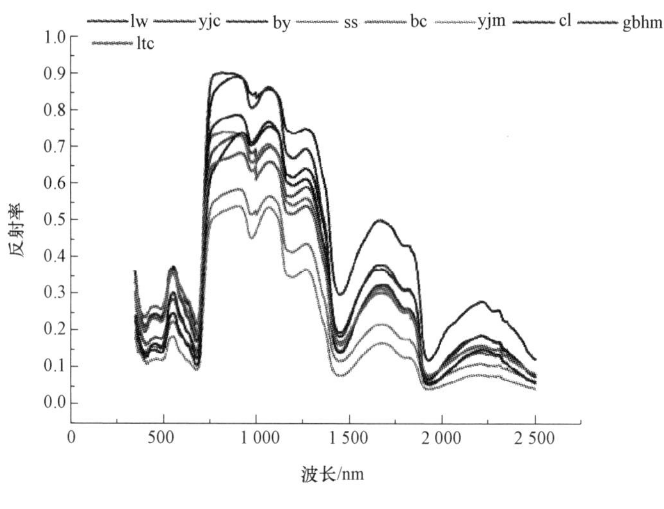

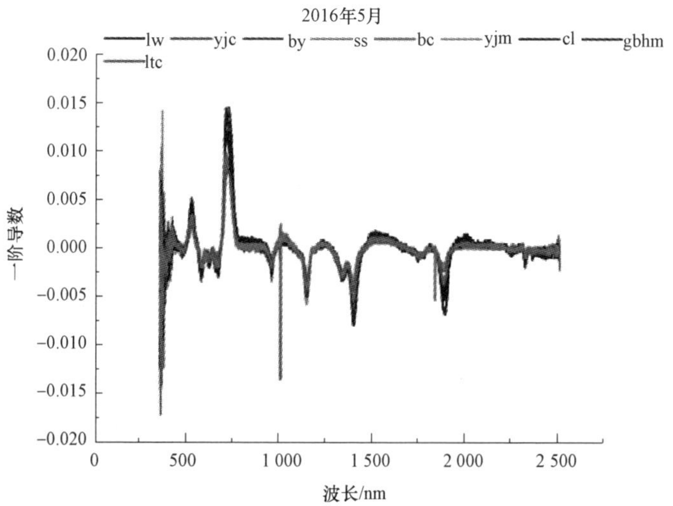

图 2-4-1　同一季节不同群落间的叶片原始光谱曲线及其一阶导数曲线特征对比

2016年7月
lw bc ysm by ss yjm cl gbhm
hhc gq
0.8
0.7
0.6
0.5
0.4
0.3
0.2
0.1
反射率
0
500
1 000
1 500
2 000
2 500
波长/nm

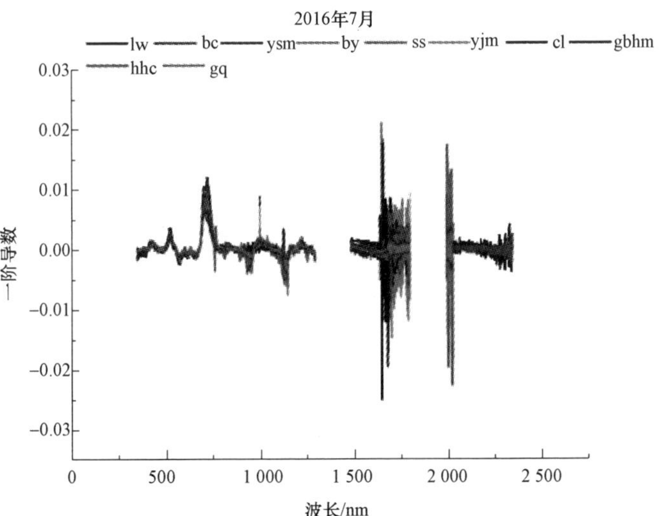

图 2-4-1　同一季节不同群落间的叶片原始光谱曲线及其一阶导数曲线特征对比（续）

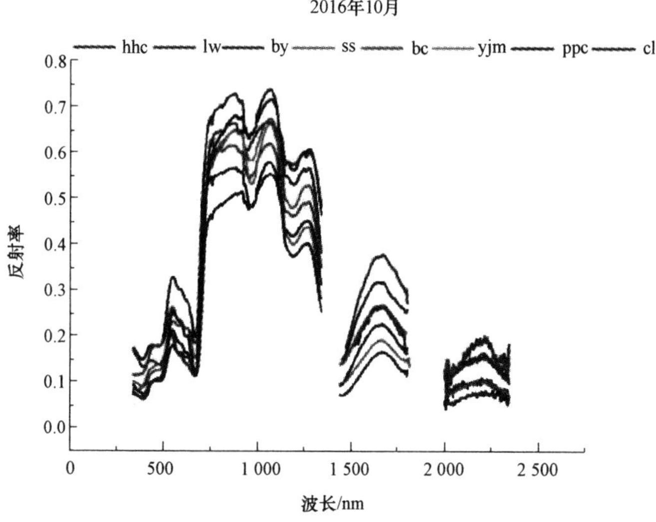

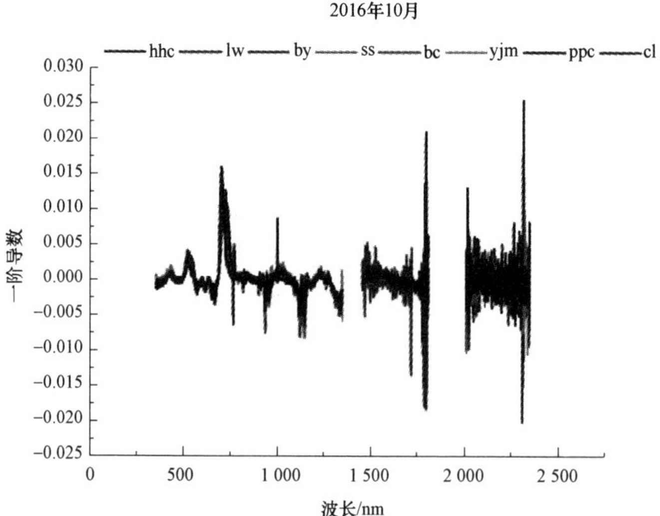

图 2-4-1　同一季节不同群落间的叶片原始光谱曲线及其一阶导数曲线特征对比（续）

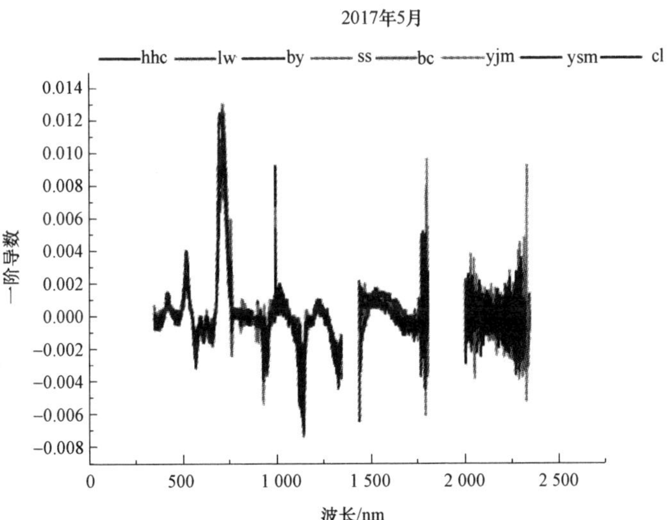

图 2－4－1　同一季节不同群落间的叶片原始光谱曲线及其一阶导数曲线特征对比（续）

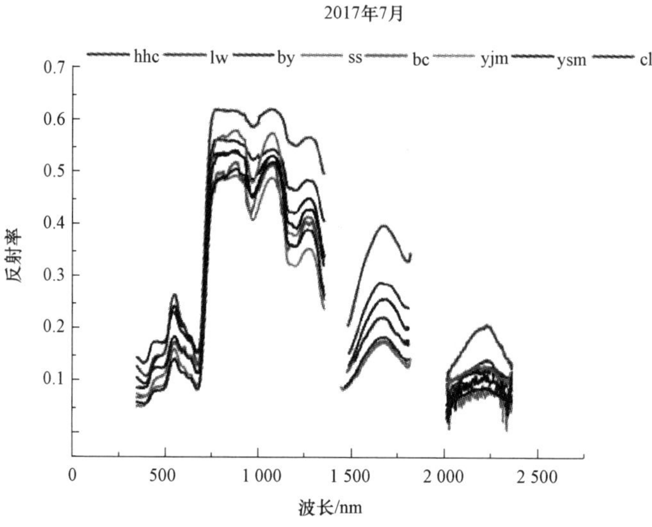

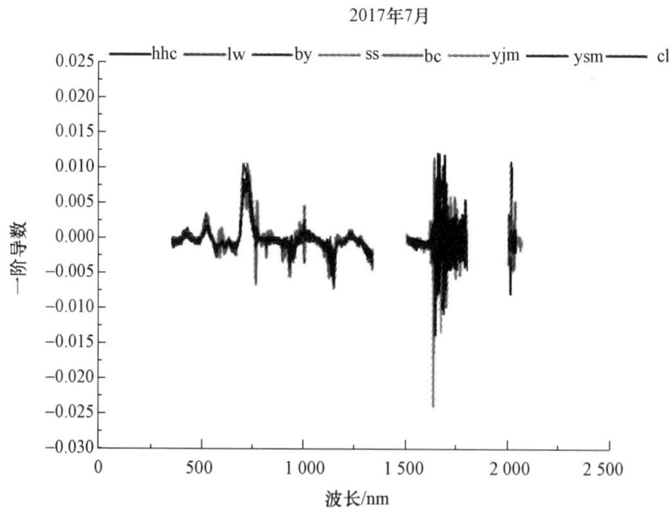

图 2-4-1　同一季节不同群落间的叶片原始光谱曲线及其一阶导数曲线特征对比（续）

由图 2－4－1 可知，除 2016 年 5 月没有剔除光谱吸收波段外（室内光谱），其余月份由于室外光谱噪声过大，均剔除了光谱吸收波段。光谱吸收波段主要集中在 380～400 nm，680～720 nm，1 420～1 450 nm，1 900～1 940 nm，2 450～2 500 nm。2016 年 5 月光谱反射率由高到低依次为：芦苇＞白杨＞戈宝红麻＞柽柳＞白刺＞盐角草＞骆驼刺＞梭梭＞盐节木；2016 年 7 月光谱反射率由高到低依次为：芦苇＞戈宝红麻＞白杨＞盐节木＞盐穗木＞花花柴＞梭梭＞柽柳＞枸杞＞白刺；2016 年 10 月光谱反射率由高到低依次为：白杨＞芦苇＞柽柳＞梭梭＞盐节木＞白刺＞琵琶柴＞花花柴；2017 年 5 月光谱反射率由高到低依次为：芦苇＞白杨＞盐穗木＞白刺＞花花柴＞柽柳＞盐节木＞梭梭；2017 年 7 月光谱反射率由高到低依次为：芦苇＞白杨＞花花柴＞柽柳＞梭梭＞白刺＞盐穗木＞盐节木。整体而言，2016—2017 年光谱反射率最高的盐生植物是芦苇，其次是白杨，光谱反射率较低的盐生植物有白刺、盐节木和梭梭。从一阶微分光谱来看，差异主要位于 730 nm 附近“峰”和“谷”对应的大小上，其对应的波长位置基本相同。

4.2　同一群落不同季节间的植物光谱变化特征

艾比湖盐生植物群落间的地物反射光谱在不同的生长期，有不同的特点（时间效应）。由于保护区植物类型多样，因此相同季节不同植物群落间的反射光谱曲线存在差异，同一植物群落不同生长季（春、夏、秋）的反射光谱曲线同样存在差异。这与叶片含水量、含盐量、叶绿素含量、叶片结构及物候现象有很大关系。图 2－4－2 所示为同一群落不同季节的叶片原始光谱曲线及其一阶导数曲线特征对比。

由图 2－4－2 可知，5 个时期的植被光谱曲线变化趋于一致。其中，芦苇的光谱反射率最高的时期为 2016 年 5 月，光谱反射率最低的时期为 2017 年 7 月，其余时期的光谱反射率差异不明显；梭梭的光谱反射率在 760～1 300 nm 以 2016 年 10 月尤为突出，2016 年 7 月最低；柽柳和白杨的光谱反射率最高的时期为 2016 年 5 月，最低的时期为 2016 年 7 月和 2017 年 7 月；白刺的光谱反射率最高的时期为 2016 年 5 月，最低的时期为 2016 年 10 月；盐节木的光谱反射率在 600～1 200 nm 以 2016 年 10 月最高，2017 年 7 月最低。从一阶微分光谱来看，除 2016 年 5 月的一阶微分光谱有两个显著“波谷”分别在 1 400 nm 和 1 870 nm 附近外，其余时期的一阶微分光谱差异主要位于 730 nm 附近“峰”和“谷”对应的大小上，其对应的波长位置基本相同。

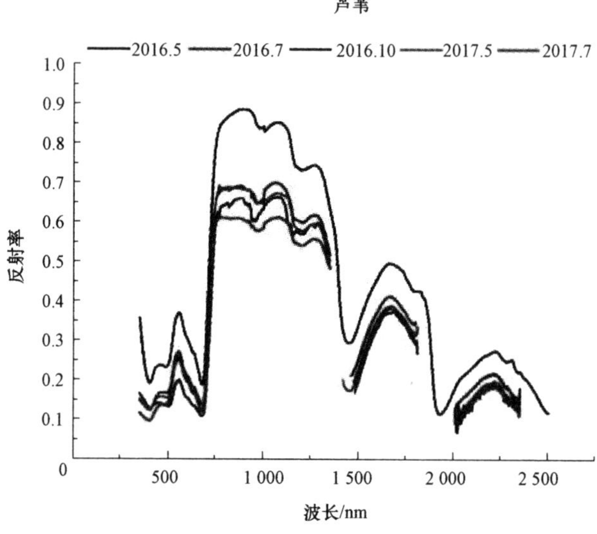

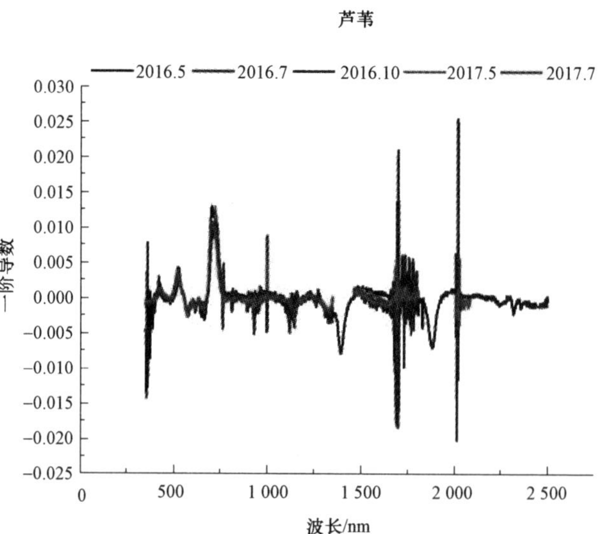

图 2−4−2　同一群落不同季节的叶片原始光谱曲线及其一阶导数曲线特征对比

梭梭

2016.5　2016.7　2016.10　2017.5　2017.7

反射率

0.0　0.1　0.2　0.3　0.4　0.5　0.6　0.7

0　500　1 000　1 500　2 000　2 500

波长/nm

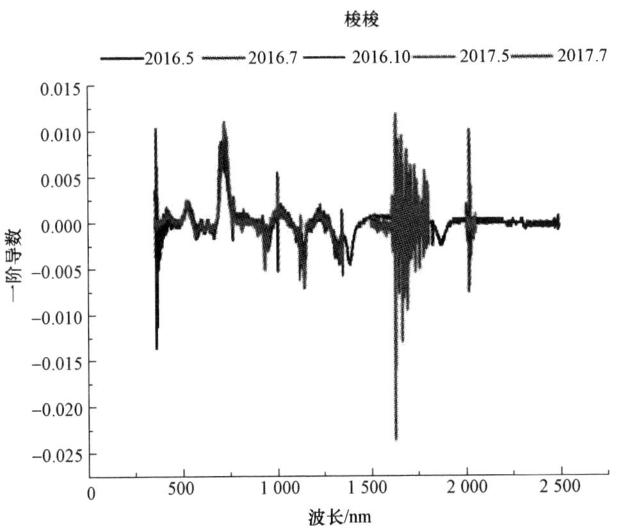

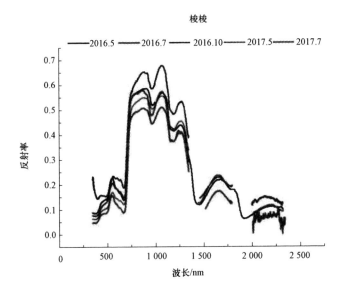

图 2-4-2　同一群落不同季节的叶片原始光谱曲线及其一阶导数曲线特征对比（续）

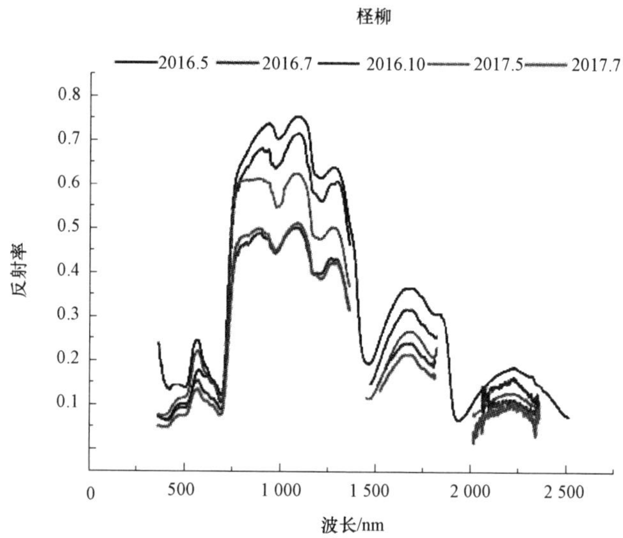

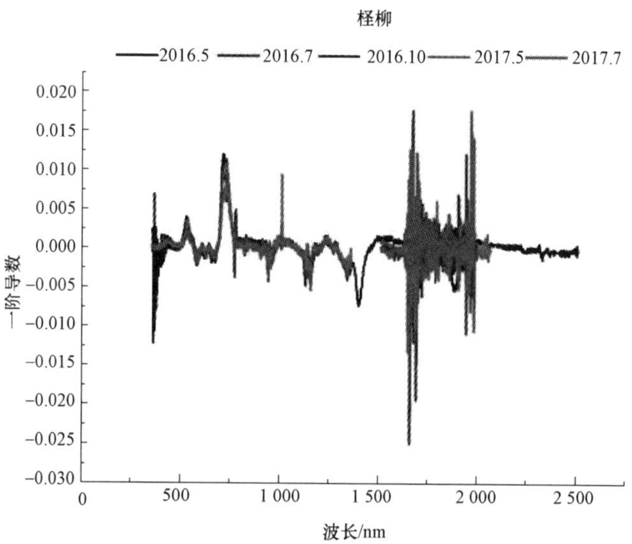

图 2-4-2　同一群落不同季节的叶片原始光谱曲线及其一阶导数曲线特征对比（续）

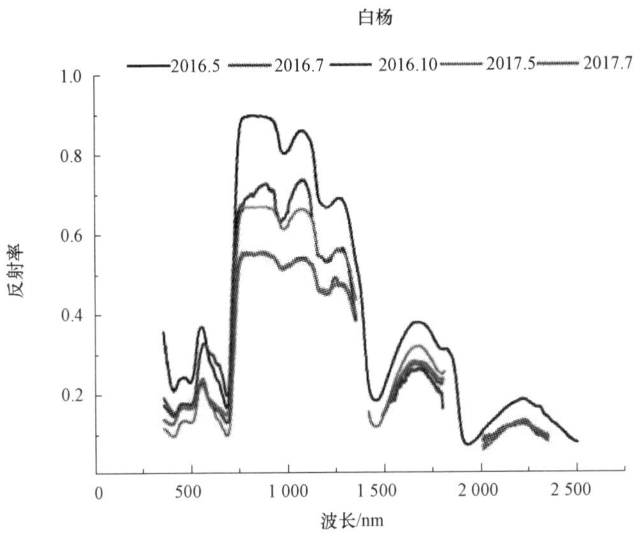

白杨

2016.5　2016.7　2016.10　2017.5　2017.7

1.0　0.8　0.6　0.4　0.2

反射率

0　500　1 000　1 500　2 000　2 500

波长/nm

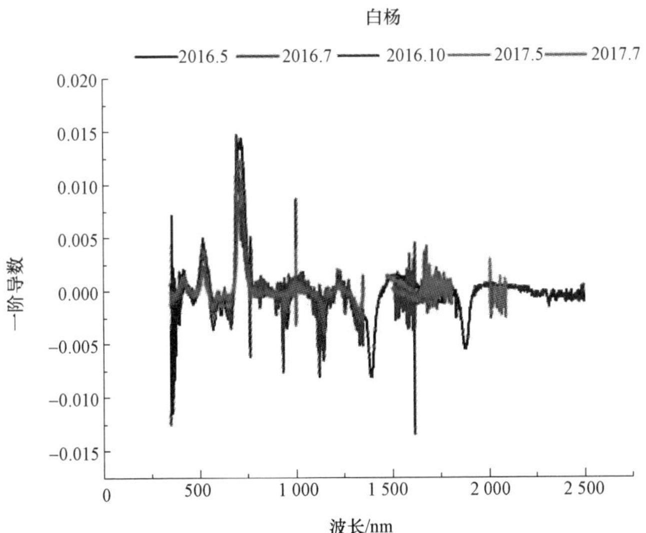

图 2-4-2　同一群落不同季节的叶片原始光谱曲线及其一阶导数曲线特征对比（续）

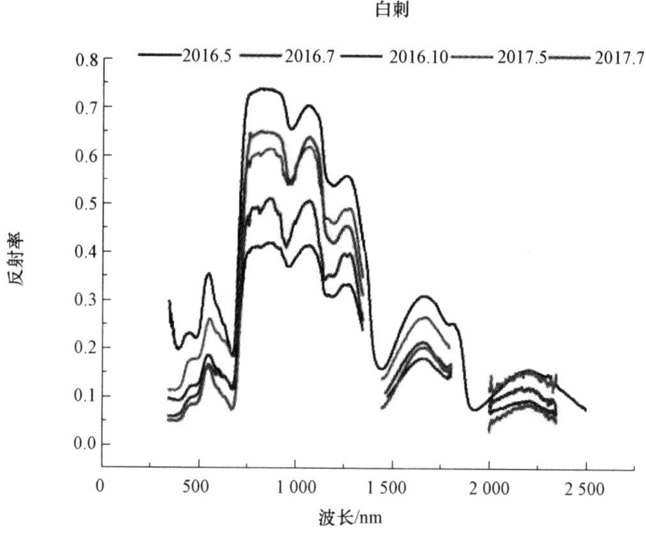

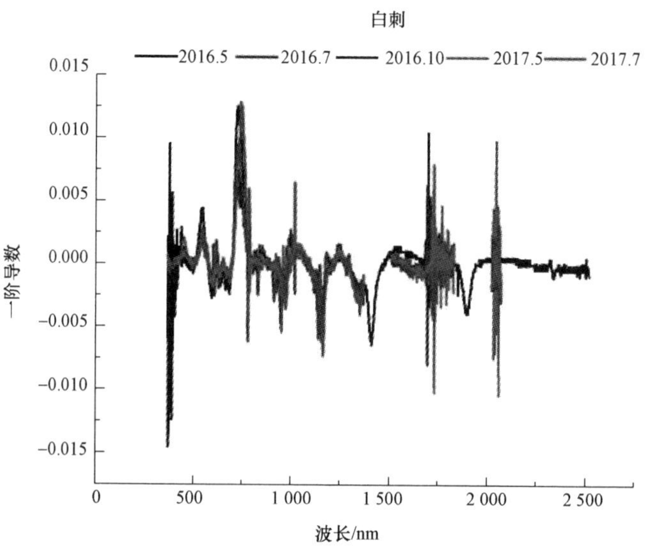

图 2-4-2　同一群落不同季节的叶片原始光谱曲线及其一阶导数曲线特征对比（续）

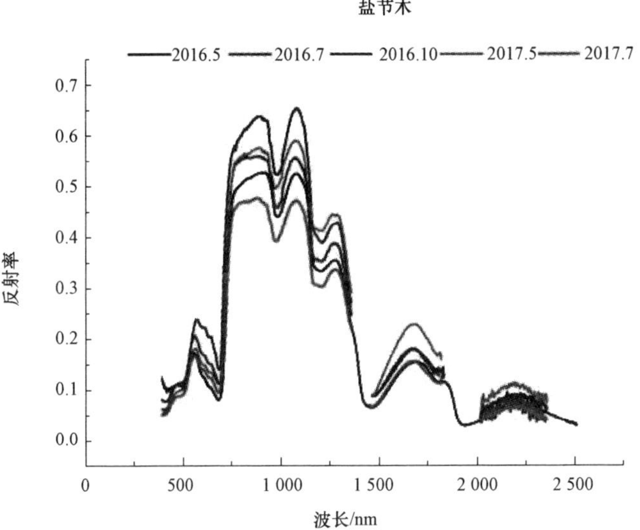

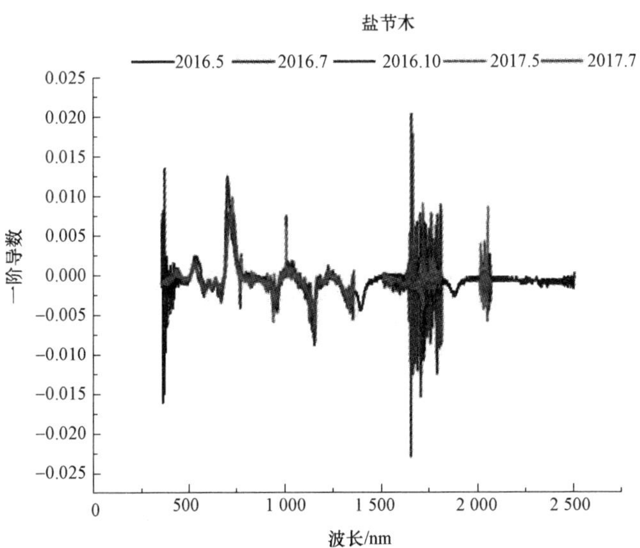

图 2-4-2 同一群落不同季节的叶片原始光谱曲线及其一阶导数曲线特征对比（续）

整体而言，大多数盐生植物的最高光谱反射率集中在 2016 年 5 月，这可能与在室内测定光谱有关，避免了外界一定的噪声影响。最低的光谱反射率集中在夏季，这可能与植被本身的生理特征如叶片含水量、叶绿素含量等有关。

4.3 土壤盐分对盐生植物叶片光谱反射率的影响

植物冠层反射光谱的规律性明显而独特，其光谱既具有基本特征，又具有细微差别，这种差别体现在植物种类、盐碱影响、病虫害等的差异上。为适应土壤盐分影响，植被通常会改变自身属性，与之对应的光谱区域也会发生一定程度的变化，因此可利用植被光谱信息推测下覆土壤盐分情况。参考《新疆县级盐碱地改良利用规划工作大纲》以及艾比湖土壤盐分的实测状况，将土壤盐分数值分为非盐渍土（＜1 g/kg）、微度盐渍土（1～3 g/kg）、轻度盐渍土（3～6 g/kg）、中度盐渍土（6～10 g/kg）、重度盐渍土（10～20 g/kg）和盐渍土（＞20 g/kg）6 个等级。

由图 2-4-3 可知，除 2016 年 5 月为室内光谱外，其余月份的室外光谱都剔除了植物的水分吸收带，所有光谱曲线变化趋势基本一致，同时保留了一定范围的噪声波段，紫外线和蓝绿光波段的植物叶片光谱反射率较低，随波长增加反射率呈上升趋势，在 555 nm 附近形成反射峰；橙红光区域的叶片光谱反射率较低，随波长的增加呈下降趋势，在 680 nm 附近形成吸收谷，而到了“红边”范围反射率急剧升高。在 2 000～2 350 nm 波段叶片光谱反射率噪声大，曲线上下波动强烈，以 2016 年 10 月植物光谱曲线最为明显。整体上看，盐生植物叶光谱反射率均呈随着土壤盐分含量的增加而逐渐上升的趋势，且在近红外（760～1 300 nm）波段和中红外波段（1 500～1 800 nm）变化明显，随着盐分水平的升高差异加大。

4.4 土壤水分对盐生植物叶片光谱反射率的影响

土壤水主要来自潜水和毛管上升水，土壤质地和潜水埋深影响着土壤水的含量。一般来讲，土壤水分的变化主要在 0～40 cm，土壤相对持水量对植物生长以及光谱反射的变化起到一定的作用。因此，全面观测研究土壤含水量的变化对植被反射光谱的影响为植被信息提取和定量反演提供重要的理论基础和现实意义。通过室内分析发现，研究区土壤含水量为 0.1%～25.5%，把含水量的范围定义为 5 个层次：0～5%、5%～10%、10%～15%、15%～20%和＞20%。

2016年5月

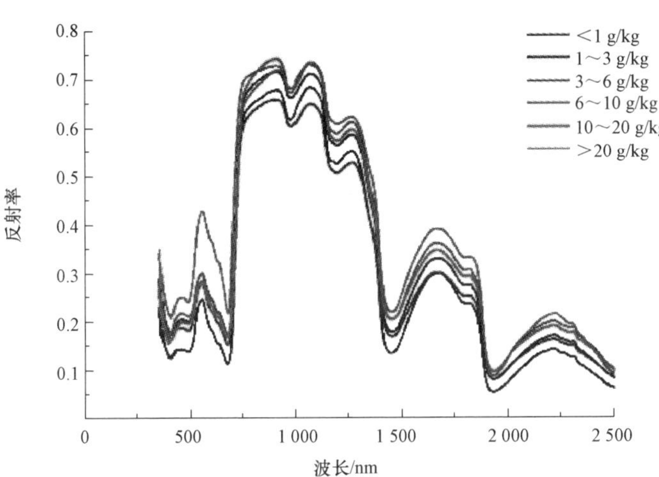

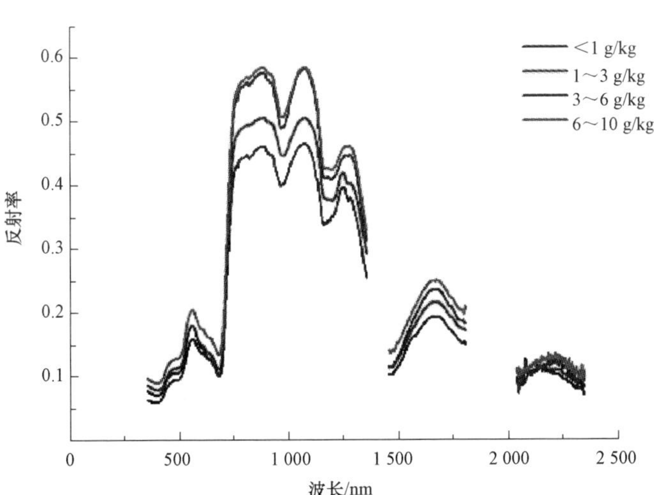

图 2-4-3　土壤盐分对盐生植物叶片光谱反射率的影响（2016—2017 年）

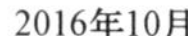

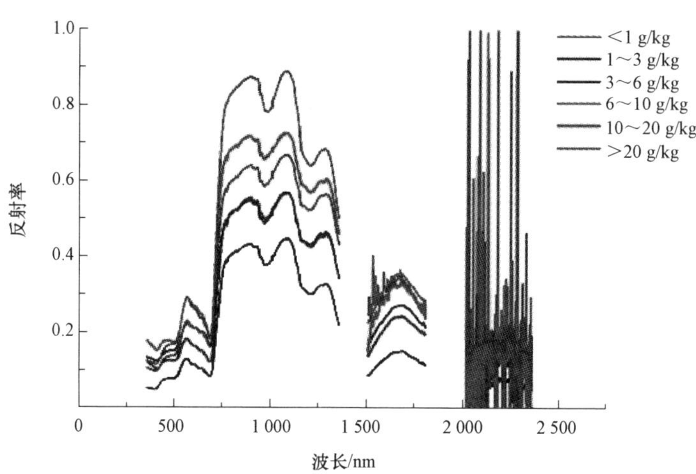

2017年5月

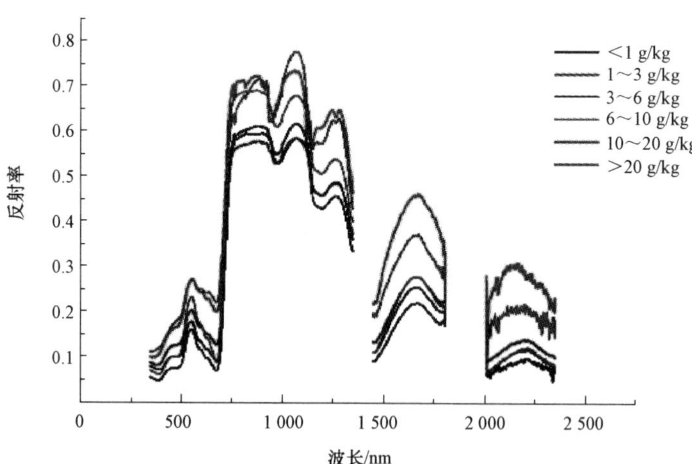

图 2-4-3　土壤盐分对盐生植物叶片光谱反射率的影响（2016—2017 年）（续）

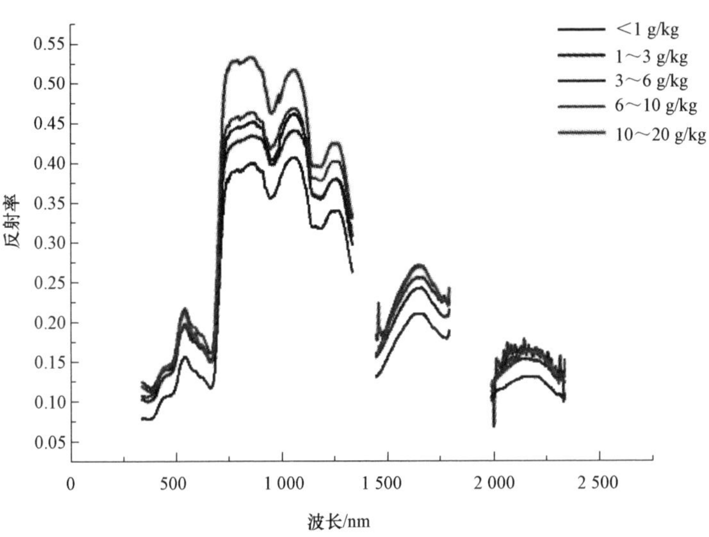

图 2-4-3　土壤盐分对盐生植物叶片光谱反射率的影响（2016—2017 年）（续）

由图 2-4-4 可知，除 2016 年 5 月为室内光谱外，其余月份的室外光谱都剔除了植物的水分吸收带，同时保留了一定范围的噪声波段。所有光谱曲线变化趋势基本一致。从 2016 年 5 月的室内光谱可以看出，在 1 450 nm 波段之后，随着土壤含水量的增加，叶片光谱反射率随之增加，呈上升趋势。2016

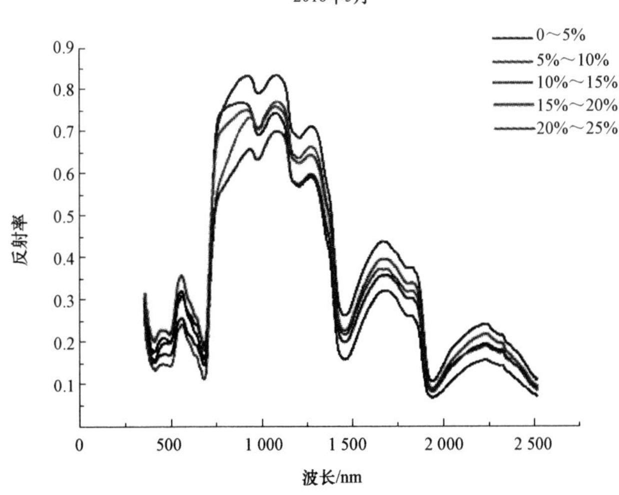

图 2-4-4　土壤水分对盐生植物叶片光谱反射率的影响（2016—2017 年）

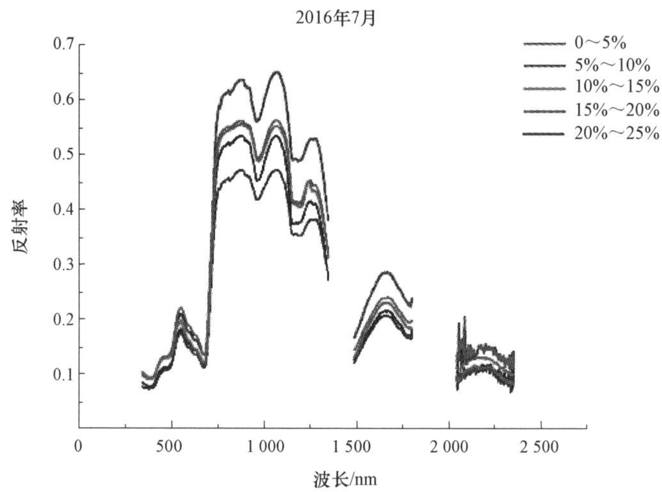

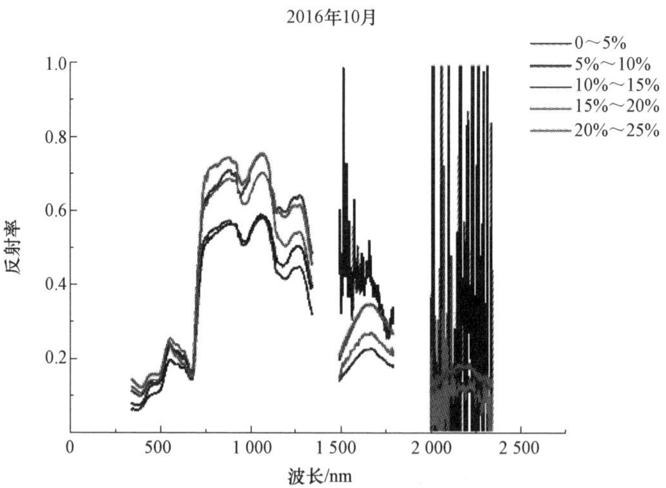

图 2-4-4　土壤水分对盐生植物叶片光谱反射率的影响（2016—2017 年）（续）

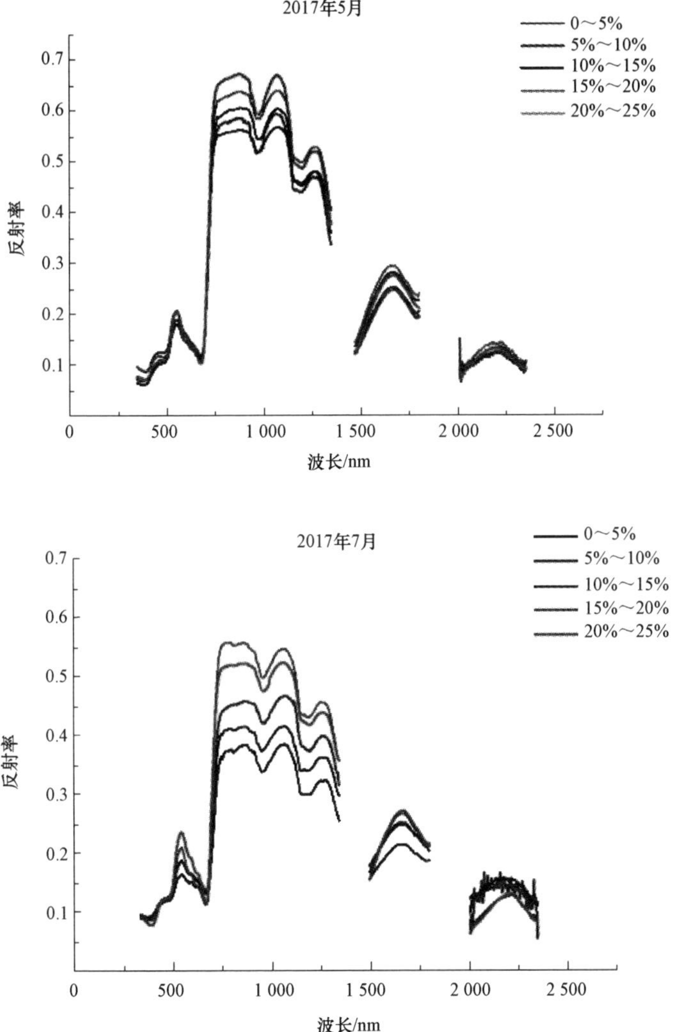

图 2-4-4　土壤水分对盐生植物叶片光谱反射率的影响（2016—2017 年）（续）

年 7 月的光谱曲线变化较明显，整体而言，叶片光谱反射率随着土壤含水量的增加呈上升趋势。2016 年 10 月、2017 年 5 月和 2017 年 7 月的光谱曲线仅 760～1 470 nm 波段叶片光谱反射率随着土壤含水量的增加而上升。

第五章

基于多元逐步回归模型的盐生植物叶片含水量高光谱估算模型研究

5.1 盐生植物水分指数的筛选

本篇采用多元统计的 PCA 方法筛选与盐生植物相关的植被指数，由 Canoco5.0 软件实现。Canoco－PCA 方法的原理是原始数据的中心化，从而进一步找出相关性大的数值（见图 2－5－1）。

从 Canoco－PCA 2016 年 5 月的二维矢量图可知，第一主成分和第二主成分累积解释量共计 99.74%，第一主成分解释量为 97.33%，第二主成分解释量为 2.48%。除 MSI 和 NDII 外，其余指数集中分布于第四象限，矢量夹角较小，说明这些指数之间存在较强的相关性。通过筛选得出，10 个指数因子与 PCA 排序图第一主成分轴相关性最好的有 1 个指数为 NDII，其相关系数（R^2，单位为%）为 99.9，呈现显著的正相关关系（$P<0.01$）。10 个指数因子与 PCA 排序图第二轴主成分相关性最好的有 7 个指数，分别是 $NDWI_{1\ 200}$＞$NDWI_{1\ 640}$＞GVMI＝SRWI＝$NDWI_{1\ 240}$＞WI＞MSI，其相关系数分别为 98.7、98.3、98.2、98.2、98.2、98.2 和 96.5，除 MSI 为正相关外，其余指数均呈现显著的负相关关系（$P<0.01$）。

通过排序分析可以看出，2016 年 5 月盐生植物与 NDII、$NDWI_{1\ 200}$、$NDWI_{1\ 640}$、

GVMI、SRWI、$NDWI_{1\,240}$、MSI 和 WI 这 8 种植被水分指数相关性较好。

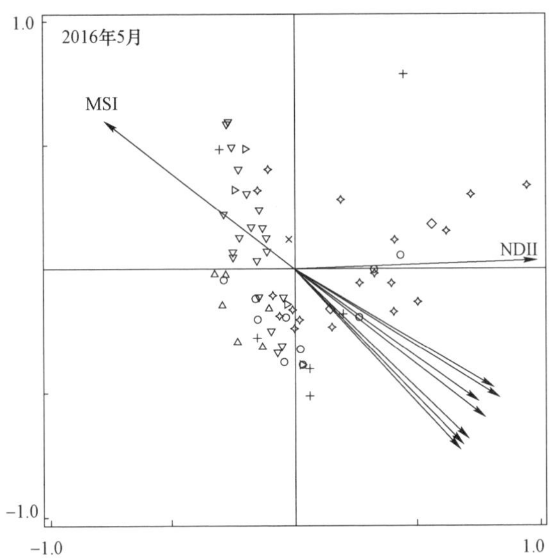

注：在第四象限中，沿顺时针方向指数依次为：NMDI、GVMI（$NDWI_{1\,640}$）、WI、SRWI、$NDWI_{1\,200}$、$NDWI_{1\,240}$、$NDWI_{2\,130}$，其中，指数 GVMI 与 $NDWI_{1\,640}$ 重合。

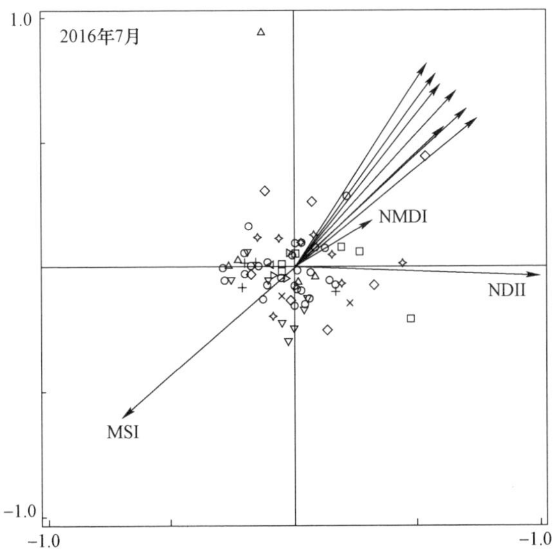

注：在第二象限中，沿逆时针方向各指数依次为：NMDI、$NDWI_{2\,130}$、$NDWI_{1\,640}$、GVMI、$NDWI_{1\,200}$、WI、SRWI、$NDWI_{1\,240}$。

图 2-5-1　盐生植物与植被水分指数的 PCA 排序二维矢量图

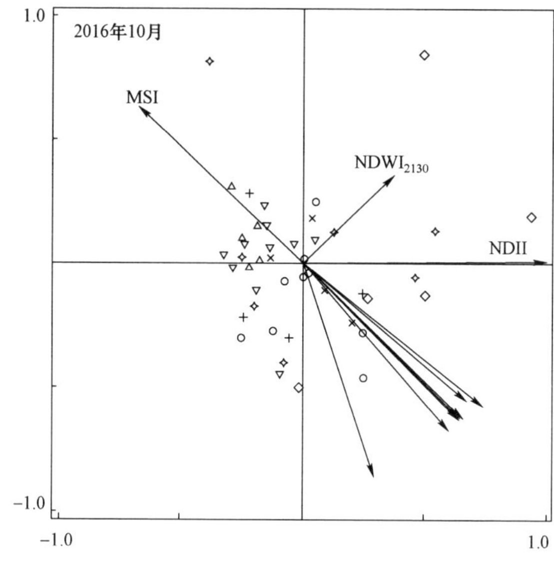

注：在第四象限，沿顺时针方向各指数依次为：GVMI、WI、SRWI、$NDWI_{1\,240}$、$NDWI_{1\,640}$、$NDWI_{1\,200}$、NMDI。

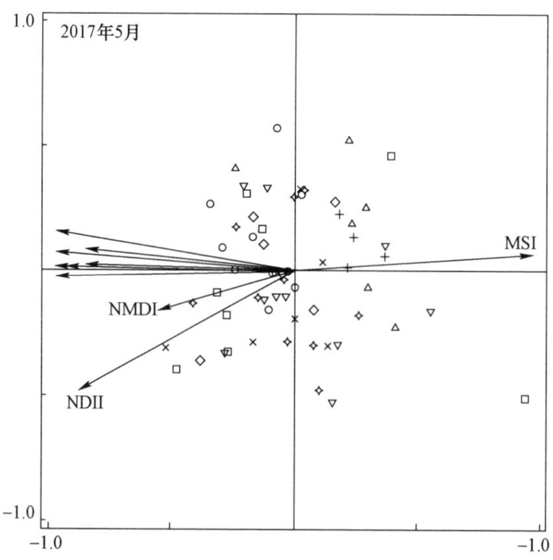

注：在第二象限中，沿逆时针方向各指数依次为：$NDWI_{1\,240}$、$NDWI_{2\,130}$、$NDWI_{1\,200}$、WI、SRWI、$NDWI_{1\,640}$、GVMI，其中，指数 SRWI、$NDWI_{1\,640}$ 和 GVMI 几乎在一条直线上。

图 2-5-1　盐生植物与植被水分指数的 PCA 排序二维矢量图（续）

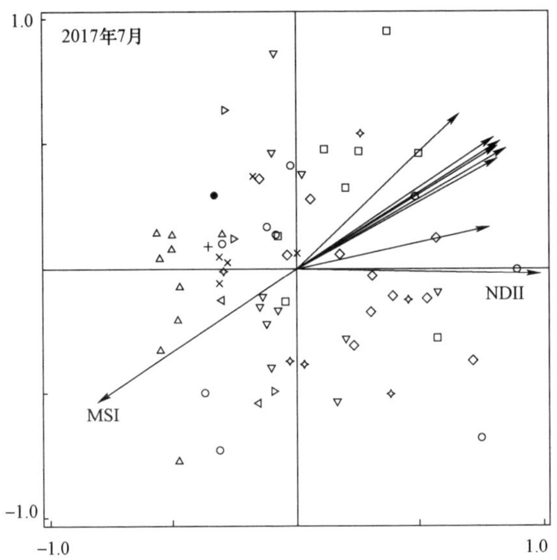

注：在第一象限中，从最下侧的 NMDI 往上指数依次为：NMDI、WI、$NDWI_{1\,640}$、GVMI、$NDWI_{1\,240}$、$NDWI_{1\,200}$、SRWI、$NDWI_{2\,130}$，第一象限内共有 8 个指数，其中，指数 $NDWI_{1\,200}$ 和 SRWI 几乎重合。

图 2-5-1　盐生植物与植物水分指数的 PCA 排序二维矢量图（续）

从 Canoco-PCA 2016 年 7 月的二维矢量图可知，第一主成分和第二主成分累积解释量共计 98.91%，第一主成分解释量为 95.14%，第二主成分解释量为 3.77%。除 MSI 和 NDII 外，其余指数集中分布于第一象限，矢量夹角较小，说明这些指数之间存在较强的相关性。通过筛选得出，10 个指数因子与 PCA 排序图第一轴相关性最好的有 1 个指数，为 NDII，其相关系数为 99.9，呈现显著的正相关关系（$P<0.01$）。10 个指数因子与 PCA 排序图第二轴相关性最好的有 5 个指数，从大到小依次为 SRWI>$NDWI_{1\,200}$>$NDWI_{1\,240}$>GVMI>$NDWI_{1\,640}$，其相关系数分别为 96.4、95.3、94.4、91.8 和 90.6，指数均呈现显著的正相关关系（$P<0.01$）。

通过排序分析可以看出，2016 年 7 月盐生植物与 NDII、SRWI、$NDWI_{1\,200}$、$NDWI_{1\,240}$、GVMI 和 $NDWI_{1\,640}$ 这 6 种植被水分指数相关性较好。

从 Canoco-PCA 2016 年 10 月的二维矢量图可知，第一主成分和第二主成分累积解释量共计 99.13%，第一主成分解释量为 97.91%，第二主成分解释量为 1.22%。除 MSI、$NDWI_{2\,130}$ 和 NDII 外，其余指数集中分布于第四象限，矢量夹角较小，说明这些指数之间存在较强的相关性。通过筛选得出，10 个指数因子与 PCA 排序图第一轴相关性最好的有 1 个指数，为 NDII，其相关系数为 99.9，呈现显著的正相关关系（$P<0.01$）。10 个指数因子与 PCA 排序图第

二轴相关性最好的有 5 个指数，从大到小依次为 GVMI＞MSI＞$NDWI_{1\,240}$＞SRWI＞$NDWI_{1\,640}$，其相关系数分别为 90.3、87.7、86.0、85.2 和 85.0，除 MSI 为正相关外，其余指数均呈现显著的负相关关系（$P<0.01$）。

通过排序分析可以看出，2016 年 10 月盐生植物与 NDII、GVMI、MSI、$NDWI_{1\,240}$、SRWI 和 $NDWI_{1\,640}$ 这 6 种植被水分指数相关性较好。

从 Canoco－PCA 2017 年 5 月的二维矢量图可知，第一主成分和第二主成分累积解释量共计 95.41%，第一主成分解释量为 90.79%，第二主成分解释量为 4.62%。除 MSI 外，其余指数集中分布于第二、三象限，矢量夹角较小，说明这些指数之间存在较强的相关性。10 个指数因子与 PCA 排序图第二轴相关性最好的有 6 个指数，从大到小依次为 GVMI＞MSI＞$NDWI_{1\,640}$＞NDII＞$NDWI_{1\,240}$＞$NDWI_{1\,200}$，其相关系数分别为 97.6、97.1、96.2、93.5、88.9 和 87.8，除 MSI 为正相关外，其余指数均呈现显著的负相关关系（$P<0.01$）。

通过排序分析可以看出，2017 年 5 月盐生植物与 GVMI、MSI、$NDWI_{1\,640}$、NDII、$NDWI_{1\,240}$ 和 $NDWI_{1\,200}$ 这 6 种植被水分指数相关性较好。

从 Canoco－PCA 2017 年 7 月的二维矢量图可知，第一主成分和第二主成分累积解释量共计 99.73%，第一主成分解释量为 98.58%，第二主成分解释量为 1.15%。除 MSI 外，其余指数大部分集中于第一象限，仅有 NDII 在第二象限，矢量夹角较小，说明这些指数之间存在较强的相关性。10 个指数因子与 PCA 排序图第一轴相关性最好的有 2 个指数，分别是 MSI 和 NDII，相关系数为 99.9 和 97.1，NDII 呈现显著的正相关关系（$P<0.01$），MSI 呈现显著的负相关关系（$P<0.01$）。10 个指数因子与 PCA 排序图第二轴相关性最好的有 4 个指数，从大到小依次为 GVMI＞$NDWI_{1\,640}$＞$NDWI_{1\,200}$＞$NDWI_{1\,240}$，其相关系数分别为 98.5、98.3、95.5 和 95.3，指数均呈现显著的正相关关系（$P<0.01$）。

通过排序分析可以看出，2017 年 7 月盐生植物与 NDII、GVMI、$NDWI_{1\,640}$、MSI、$NDWI_{1\,200}$、$NDWI_{1\,240}$ 这 6 种植被水分指数相关性较好。

5.2 构建光谱指数

为了创建适合本研究区的光谱指数，作者利用 2016 年 5 月、7 月、10 月及 2017 年 5 月和 7 月盐生植物叶片含水量实测的光谱反射率，基于编程软件 MATLABR2012a 建立了 DVI、NDSI 和 RSI 与叶片含水量决定系数，如图 2－5－2 所示。根据决定系数图颜色的变化提取对盐生植物叶片含水量的适应波段，以达到构建最优光谱指数的目的。

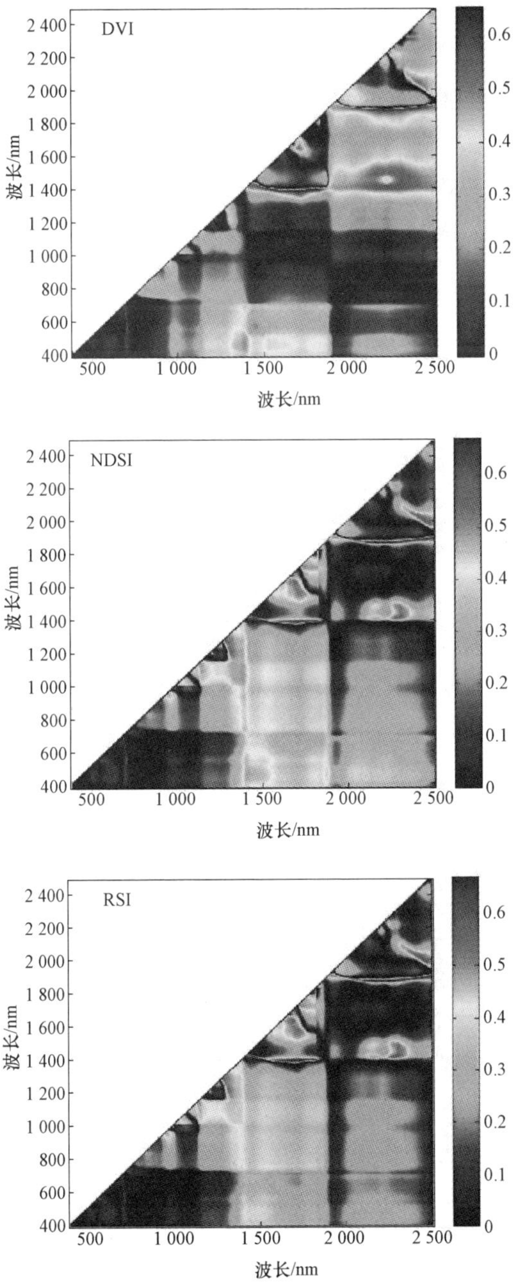

图 2-5-2　叶片含水量与 DVI、NDSI 和 RSI 的决定系数（2016 年 5 月）

由图 2-5-2 可知，盐生植物叶片含水量与构建的 3 种植被指数的决定系数最大值均在 0.65 以上，相关性较好。从整体上看，与叶片含水量相关性类似的是 NDSI 与 RSI。其中，叶片含水量与 DVI 确定的最敏感波段主要位于中红外波段，区域范围为：*X*：1 400～1 875 nm，*Y*：1 300～1 400 nm；*X*：2 000～2 400 nm，*Y*：1 860～1 900 nm；*X*：2 200～2 300 nm，*Y*：1 400～1 560 nm。叶片含水量与 NDSI 确定的敏感波段主要位于中红外区域，*X*：1 600～1 750 nm，*Y*：1 380～1 400 nm；*X*：2 100～2 500 nm，*Y*：1 880～1 900 nm。叶片含水量与 RSI 确定的敏感波段主要位于中红外区域，*X*：1 600～1 800 nm，*Y*：1 380～1 400 nm；*X*：2 140～2 500 nm，*Y*：1 870～1 900 nm。

作者通过筛选得到叶片含水量与 DVI 相关性最好的是 $DVI_{(1\,712,\ 1\,382)}$，其决定系数为 0.654；其次是 $DVI_{(1\,719,\ 1\,382)}$，其决定系数为 0.650。叶片含水量与 NDSI 相关性最好的是 $NDSI_{(2\,201,\ 1\,870)}$，其决定系数为 0.671；其次是 $NDSI_{(2\,145,\ 1\,874)}$，决定系数为 0.663。叶片含水量与 RSI 相关性最好的是 $RSI_{(2\,259,\ 1\,870)}$，其决定系数为 0.665；其次是 $RSI_{(2\,147,\ 1\,874)}$ 和 $RSI_{(2\,261,\ 1\,870)}$，决定系数都在 0.65 以上。最终作者选择 $DVI_{(1\,712,\ 1\,382)}$，$NDSI_{(2\,201,\ 1\,870)}$ 和 $RSI_{(2\,259,\ 1\,870)}$ 为 2016 年 5 月构建的盐生植物叶片含水量最优植被指数。

由图 2-5-3 可知，叶片含水量与 DVI 确定的敏感波段主要位于近红外和中红外区域，叶片含水量与 DVI 的决定系数最大值均在 0.45 附近，区域范围为：*X*：1 160～1 210 nm，*Y*：724～740 nm；*X*：1 319～1 345 nm，*Y*：715～736 nm；*X*：1 500～1 785 nm，*Y*：699～719 nm。叶片含水量与 NDSI 确定的敏感波段主要位于近红外和中红外区域，决定系数最大值在 0.35 附近，区域范围为：*X*：1 142～1 343 nm，*Y*：699～735 nm；*X*：1 530～1 770 nm，*Y*：570～715 nm。叶片含水量与 RSI 确定的敏感波段主要位于近红外和中红外区域，决定系数最大值在 0.3 附近，区域范围为：*X*：1 146～1 341 nm，*Y*：703～724 nm；*X*：1 550～1 759 nm，*Y*：612～710 nm。

作者通过筛选得到叶片含水量与 DVI 相关性最好的是 $DVI_{(1\,774,\ 711)}$，其决定系数为 0.497；其次是 $DVI_{(1\,772,\ 711)}$，其决定系数为 0.494。叶片含水量与 NDSI 相关性最好的是 $NDSI_{(1\,550,\ 699)}$，其决定系数为 0.388；其次是 $NDSI_{(1\,339,\ 719)}$，其决定系数为 0.387。叶片含水量与 RSI 相关性最好的是 $RSI_{(1\,659,\ 699)}$，其决定系数为 0.349；其次是 $RSI_{(1\,659,\ 703)}$，决定系数为 0.342。最终作者选择 $DVI_{(1\,774,\ 711)}$，$NDSI_{(1\,550,\ 699)}$ 和 $RSI_{(1\,659,\ 699)}$ 为 2016 年 7 月构建的盐生植物叶片含水量最优植被指数。

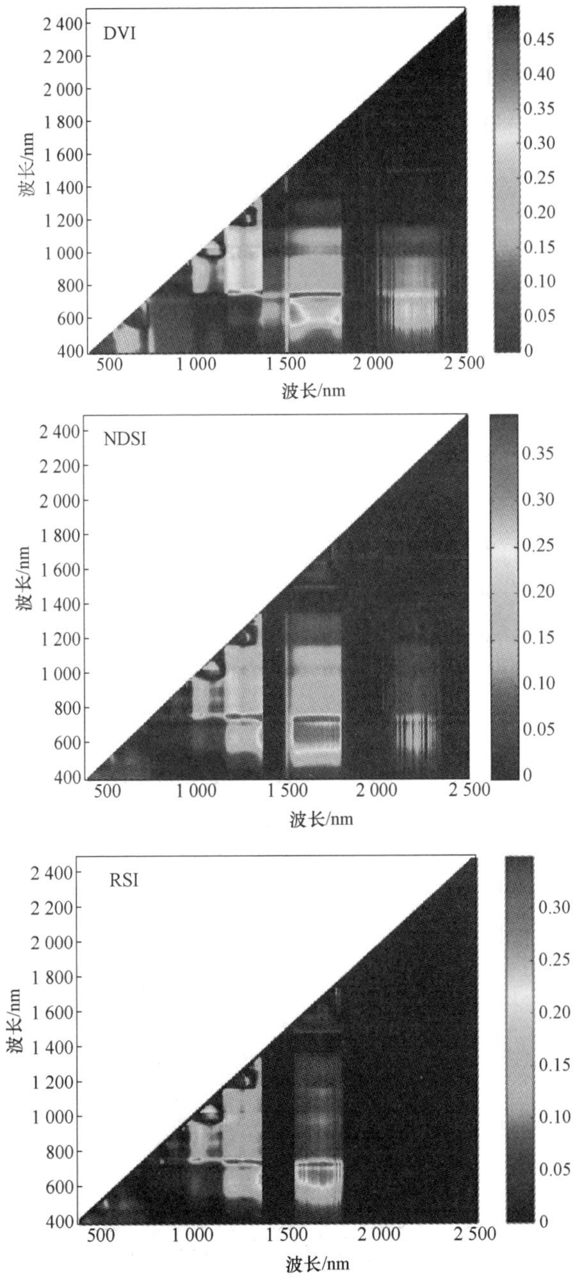

图 2-5-3　叶片含水量与 DVI、NDSI 和 RSI 的决定系数（2016 年 7 月）

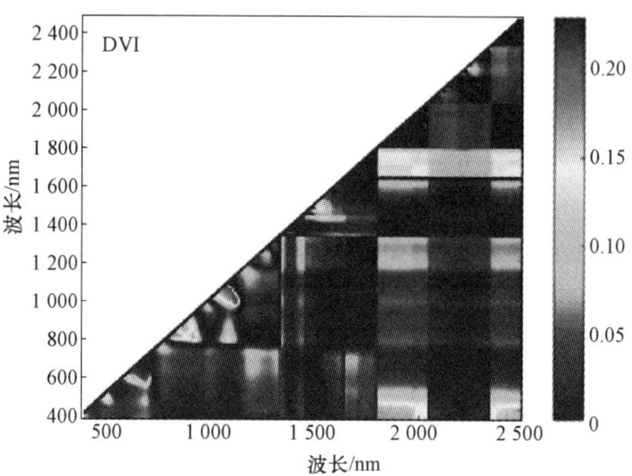

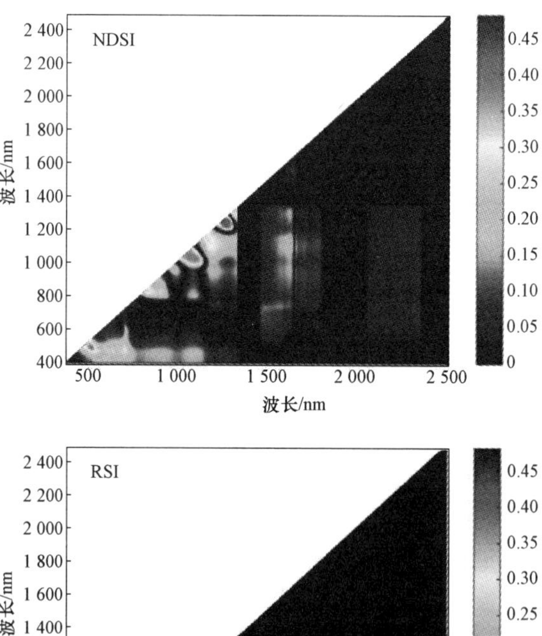

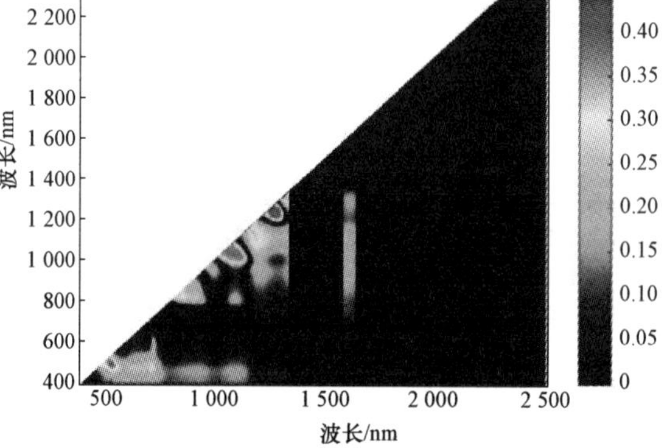

图 2-5-4　叶片含水量与 DVI、NDSI 和 RSI 的决定系数（2016 年 10 月）

由图 2－5－4 可知，叶片含水量与 DVI 确定的敏感波段主要位于近红外波段，叶片含水量与构建的植被指数的决定系数最大值在 0.2 左右，区域范围为：*X*：1 072～1 114 nm，*Y*：985～1 055 nm。叶片含水量与 NDSI 确定的敏感波段主要位于近红外区域，决定系数最大值在 0.45 附近，区域范围为：*X*：1 232～1 272 nm，*Y*：1 194～1 241 nm。叶片含水量与 RSI 确定的敏感波段主要位于近红外区域，决定系数最大值在 0.45 附近，区域范围为：*X*：1 225～1 274 nm，*Y*：1 196～1 242 nm。

作者通过筛选得到叶片含水量与 DVI 相关性最好的是 $DVI_{(1\,072,\ 1\,047)}$，其决定系数为 0.218；其次是 $DVI_{(1\,072,\ 1\,051)}$，决定系数为 0.217。叶片含水量与 NDSI 相关性最好的是 $NDSI_{(1\,236,\ 1\,230)}$，决定系数为 0.456；其次是 $NDSI_{(1\,234,\ 1\,230)}$，其决定系数为 0.454。叶片含水量与 RSI 相关性最好的是 $RSI_{(1\,236,\ 1\,230)}$，其决定系数为 0.456；其次是 $RSI_{(1\,240,\ 1\,226)}$，决定系数为 0.446。最终作者选择 $DVI_{(1\,072,\ 1\,047)}$，$NDSI_{(1\,236,\ 1\,230)}$ 和 $RSI_{(1\,236,\ 1\,230)}$ 为 2016 年 10 月构建的盐植物叶片含水量最优植被指数。

由图 2－5－5 可知，叶片含水量与 DVI 确定的敏感波段主要位于中红外波段，叶片含水量与构建的植被指数的决定系数最大值在 0.4 左右，区域范围为：*X*：1 302～1 310 nm，*Y*：1 192～1 205 nm。叶片含水量与 NDSI 确定的敏感波段范围主要位于中红外区域，决定系数最大值在 0.45 附近，区域范围为：*X*：1 695～1 747 nm，*Y*：1 560～1 628 nm。叶片含水量与 RSI 确定的敏感波段主要位于中红外区域，决定系数最大值在 0.45 附近，区域范围为：*X*：1 691～1 747 nm，*Y*：1 557～1 628 nm。

作者通过筛选得到叶片含水量与 DVI 相关性最好的是 $DVI_{(1\,304,\ 1\,201)}$，其决定系数为 0.418；其次是 $DVI_{(1\,304,\ 1\,196)}$，其决定系数为 0.416。叶片含水量与 NDSI 相关性最好的是 $NDSI_{(1\,744,\ 1\,570)}$，决定系数为 0.456；其次是 $NDSI_{(1\,746,\ 1\,570)}$，其决定系数为 0.452。叶片含水量与 RSI 相关性最好的是 $RSI_{(1\,744,\ 1\,570)}$，决定系数为 0.456；其次是 $RSI_{(1\,746,\ 1\,570)}$，其决定系数为 0.453。最终作者选择 $DVI_{(1\,304,\ 1\,201)}$，$NDSI_{(1\,744,\ 1\,570)}$ 和 $RSI_{(1\,744,\ 1\,570)}$ 为 2017 年 5 月构建的盐生植物叶片含水量最优植被指数。

由图 2－5－6 可知，盐生植物叶片含水量与构建的 3 种植被指数的决定系数最大值均在 0.58 以上，相关性较好。其中，叶片含水量与 DVI 确定的敏感波段主要位于近红外和中红外波段，区域范围为：*X*：1 150～1 340 nm，*Y*：707～735 nm；*X*：1 522～1 795 nm，*Y*：510～610 nm。

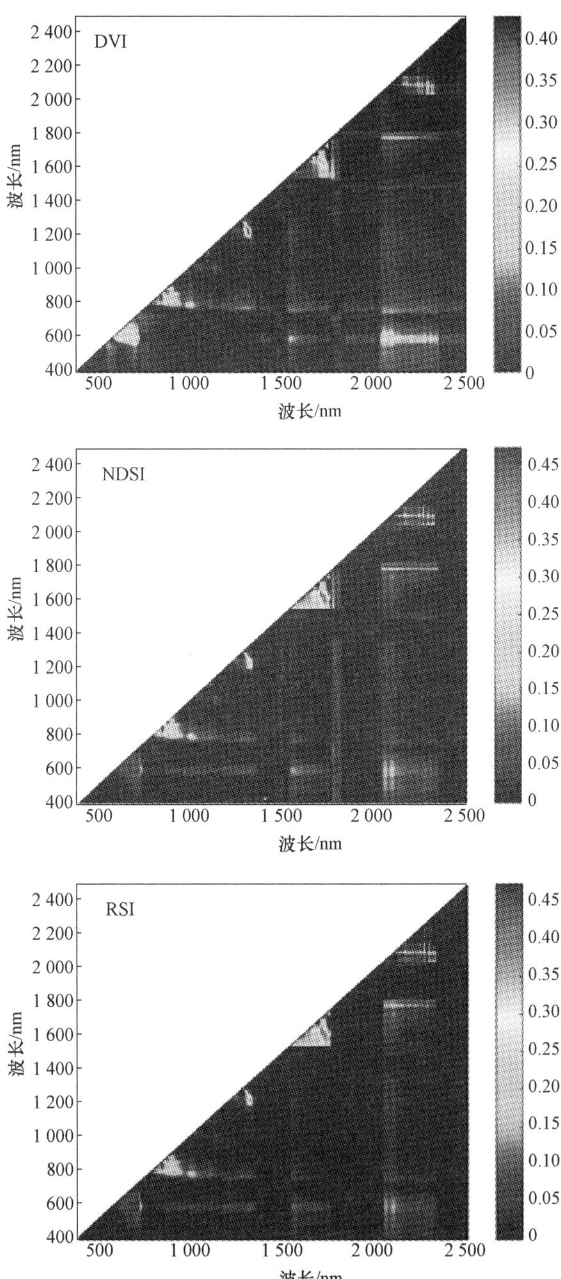

图 2-5-5 叶片含水量与 DVI、NDSI 和 RSI 的决定系数（2017 年 5 月）

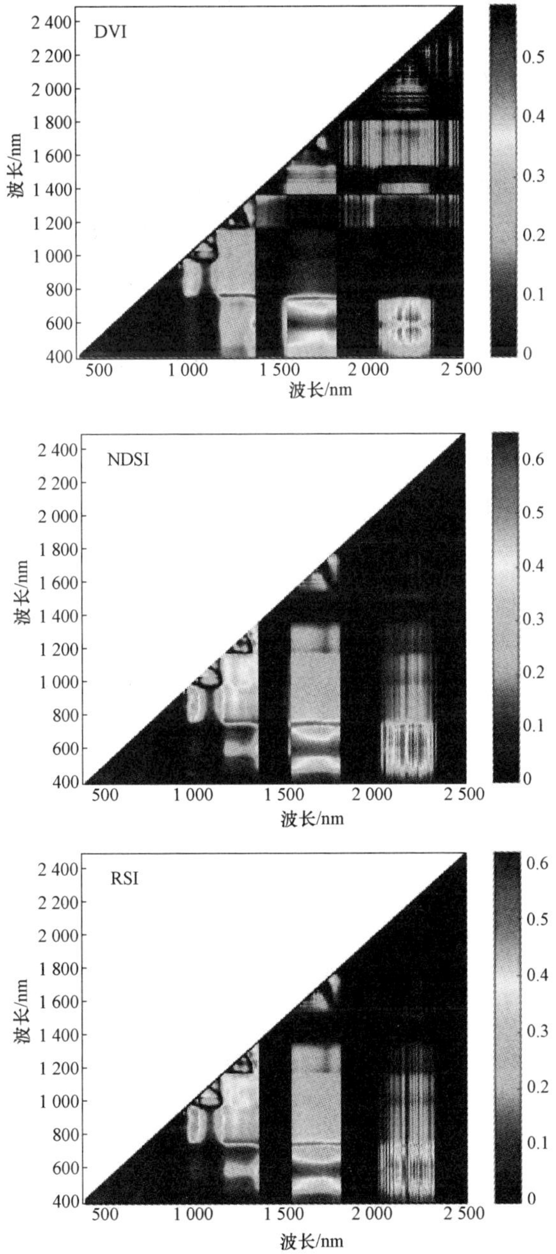

图 2-5-6　叶片含水量与 DVI、NDSI 和 RSI 的决定系数（2017 年 7 月）

叶片含水量与 NDSI 确定的敏感波段主要位于近红外和中红外区域，*X*：1 150～1 340 nm，*Y*：715～736 nm；*X*：1 520～1 795 nm，*Y*：515～610 nm。叶片含水量与 RSI 确定的敏感波段主要位于近红外和中红外区域，*X*：1 150～1 334 nm，*Y*：719～740 nm；*X*：1 522～1 795 nm，*Y*：520～600 nm。

作者通过筛选得到叶片含水量与 DVI 相关性最好的是 $DVI_{(1\,552,\ 554)}$，其决定系数为 0.587；其次是 $DVI_{(1\,552,\ 549)}$，其决定系数为 0.587。叶片含水量与 NDSI 相关性最好的是 $NDSI_{(1\,526,\ 570)}$，其决定系数为 0.618；其次是 $NDSI_{(1\,778,\ 549)}$，其决定系数为 0.617。叶片含水量与 RSI 相关性最好的是 $RSI_{(1\,535,\ 549)}$，其决定系数为 0.606；其次是 $RSI_{(1\,535,\ 554)}$，其决定系数为 0.605。最终作者选择 $DVI_{(1\,552,\ 554)}$，$NDSI_{(1\,526,\ 570)}$ 和 $RSI_{(1\,535,\ 549)}$ 为 2017 年 7 月构建的盐生植物叶片含水量最优植被指数。

5.3　建立叶片含水量估算模型

作者利用 2016 年 5 月、7 月、10 月及 2017 年 5 月和 7 月的盐生植物数据（$45>n>80$），任意采纳 30 个样本建立叶片含水量估算模型，构建了 DVI、NDSI 和 RSI 植被指数与叶片含水量的决定系数等值线图，筛选出适用于研究区的最优的植被指数，并对比已发表的植被水分指数，以这些变量作为叶片含水量估算模型的自变量，采用统计回归的方法拟合模型，有线性和非线性两种。非线性模型主要有对数、倒数、二次、三次、幂、复合、指数、增长和 S－曲线，分别建立了叶片含水量的估算模型，选取最佳的回归方程进行比较分析（见表 2－5－1）。

由表 2－5－1 可知，通过线性与非线性回归模型的比较，发现大多数光谱指数回归模型为二次和三次多项式模型，仅有少数光谱指数例外，如 $RSI_{(2\,259,\ 1\,870)}$ 最佳的回归方程为对数函数。而盐生植物叶片含水量与已发表的 10 种光谱指数的决定系数均在 0.5 以下，相关性一般，与新构建的 3 种植被指数的决定系数均大于 0.65，相关性较好。根据 R^2 越大，RMSE 越小，*F* 检验值越大，模型的精度与准确性越高的原则，发现 $NDSI_{(2\,201,\ 1\,870)}$ 模型最优，其次为 $RSI_{(2\,259,\ 1\,870)}$ 和 $DVI_{(1\,712,\ 1\,382)}$。

由表 2－5－2 可知，通过线性与非线性回归模型的比较，发现大多数光谱指数回归模型决定系数较高地集中在三次多项式模型。而盐生植物叶片含水量与已发表的 10 种光谱指数的决定系数均在 0.4 以下，相关性较差，新构建的 3 种植被指数的相关性高，但与 2016 年 5 月的数据相比相关性比较弱。根据 R^2 越大，RMSE 越小，*F* 检验值越大，模型的精度与准确性越高的原则，发现 $DVI_{(1\,774,\ 711)}$

模型最优，其次为 $RSI_{(1\,659,\ 699)}$ 和 $NDSI_{(1\,550,\ 699)}$。

由表 2－5－3 可知，通过线性与非线性回归模型的比较，发现大多数光谱指数回归模型为二次和三次多项式模型，仅有少数光谱指数例外，如 $RSI_{(1\,236,\ 1\,230)}$ 最佳的回归方程为幂函数。盐生植物叶片含水量与已发表的 10 种光谱指数的决定系数均在 0.4 以下，相关性差。新构建的 3 种植被指数与叶片含水量的相关性相对较好，其中 $DVI_{(1\,072,\ 1\,047)}$ 的决定系数较低，与已发表的光谱指数 NDII 相比，相关性较低。根据 R^2 越大，RMSE 越小，F 检验值越大，模型的精度与准确性越高的原则，发现 $NDSI_{(1\,236,\ 1\,230)}$ 模型最优，其次为 $RSI_{(1\,236,\ 1\,230)}$ 和 NDII。

由表 2－5－4 可知，通过线性与非线性回归模型的比较，发现大多数光谱指数回归模型为三次和倒数多项式模型，仅有少数光谱指数例外，如 $RSI_{(1\,744,\ 1\,570)}$ 最佳的回归方程为对数函数。盐生植物叶片含水量与已发表的 10 种光谱指数的决定系数大部分在 0.1 以下，相关性很差。新构建的 3 种植被指数与叶片含水量的相关性相对较好，根据 R^2 越大，RMSE 越小，F 检验值越大，模型的精度与准确性越高的原则，发现 $NDSI_{(1\,744,\ 1\,570)}$ 模型最优，其次为 $RSI_{(1\,744,\ 1\,570)}$ 和 $DVI_{(1\,304,\ 1\,201)}$。

由表 2－5－5 可知，通过线性与非线性回归模型的比较，发现大多数光谱指数回归模型为二次和三次多项式模型，仅有少数光谱指数例外，如 NDII 最佳的回归方程为线性函数。盐生植物叶片含水量与已发表的 10 种光谱指数的决定系数大部分在 0.5 以下，相关性一般。新构建的 3 种植被指数与叶片含水量的相关性相对较好，根据 R^2 越大，RMSE 越小，F 检验值越大，模型的精度与准确性越高的原则，发现 $NDSI_{(1\,526,\ 570)}$ 模型最优，其次为 $RSI_{(1\,535,\ 549)}$ 和 $DVI_{(1\,552,\ 554)}$。

整体而言，从 2016 年 5 月至 2017 年 7 月的五组定量模型对比分析中可以得出，2016 年 5 月盐生植物叶片含水量与优化及发表的光谱水分指数的相关性最高，新植被指数构建的模型 R^2 均在 0.65 以上，而已发表的光谱水分指数构建的模型 R^2 相较其他 4 组较高。2017 年 7 月盐生植物叶片含水量与优化及发表的光谱水分指数的相关性次之，新植被指数构建的模型 R^2 均在 0.6 以上。已发表的光谱水分指数构建的模型 R^2 相比其他 3 组较高。

表 2-5-1　叶片含水量与优化及发表的光谱水分指数的定量关系（2016 年 5 月）

光谱参数	类型	回归方程	决定系数 R^2	均方根误差	F 检验值
MSI	比值类型	$y=703.698x^3-959.015x^2+331.929x+39.925$	0.431	12.448	16.902
WI		$y=228.204x^2-356.178x+177.591$	0.399	12.692	22.612
SRWI		$y=40.667x^2--56.750x+66.164$	0.327	13.438	16.497
$RSI_{(2\,259,\ 1\,870)}$		$y=96.380+175.601\ln(x)$	0.667	9.384	138.097
NDII	归一化类型	$y=0.164x^3-3.222x^2+23.080x+20.618$	0.417	12.600	15.957
$NDWI_{1\,200}$		$y=-4015.276x^3+1\,500.729x^2-9.442x+45.599$	0.383	12.960	13.863
$NDWI_{1\,240}$		$y=-4\,122.569x^3+1\,375.815x^2+26.209x+45.659$	0.378	13.014	13.564
$NDWI_{1\,640}$		$y=-1\,327.965x^3+1\,498.878x^2-442.307x+85.010$	0.409	12.685	15.449
GVMI		$y=-1\,471.406x^3+1\,870.283x^2-665.106x+117.767$	0.434	12.414	17.115
$NDSI_{(2\,201,\ 1\,870)}$		$y=9\,781.754x^3+3\,345.702x^2+761.073x+103.783$	0.674	9.413	46.274
$DVI_{(1\,712,\ 1\,382)}$	差值类型	$y=10\,618.768x^3+3\,549.659x^2+766.446x+83.355$	0.664	9.567	44.088

表 2-5-2　叶片含水量与优化及发表的光谱水分指数的定量关系（2016 年 7 月）

光谱参数	类型	回归方程	决定系数 R^2	均方根误差	F 检验值
SRWI	比值类型	$y=-39.926x^3+154.992x^2-151.621x+84.371$	0.273	13.178	8.746
$RSI_{(1\,659,\ 699)}$		$y=31.108x^3-133.300x^2+153.559x+17.031$	0.422	11.751	17.008
NDII	归一化类型	$y=0.107x^3-1.483x^2+8.556x+42.981$	0.058	15.145	1.406
$NDWI_{1\,200}$		$y=-1\,587.967x^3+656.639x^2+64.077x+41.044$	0.345	12.502	12.305
$NDWI_{1\,240}$		$y=-1\,357.396x^3+430.518x^2+88.532x+46.482$	0.259	13.303	8.142
$NDWI_{1\,640}$		$y=-812.114x^3+1\,045.221x^2-362.176x+88.362$	0.213	13.707	6.317
GVMI		$y=-1\,273.314x^3+1\,868.253x^2-814.200x+161.762$	0.209	13.744	6.155
$NDSI_{(1\,550,\ 699)}$		$y=527.047x^3-34.618x^2-101.863x+59.168$	0.488	11.053	22.260
$DVI_{(1\,774,\ 711)}$	差值类型	$y=804.029x^3+169.651x^2-167.274x+44.395$	0.503	10.896	23.586

表 2-5-3　叶片含水量与优化及发表的光谱水分指数的定量关系（2016 年 10 月）

光谱参数	类型	回归方程	决定系数 R^2	均方根误差	F 检验值
MSI	比值类型	$y=241.980x^3-222.348x^2-5.901x+56.962$	0.197	14.920	3.435
SRWI		$y=119.085x^2-293.200x+211.258$	0.239	14.353	6.757
$RSI_{(1\,236,\ 1\,230)}$		$y=x^{115.796}+13.027$	0.455	0.358	36.690
NDII	归一化类型	$y=0.507x^2-1.879x+32.881$	0.342	13.347	11.180
$NDWI_{1\,240}$		$y=902.273x^2-163.756x+37.718$	0.243	14.315	6.910
$NDWI_{1\,640}$		$y=-386.878x^3+470.042x^2-117.780x+30.512$	0.211	14.793	3.734
GVMI		$y=-594.432x^3+911.086x^2-381.442x+74.537$	0.207	14.828	3.651
$NDSI_{(1\,236,\ 1\,230)}$		$y=1.332E9x^3-15\,974\,330.97x^2+65\,666.512x-56.745$	0.550	11.170	17.104
$DVI_{(1\,072,\ 1\,047)}$	差值类型	$y=-13\,741\,674.32x^3+193\,351.125x^2+2\,446.320x+13.907$	0.329	13.639	6.864

表 2-5-4 叶片含水量与优化及发表的光谱水分指数的定量关系（2017 年 5 月）

光谱参数	类型	回归方程	决定系数 R^2	均方根误差	F 检验值
MSI	比值类型	$y=-568.298x^3+829.052x^2-382.918x+121.435$	0.054	10.021	1.102
$RSI_{(1\,744,\ 1\,570)}$		$y=235.818\ln(x)+49.971$	0.456	7.473	50.224
NDII	归一化类型	$y=-\frac{1}{3.381x}+66.513$	0.003	10.116	0.163
$NDWI_{1\,200}$		$y=-390.586x^3+315.975x^2-59.014x+67.984$	0.005	10.279	0.089
$NDWI_{1\,240}$		$y=-\frac{1}{0.087x}+66.488$	0.022	10.018	1.344
$NDWI_{1\,640}$		$y=799.949x^3-870.931x^2+294.580x+34.795$	0.044	10.074	1.087
GVMI		$y=921.219x^3-1\,155.615x^2+464.108x+5.876$	0.046	10.064	0.930
$NDSI_{(1\,744,\ 1\,570)}$		$y=-193\,693.944x^3+16\,075.505x^2+131.005x+51.015$	0.464	7.540	16.762
$DVI_{(1\,304,\ 1\,201)}$	差值类型	$y=-338\,225.970x^3+7\,118.085x^2-878.091x+68.729$	0.420	7.848	13.988

表 2－5－5　叶片含水量与优化及发表的光谱水分指数的定量关系（2017 年 7 月）

光谱参数	类型	回归方程	决定系数 R^2	均方根误差	F 检验值
MSI	比值类型	$y=67.370x^2-107.906x+85.552$	0.330	9.228	15.509
$RSI_{(1\,535,\ 549)}$		$y=21.584x^2-74.193x+101.641$	0.618	6.969	50.912
NDII	归一化类型	$y=3.969x+38.015$	0.324	9.197	30.655
$NDWI_{1\,200}$		$y=-964.372x^3+405.896x^2+55.924x+40.161$	0.415	8.689	14.683
$NDWI_{1\,240}$		$y=-1\,226.279x^3+322.209x^2+106.509x+39.543$	0.450	8.426	16.922
$NDWI_{1\,640}$		$y=-187.173x^3+246.808x^2-50.946x+46.112$	0.322	9.355	9.829
GVMI		$y=-248.508x^3+384.290x^2-130.822x+56.001$	0.335	9.266	10.416
$NDSI_{(1\,526,\ 570)}$		$y=350.918x^3+56.405x^2-69.935x+49.641$	0.627	6.944	34.673
$DVI_{(1\,552,\ 554)}$	差值类型	$y=10\,748.261x^3+46.869x^2-227.462x+52.628$	0.606	7.131	31.806

5.4　估算模型验证

为了考查模型的稳定性和普适性，利用 2016 年 5 月至 2017 年 7 月的实测数据对构建的盐生植物的叶片含水量的最佳 NDSI、DVI 和 RSI 的模型进行检验，用 30 个独立样本对所构建模型的预测能力进行检验，以预测值和实测值之间的决定系数（R^2）、均方根误差（RMSE）和残余预测偏差（RPD）和 F 检验 4 个指标来检验模型的精度（见图 2－5－7）。

由图 2－5－7 和图 2－5－8 可知，已发表的光谱指数模型和作者构建的光谱指数模型的性能和稳定性存在一定的差异，已发表的光谱指数决定系数在 0.5 以下，RPD 均小于 1.4，表明模型对样本的预测能力很弱，基本不具有估测能力，而新构建的光谱指数决定系数均在 0.75 以上，$NDSI_{(2\,201,\ 1\,870)}$ 和 $RSI_{(2\,259,\ 1\,870)}$ 的 RPD 的值均大于 2，说明模型对其含水量具有很好的预测能力；$DVI_{(1\,712,\ 1\,382)}$ 的 RPD 的值为 1.861，说明模型对其含水量具有粗略估算的能力。

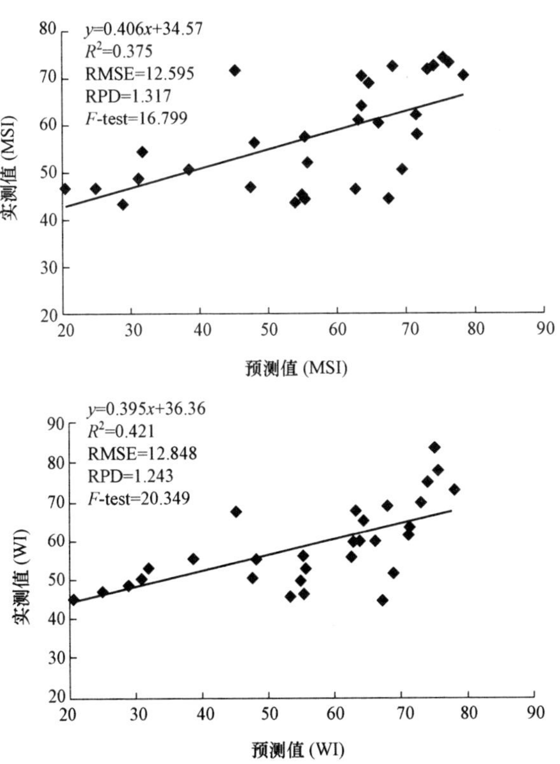

图 2－5－7　已发表光谱指数预测值和实测值的关系（2016 年 5 月）

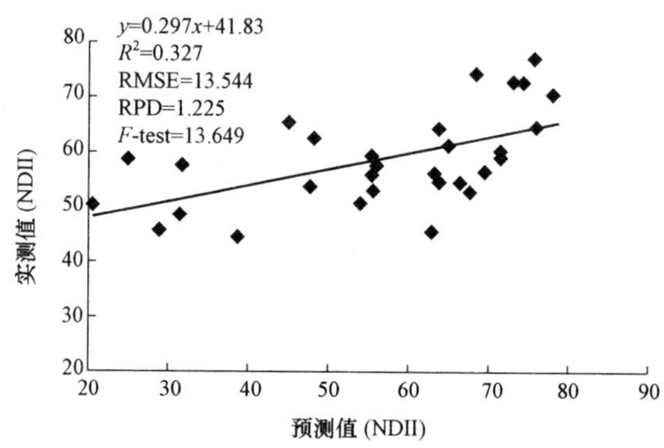

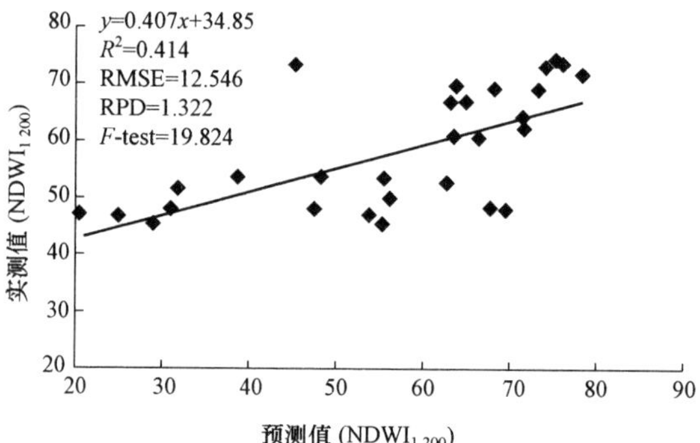

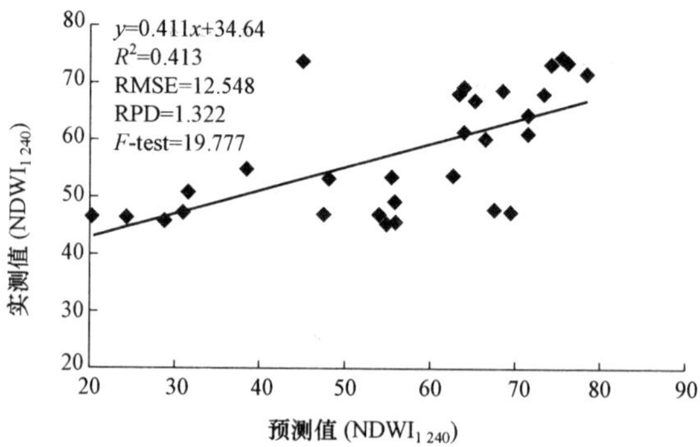

图 2-5-7　已发表光谱指数预测值和实测值的关系（2016 年 5 月）（续）

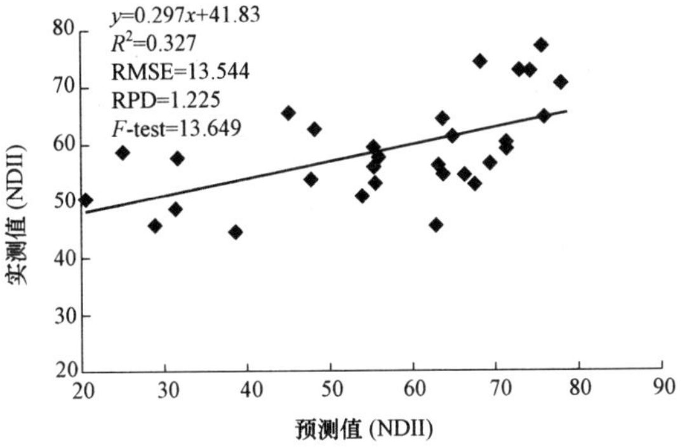

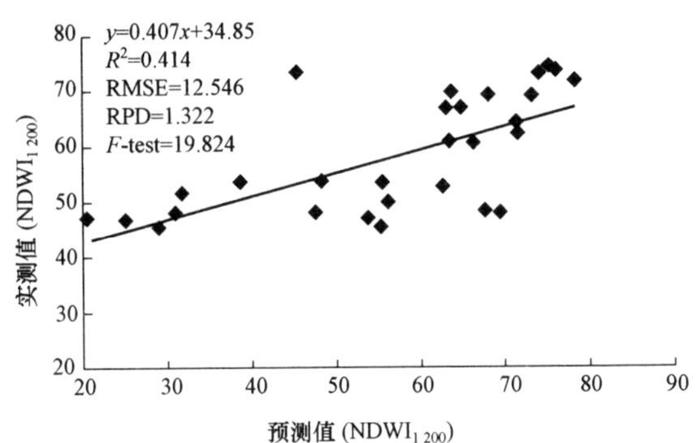

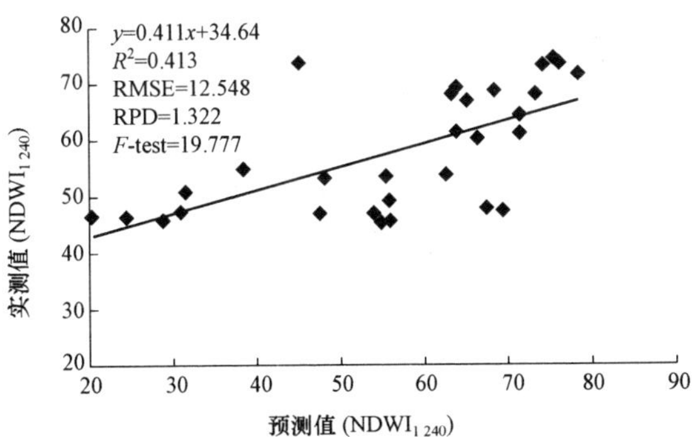

图 2-5-7　已发表光谱指数预测值和实测值的关系（2016 年 5 月）（续）

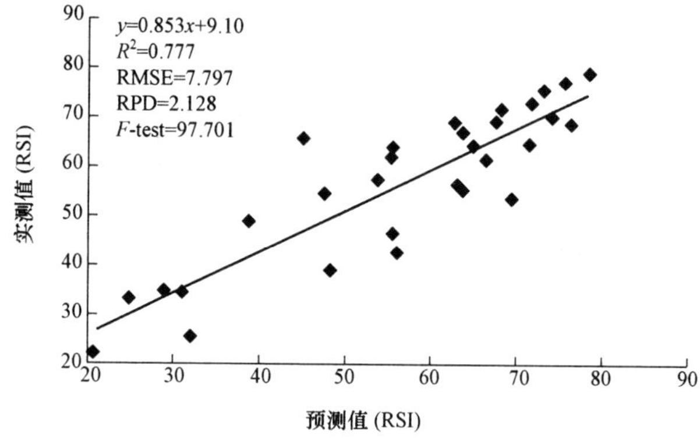

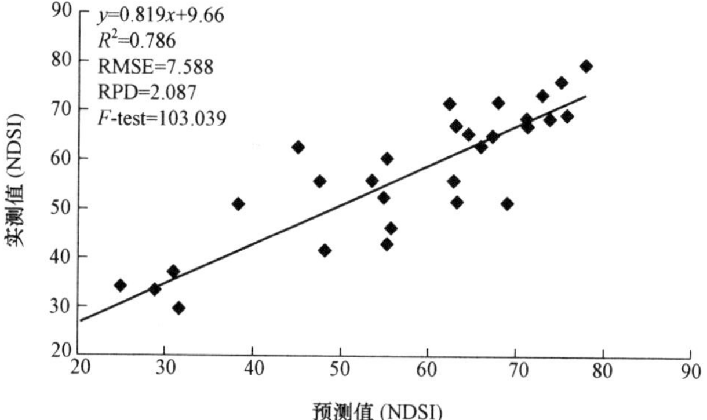

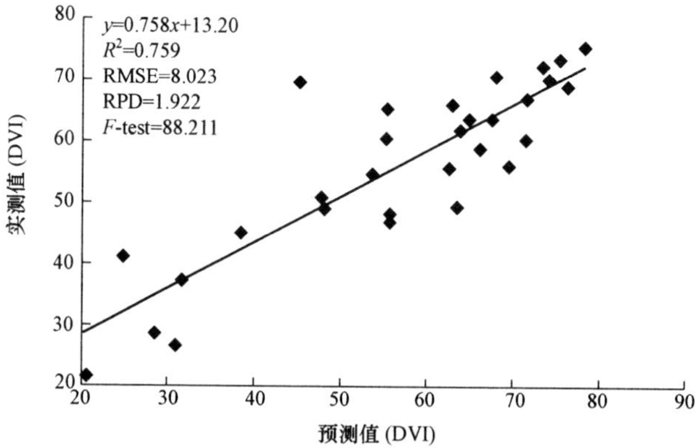

图 2-5-8　优化指数预测值和实测值的关系（2016 年 5 月）

由图 2－5－9 和图 2－5－10 可知，作者构建的光谱指数模型的性能和稳定性优于已发表的光谱指数模型。植被指数 SRWI、$NDWI_{1\,200}$ 和 $NDWI_{1\,240}$ 的决定系数均大于 0.2，其余已发表的光谱指数决定系数在 0.2 以下，RPD 均小于 1.4，表明已发表的植被指数模型对样本的预测能力很弱，基本不具有估测能力。而新构建的光谱指数仅有 $RSI_{(1\,659,\ 699)}$ 的决定系数最高（$R^2=0.423$），RPD 达到 1.825，该模型对其含水量具有粗略估算的能力。$NDSI_{(1\,550,\ 699)}$ 的决定系数虽然为 0.461，但其 RPD 仅为 1.356，不具有估测能力，$DVI_{(1\,774,\ 711)}$ 的决定系数为 0.375，RPD 为 1.277，也不具有估测能力。

由图 2－5－11 和图 2－5－12 可知，作者构建的光谱指数模型的性能和稳定性优于已发表的光谱指数模型。植被指数 $NDWI_{1\,640}$ 决定系数大于 0.2，其余已发表的光谱指数决定系数在 0.2 以下，RPD 均在 1.4 以下，表明已发表的植被指数模型对样本的预测能力很弱，基本不具有估测能力。新构建的植被指数的决定系数从大到小依次为：$RSI_{(1\,236,\ 1\,230)}$＞$NDSI_{(1\,236,\ 1\,230)}$＞$DVI_{(1\,072,\ 1\,047)}$，决定系数分别为 0.478，0.473 和 0.226。RPD 均在 1.4 以下，表明新构建的植被指数模型对样本的预测能力依然很弱，基本不具有估测能力。

由图 2－5－13 和图 2－5－14 可知，作者构建的光谱指数模型的性能和稳定性优于已发表的光谱指数模型。2017 年 5 月已发表的植被指数构建的模型决定系数很低，RMSE 偏大，F 检验值较小，RPD 均小于 1.4，表明已发表的植被指数模型对样本的预测能力很弱，基本不具有估测能力。新构建的植被指数的决定系数从大到小依次为：$DVI_{(1\,304,\ 1\,201)}$＞$RSI_{(1\,744,\ 1\,570)}$＞$NDSI_{(1\,744,\ 1\,570)}$，决定系数分别为 0.515，0.358 和 0.342。RPD 均在 1.4 以下，表明新构建的植被指数模型对样本的预测能力依然很弱，基本不具有估测能力。

由图 2－5－15 和图 2－5－16 可知，作者构建的光谱指数模型的性能和稳定性优于已发表的光谱指数模型。已发表的光谱指数中 $NDWI_{1\,240}$ 模型的预测能力较好，决定系数为 0.499，RMSE 较其他光谱指数小，RPD 为 1.425，F 检验值最大，说明模型对其含水量具有粗略估算的能力。其余已发表的光谱指数决定系数均在 0.3 以上，比其他时期高，但 RPD 均在 1.4 以下，表明已发表的植被指数模型对样本的预测能力弱，基本不具有估测能力。新构建的植被指数的决定系数从大到小依次为：$RSI_{(1\,535,\ 549)}$＞$NDSI_{(1\,526,\ 570)}$＞$DVI_{(1\,552,\ 554)}$，决定系数分别为 0.623、0.604 和 0.553。其中，$RSI_{(1\,535,\ 549)}$ 的 RPD 为 2.120，RMSE 最小，F 检验值最大，说明模型对其含水量具有很好的预测能力。而 $DVI_{(1\,552,\ 554)}$ 的 RPD 接近 2，模型稳定性和性能次之。$NDSI_{(1\,526,\ 570)}$ 的 RPD 为 1.608，说明模型对其含水量具有粗略估算的能力。

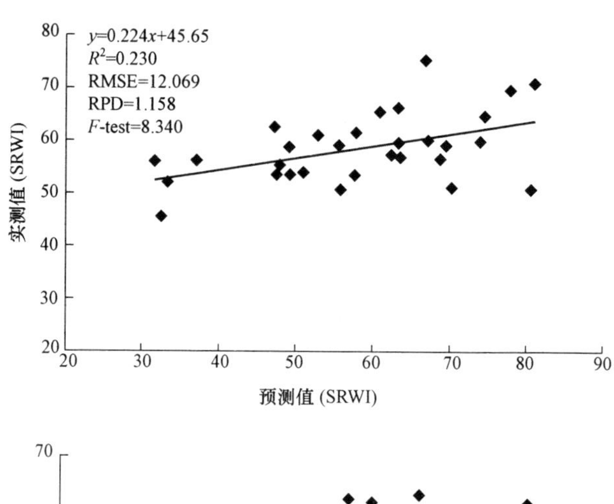

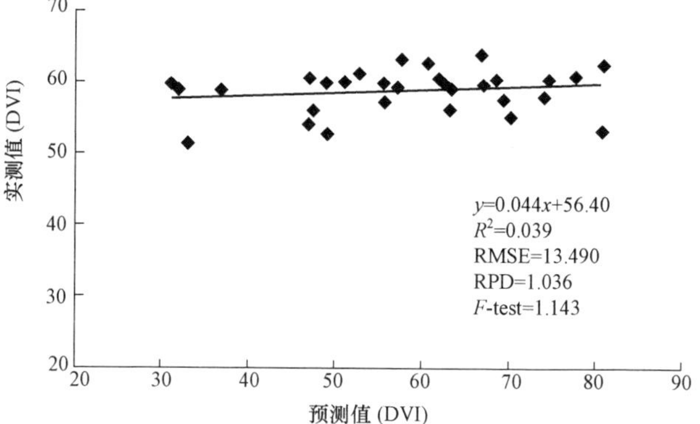

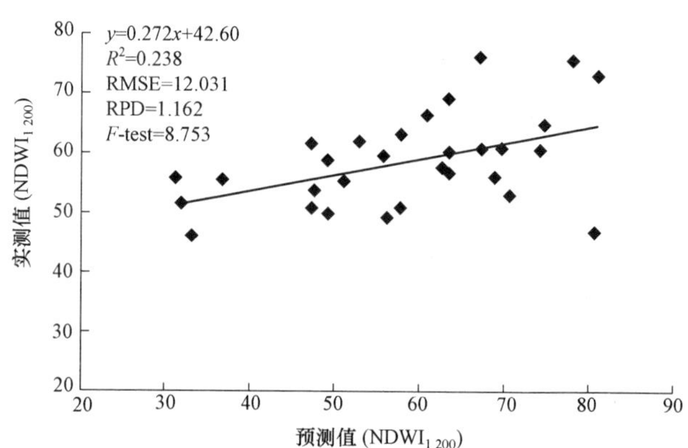

图 2-5-9　已发表光谱指数预测值和实测值的关系（2016 年 7 月）

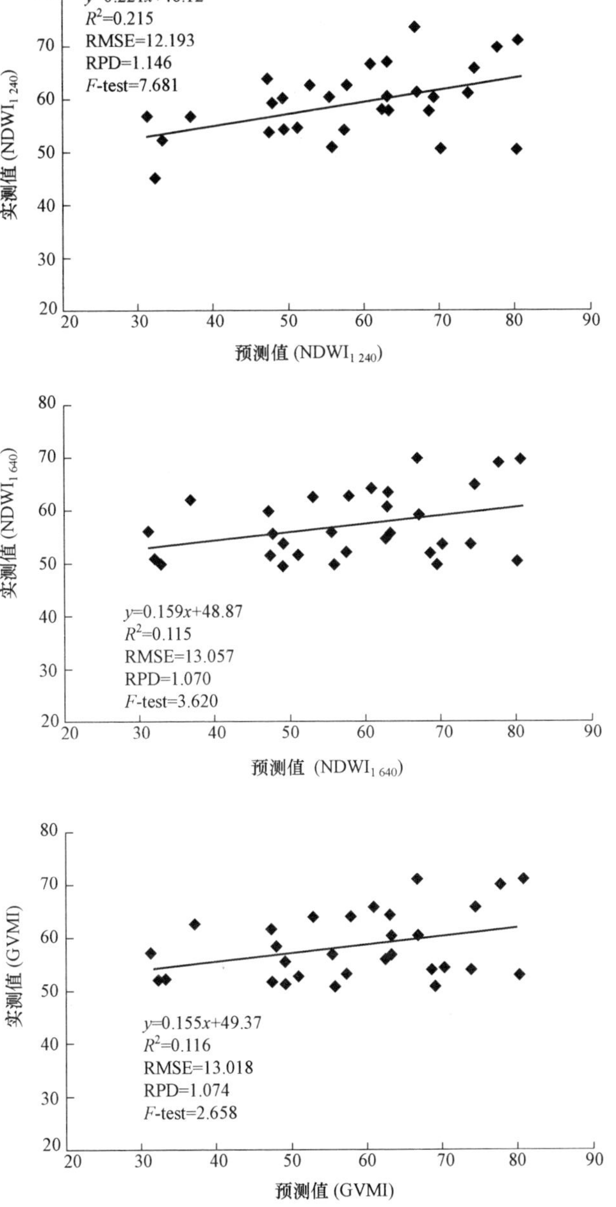

图 2-5-9　已发表光谱指数预测值和实测值的关系（2016 年 7 月）（续）

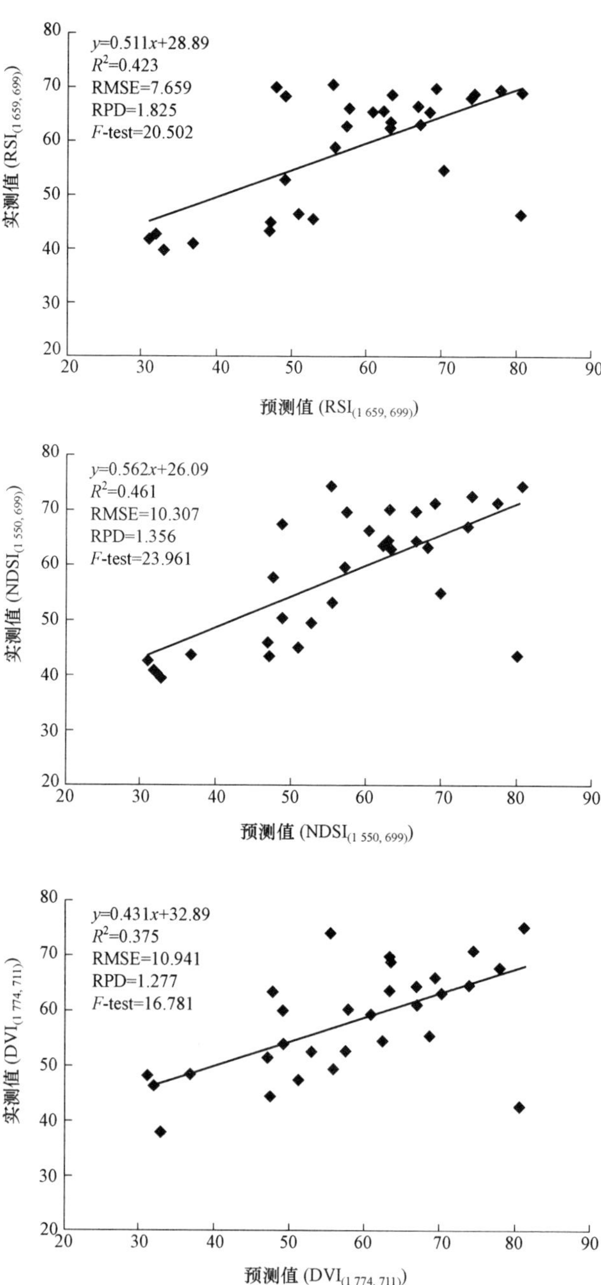

图 2-5-10　优化指数预测值和实测值的关系（2016 年 7 月）

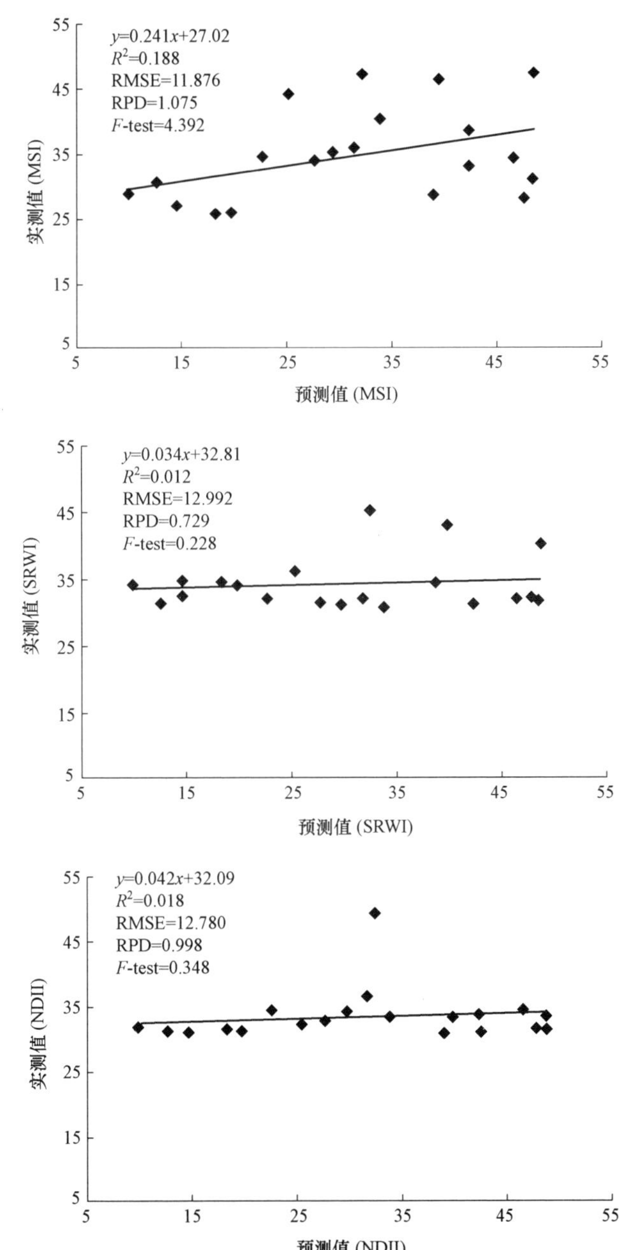

图 2-5-11　已发表光谱指数预测值和实测值的关系（2016 年 10 月）

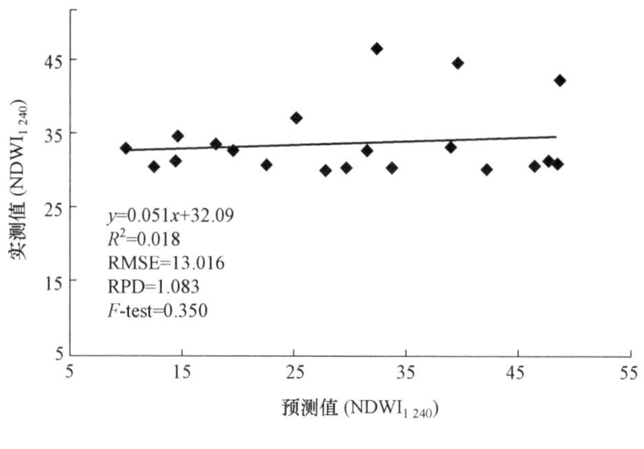

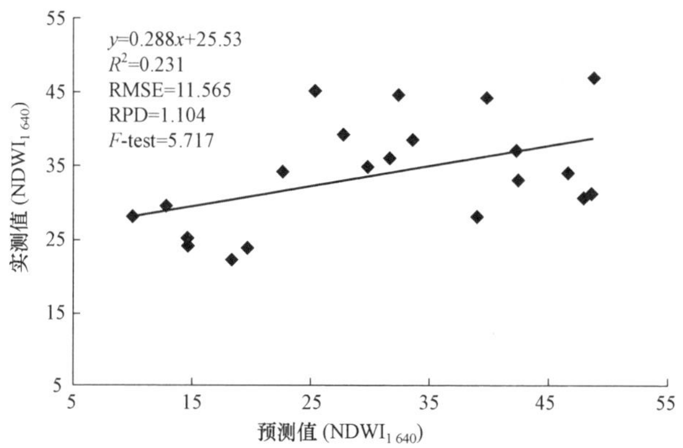

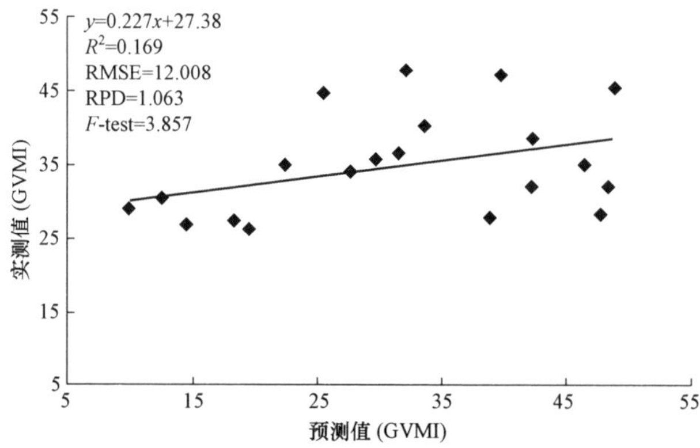

图 2-5-11　已发表光谱指数预测值和实测值的关系（2016 年 10 月）（续）

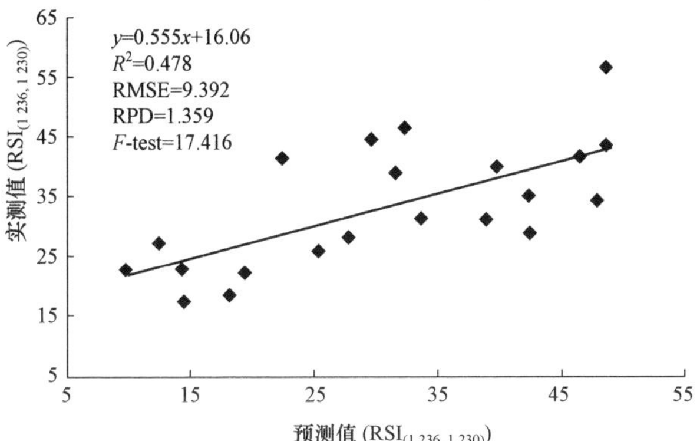

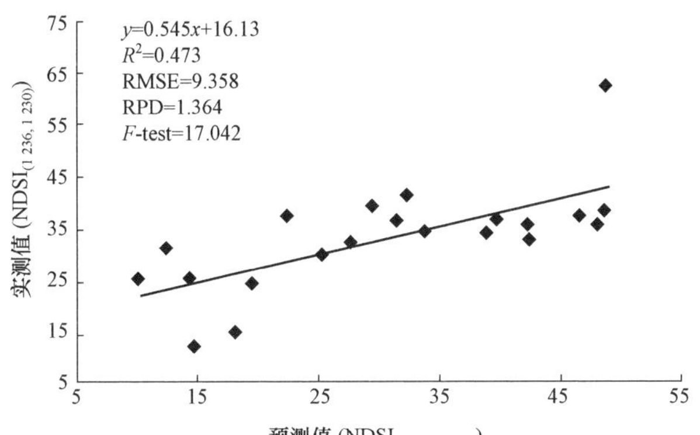

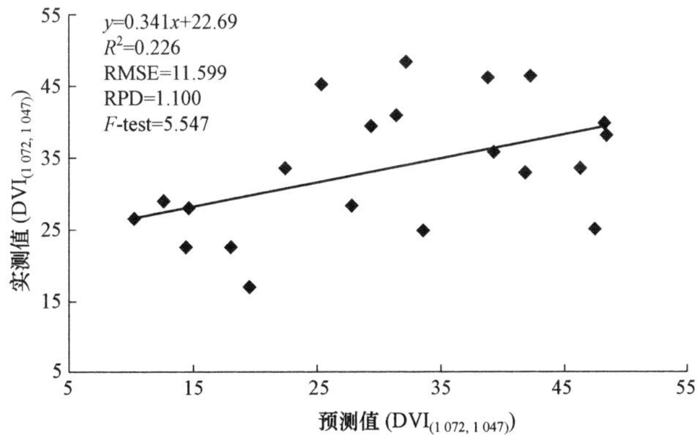

图 2-5-12　优化指数预测值和实测值的关系（2016 年 10 月）

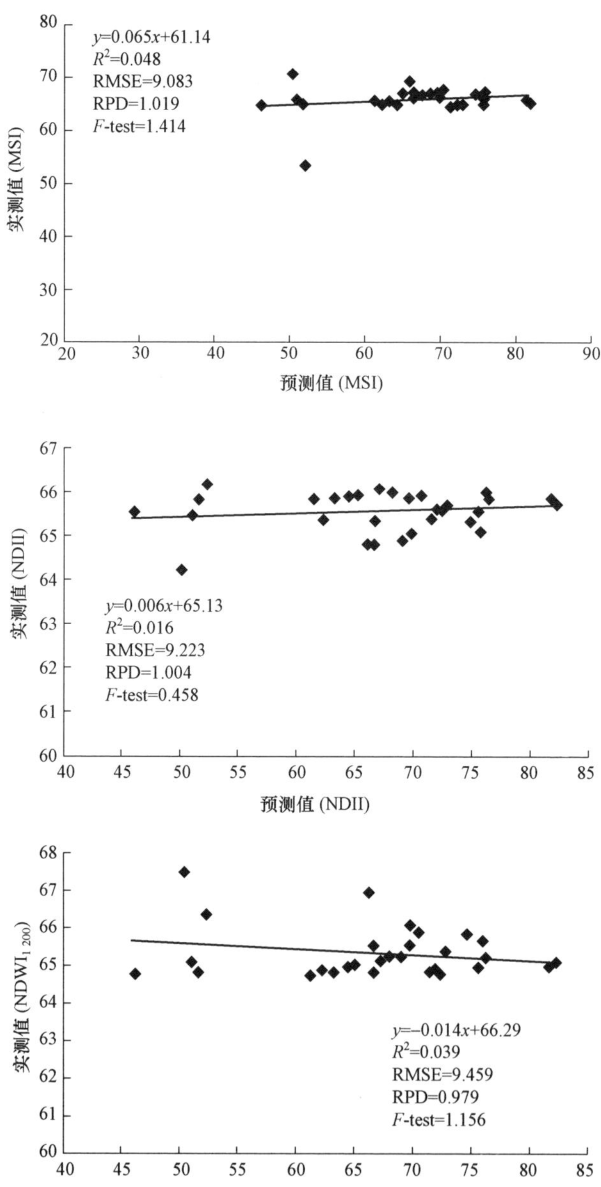

图 2-5-13　已发表光谱指数预测值和实测值的关系（2017 年 5 月）

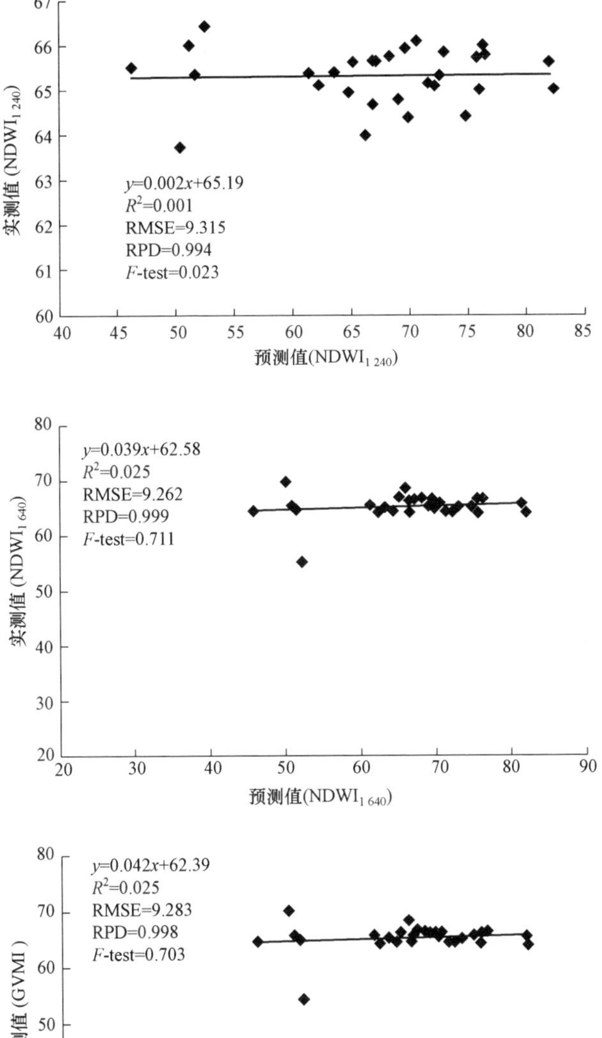

图 2-5-13　已发表光谱指数预测值和实测值的关系（2017 年 5 月）（续）

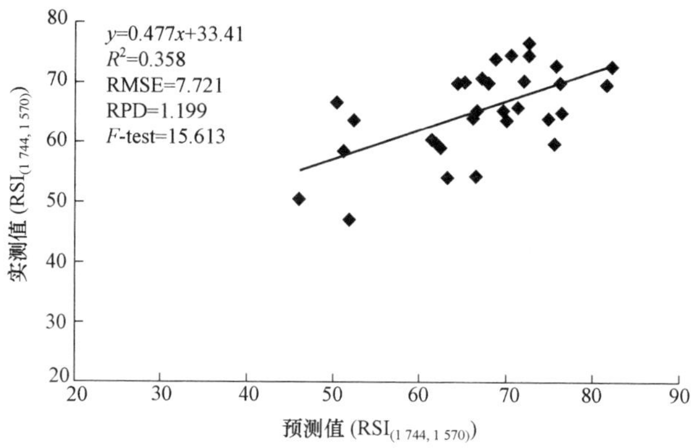

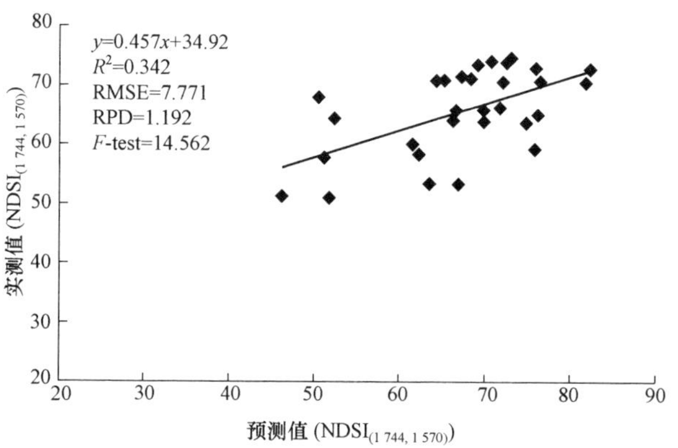

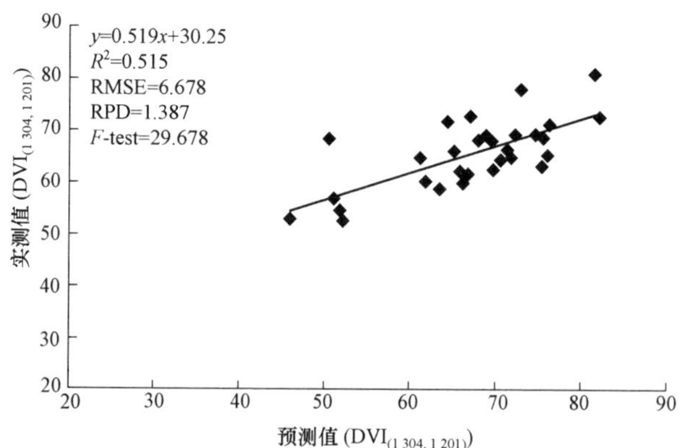

图 2－5－14 优化指数预测值和实测值的关系（2017 年 5 月）

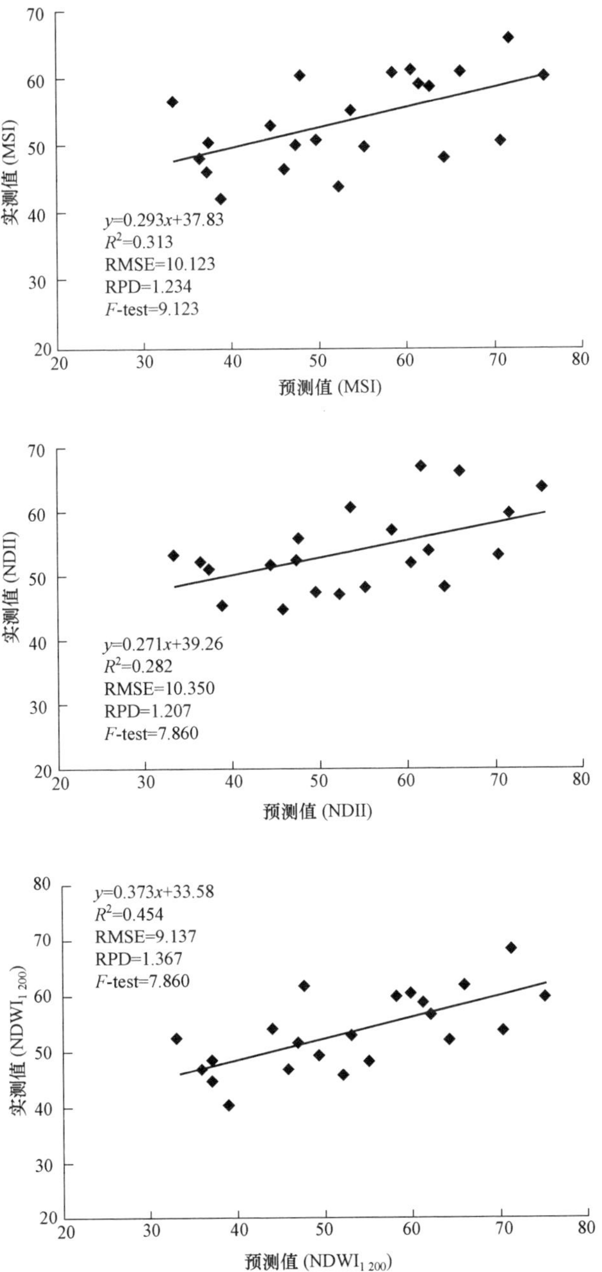

图 2-5-15 已发表光谱指数预测值和实测值的关系（2017 年 7 月）

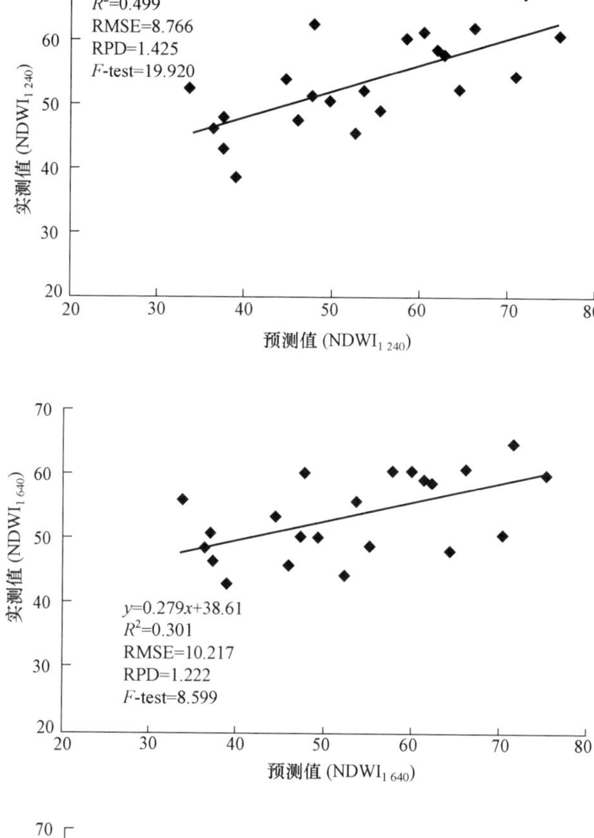

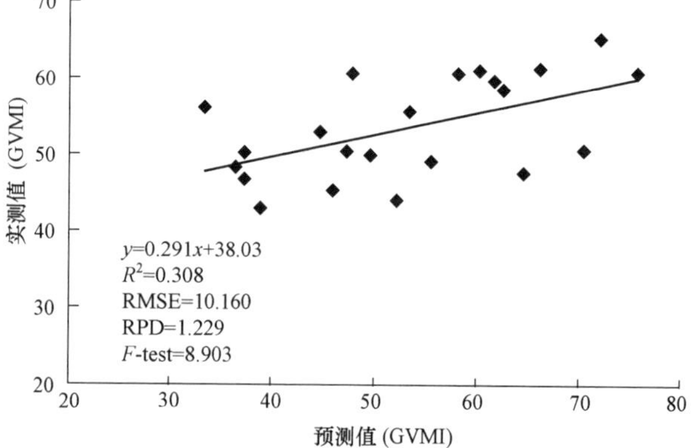

图 2-5-15　已发表光谱指数预测值和实测值的关系（2017 年 7 月）（续）

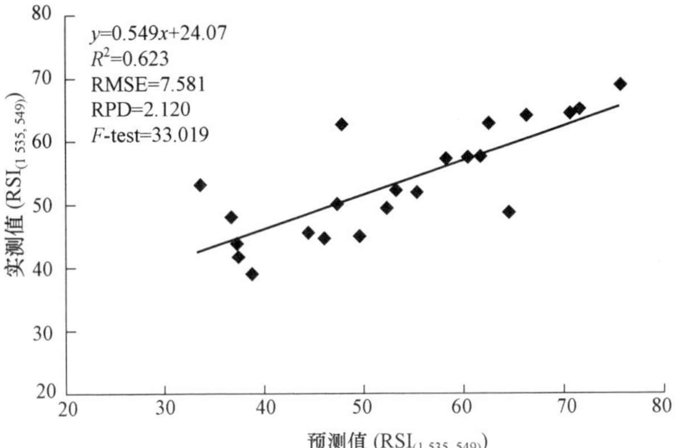

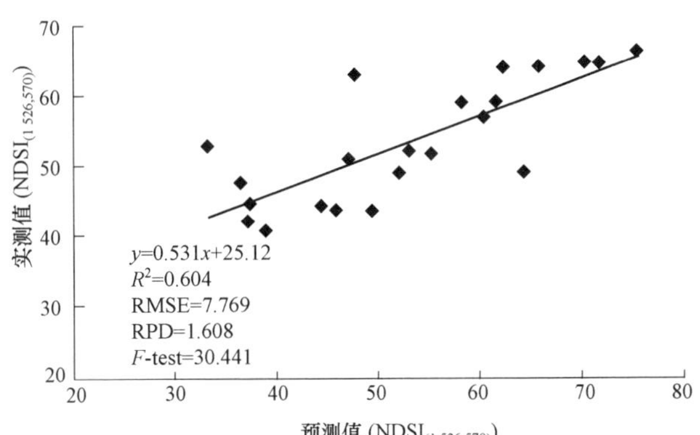

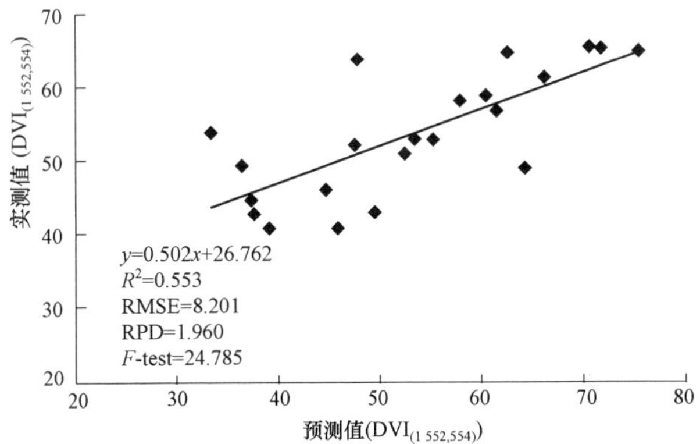

图 2-5-16　优化指数预测值和实测值的关系（2017 年 7 月）

第六章

基于 BP 神经网络模型的盐生植物叶片含盐量高光谱估算模型研究

6.1 构建光谱指数

为了进一步明确表征盐生植物叶片含盐量的敏感波段，分别采用 2016 年 7 月及 2017 年的 5 月和 7 月盐生植物叶片 4 种盐离子（Ca^{2+}、K^{+}、Mg^{2+}和 Na^{+}）实测的光谱反射率，基于 MATLABR2012a 平台建立了 DVI、NDSI、RSI 和叶片盐离子含量决定系数的等值线图，根据等值线图颜色的变化提取对盐生植物叶片含盐量的敏感波段组合（见图 2－6－1）。

由图 2－6－1 可知，盐生植物叶片盐离子含量与 DVI 相关性小，其决定系数大部分在 0.2 附近。其中，K^{+}、Ca^{2+}与 RSI 无明显的敏感波段范围，作者通过筛选得到 K^{+}与 DVI 相关性最好的波长是 *X*：1 859 nm，*Y*：1 806 nm，其决定系数为 0.219；Ca^{2+}与 DVI 相关性最好的波长是 *X*：1 484 nm，*Y*：1 479 nm，其决定系数为 0.171；Na^{+}与 DVI 确定的敏感波段主要位于中红外区域，区域范围为：*X*：2 084～2 087 nm，*Y*：1 640～1 785 nm。作者通过筛选得到 Na^{+}与 DVI 相关性最好的波长是 *X*：2 086 nm，*Y*：1 643 nm，其决定系数为 0.267。Mg^{2+}与 DVI 确定的敏感波段主要位于中红外区域，区域范围为：*X*：1 960～2 365 nm，*Y*：1 852～1 872 nm。Mg^{2+}与 DVI 相关性最好的波长是 *X*：1 885 nm，*Y*：1 852 nm，其决定系数为 0.223。这表明在 K^{+}、Na^{+}、Ca^{2+}、Mg^{2+}4 种盐

离子中，仅有 Na^+ 含量与 DVI 相关性最好。

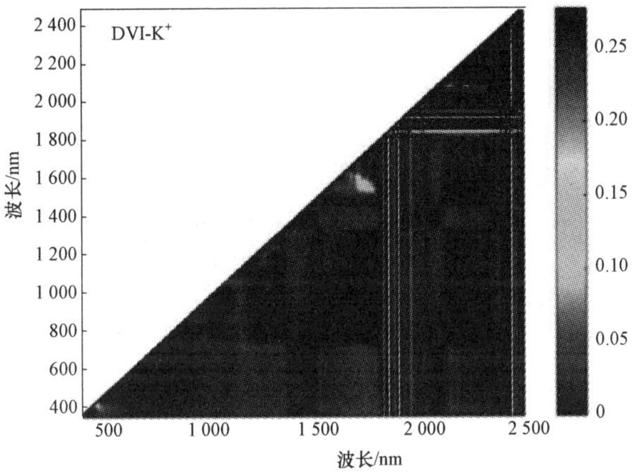

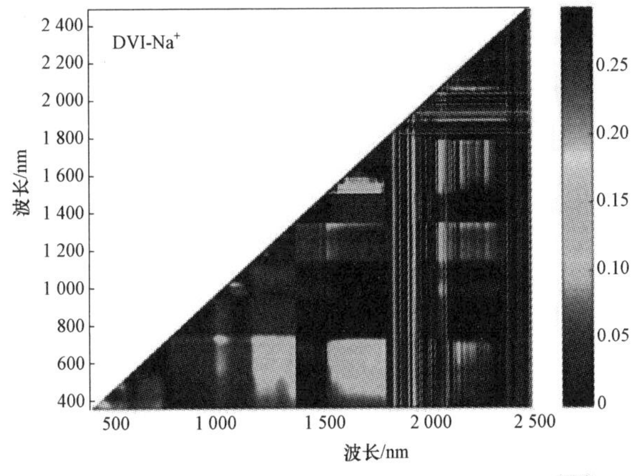

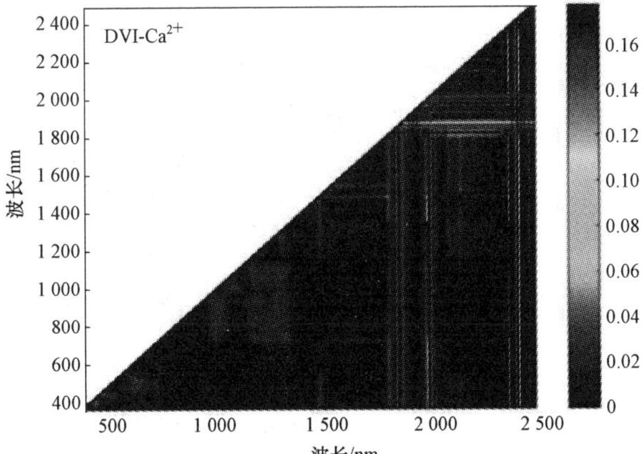

图 2-6-1　叶片盐离子含量与 DVI 的决定系数（2016 年 7 月）

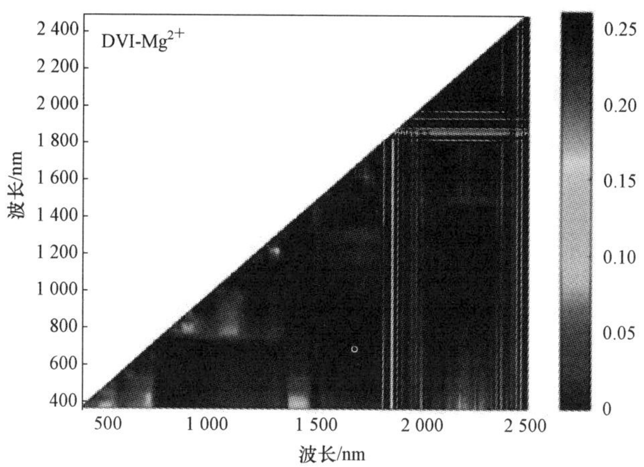

图 2-6-1　叶片盐离子含量与 DVI 的决定系数（2016 年 7 月）（续）

由图 2-6-2 可知，2016 年 7 月的盐生植物叶片盐离子含量与 NDSI 相关性很弱。4 种盐生离子与 NDSI 均无明显的敏感波段范围，作者通过筛选得到 K^+与 NDSI 相关性最好的波长是 *X*：1 980 nm，*Y*：1 733 nm，其决定系数为 0.290；Na^+与 NDSI 相关性最好的波长是 *X*：1 975 nm，*Y*：869 nm，其决定系数为 0.194；Mg^{2+}与 NDSI 相关性最好的波长是 *X*：1 968 nm，*Y*：1 072 nm，其决定系数为 0.201；Ca^{2+}与 NDSI 相关性很弱。这表明在 K^+、Na^+、Ca^{2+}、Mg^{2+} 4 种盐离子中，K^+含量与 NDSI 相关性最好。

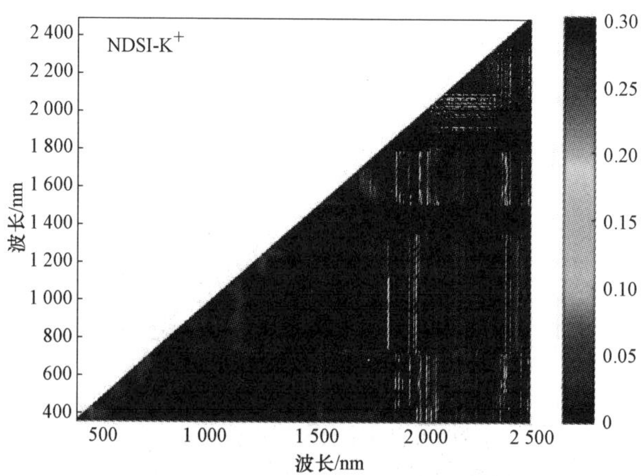

图 2-6-2　叶片盐离子含量与 NDSI 的决定系数（2016 年 7 月）

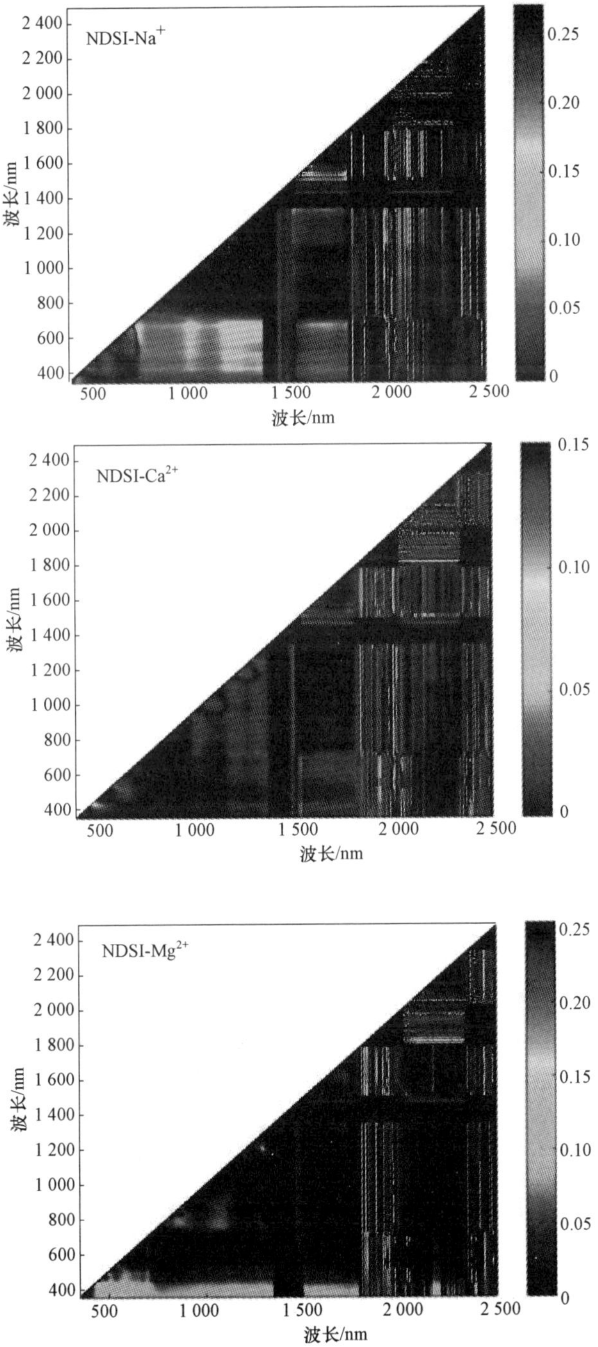

图 2-6-2 叶片盐离子含量与 NDSI 的决定系数（2016 年 7 月）（续）

由图 2-6-3 可知，盐生植物叶片的盐离子含量与 RSI 相关性小，其决定系数大部分在 0.2 附近。其中，Ca^{2+}和 Mg^{2+}与 RSI 无明显的敏感波段范围。K^{+}与 RSI 确定的敏感波段主要位于中红外区域，区域范围为：*X*：2 314～2 324 nm，*Y*：1 800～2 010 nm。作者通过筛选得到 K^{+}与 RSI 相关性最好的波长是 *X*：2 318 nm，*Y*：1 801 nm，其决定系数为 0.313。Na^{+}与 RSI 确定的敏感波段主要位于可见光和近红外区域，区域范围为：*X*：2 040 nm，*Y*：370～1 349 nm。作者通过筛选得到 Na^{+}与 RSI 相关性最好的波长是 *X*：2 040 nm，*Y*：675 nm，其决定系数为 0.313。Mg^{2+}与 DVI 相关性最好的波长是 *X*：2 054 nm，*Y*：396 nm，其决定系数为 0.205。这表明在 K^{+}、Na^{+}、Ca^{2+}、Mg^{2+}4 种盐离子中，K^{+}含量与 NDSI 相关性最好。

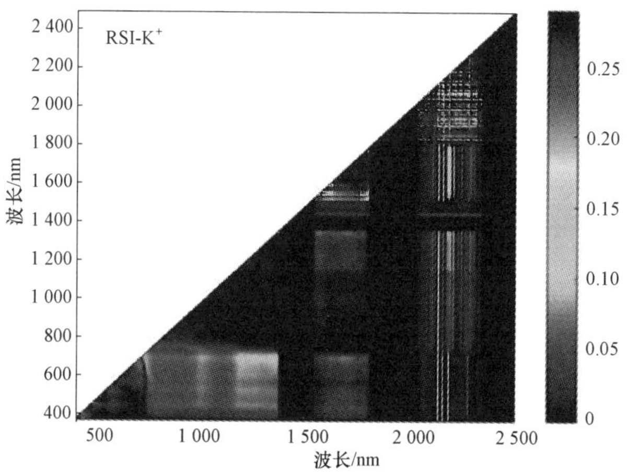

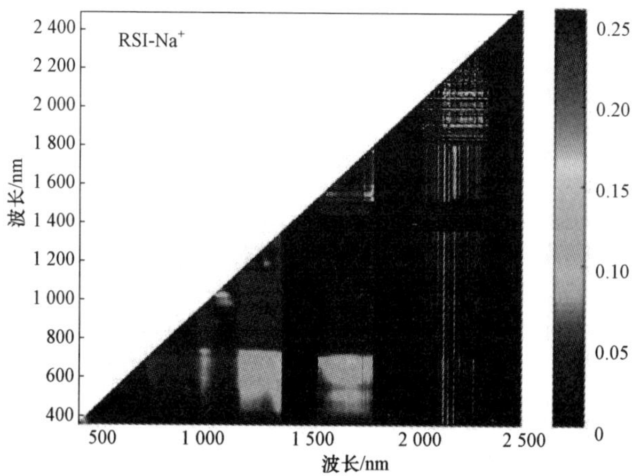

图 2-6-3　叶片盐离子含量与 RSI 的决定系数（2016 年 7 月）

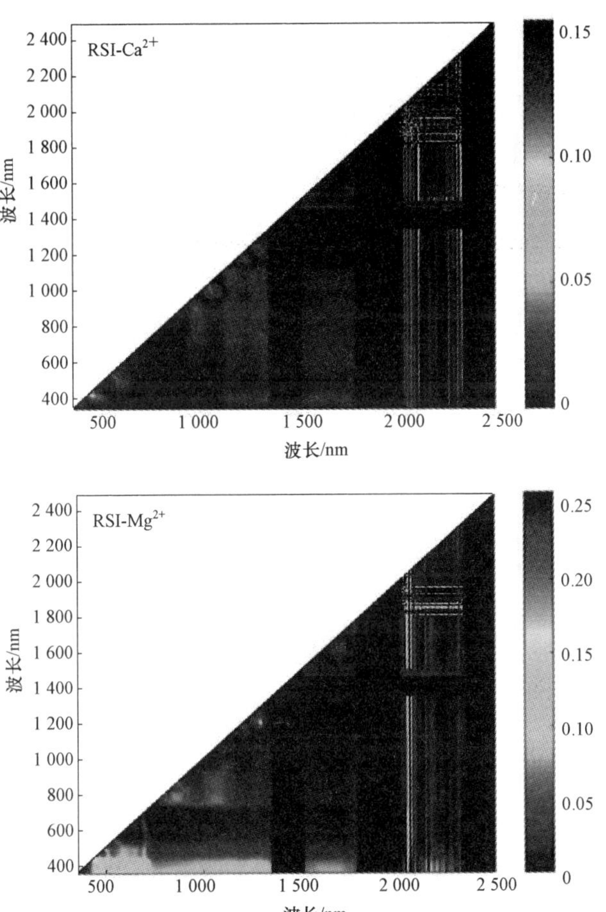

图 2-6-3 叶片盐离子含量与 RSI 的决定系数（2016 年 7 月）（续）

作者最终筛选出分别适用于 K^+、Na^+、Ca^{2+}和 Mg^{2+}的 10 种植被指数：$DVI_{(1\,859,\,1\,806)}$、$DVI_{(2\,086,\,1\,643)}$、$DVI_{(1\,484,\,1\,479)}$、$DVI_{(1\,885,\,1\,852)}$、$NDSI_{(1\,980,\,1\,733)}$、$NDSI_{(1\,975,\,869)}$、$NDSI_{(1\,968,\,1\,072)}$、$RSI_{(2\,318,\,1\,801)}$、$RSI_{(2\,040,\,675)}$、$RSI_{(2\,054,\,396)}$，为 2016 年 7 月构建的盐生植物叶片含盐量最优植被指数。

由图 2-6-4 可知，盐生植物叶片盐离子含量与 DVI 相关性小，其决定系数大部分在 0.2 附近。其中，K^+、Ca^{2+}与 DVI 无明显的敏感波段范围，作者通过筛选得到 Ca^{2+}与 DVI 相关性最好的波长是 *X*：1 490 nm，*Y*：1 478 nm，其决定系数为 0.160；Na^+与 DVI 确定的敏感波段主要位于中红外区域，区域范围为：*X*：2 084～2 087 nm，*Y*：1 501～1 789 nm。作者通过筛选得到 Na^+与 DVI 相关性最好的波长是 *X*：1 780 nm，*Y*：1 501 nm，其决定系数为 0.281。

Mg^{2+}与 DVI 确定的敏感波段主要位于中红外区域，区域范围为：*X*：2 012～2 383 nm，*Y*：1 852 nm。Mg^{2+}与 DVI 相关性最好的波长是 *X*：2 123 nm *Y*：1 852 nm，其决定系数为 0.205。这表明在 K^+、Na^+、Ca^{2+}、Mg^{2+}4 种盐离子中，Na^+含量与 DVI 相关性最好。

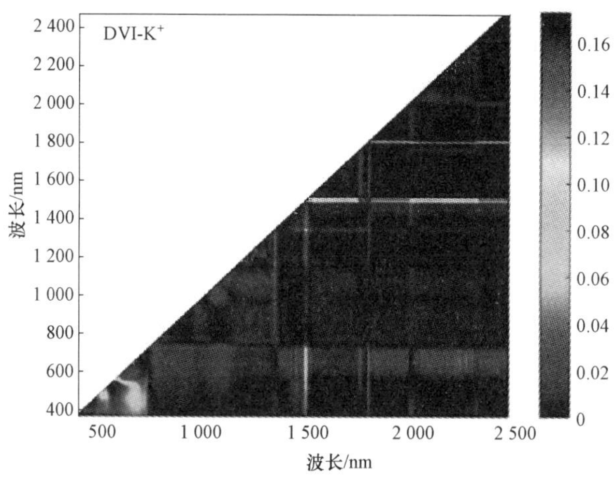

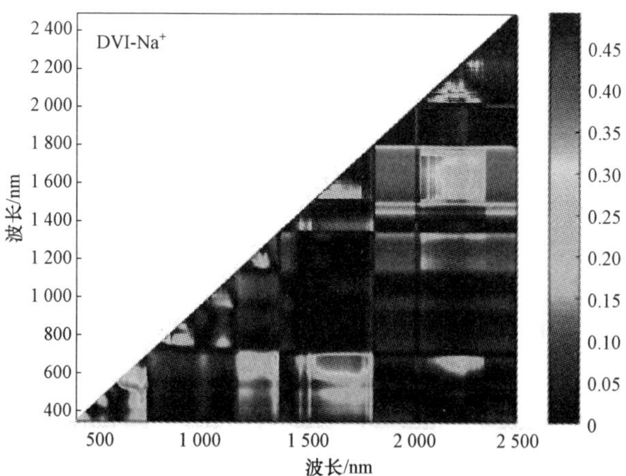

图 2-6-4　叶片盐离子含量与 DVI 的决定系数（2017 年 5 月）

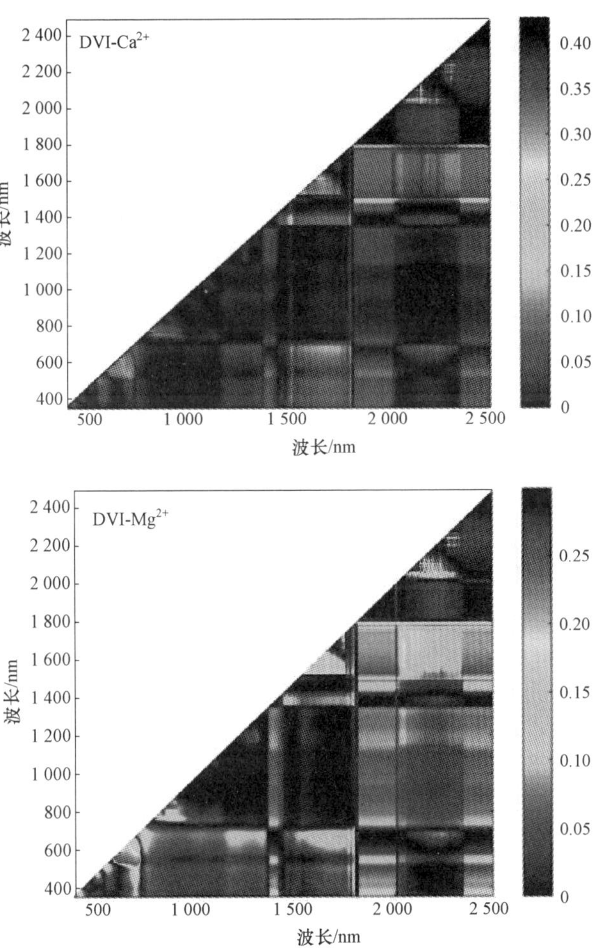

图 2－6－4　叶片盐离子含量与 DVI 的决定系数（2017 年 5 月）（续）

由图 2－6－5 可知，盐生植物叶片盐离子含量与 NDSI 相关性小，仅 Na^+ 决定系数高于 0.4。其中，K^+、Ca^{2+}、Mg^{2+} 与 NDSI 无明显的敏感波段范围，作者通过筛选得到 Na^+ 与 NDSI 确定的敏感波段主要位于可见光及近红外区域，区域范围为：X：1 700～1 746 nm，Y：692～697 nm；X：1 245～1 280 nm，Y：1 165～1 205 nm。作者通过筛选得到 Na^+ 与 NDSI 相关性最好的波长是 X：1 275 nm，Y：1 172 nm，其决定系数为 0.432。Mg^{2+} 与 NDSI 相关性最好的波长是 X：703 nm，Y：528 nm，其决定系数为 0.231。这表明在 K^+、Na^+、Ca^{2+}、Mg^{2+} 4 种盐离子中，Na^+ 含量与 NDSI 相关性最好，而 K^+ 和 Ca^{2+} 含量与 NDSI 无明显相关性。

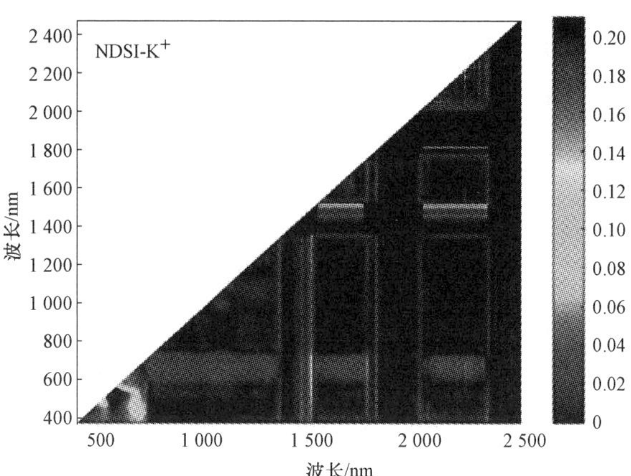

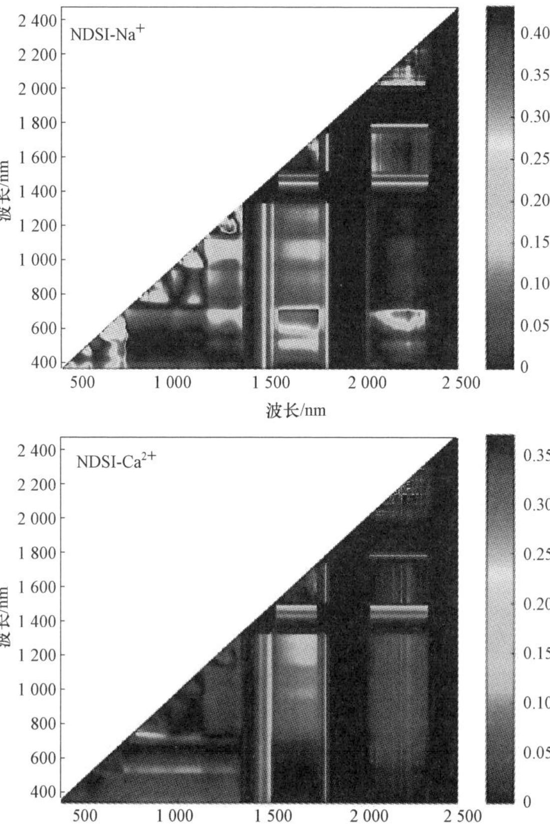

图 2-6-5　叶片盐离子含量与 NDSI 的决定系数（2017 年 5 月）

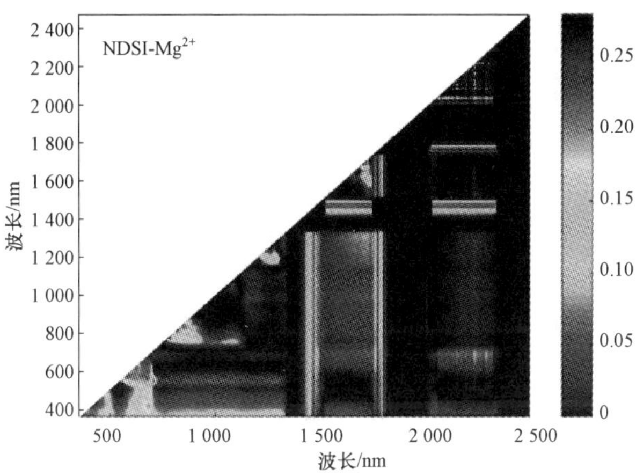

图 2-6-5　叶片盐离子含量与 NDSI 的决定系数（2017 年 5 月）（续）

由图 2-6-6 可知，盐生植物叶片盐离子含量与 RSI 相关性小，仅 Na^+ 决定系数高于 0.4。其中，K^+、Ca^{2+}、Mg^{2+} 与 RSI 无明显的敏感波段范围。作者通过筛选得到 Na^+ 与 DVI 确定的敏感波段主要位于可见光及近红外区域，区域范围为：X：1 526～1 746 nm，Y：633～703 nm；X：1 243～1 288 nm，Y：1 170～1 193 nm。作者通过筛选得到 Na^+ 与 RSI 相关性最好的波长是 X：1 275 nm，Y：1 172 nm，其决定系数为 0.434。Mg^{2+} 与 RSI 相关性最好的波长是 X：704 nm，Y：532 nm，其决定系数为 0.241。这表明在 K^+、Na^+、Ca^{2+}、Mg^{2+} 4 种盐离子中，Na^+ 含量与 RSI 相关性最好，而 K^+ 和 Ca^{2+} 含量与 RSI 无明显相关性。

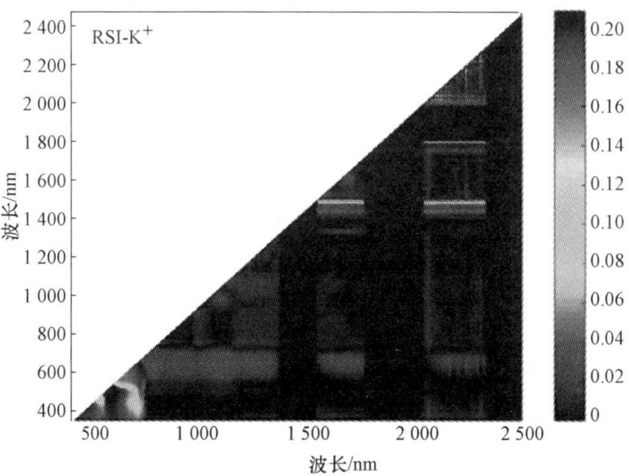

图 2-6-6　叶片盐离子含量与 RSI 的决定系数（2017 年 5 月）

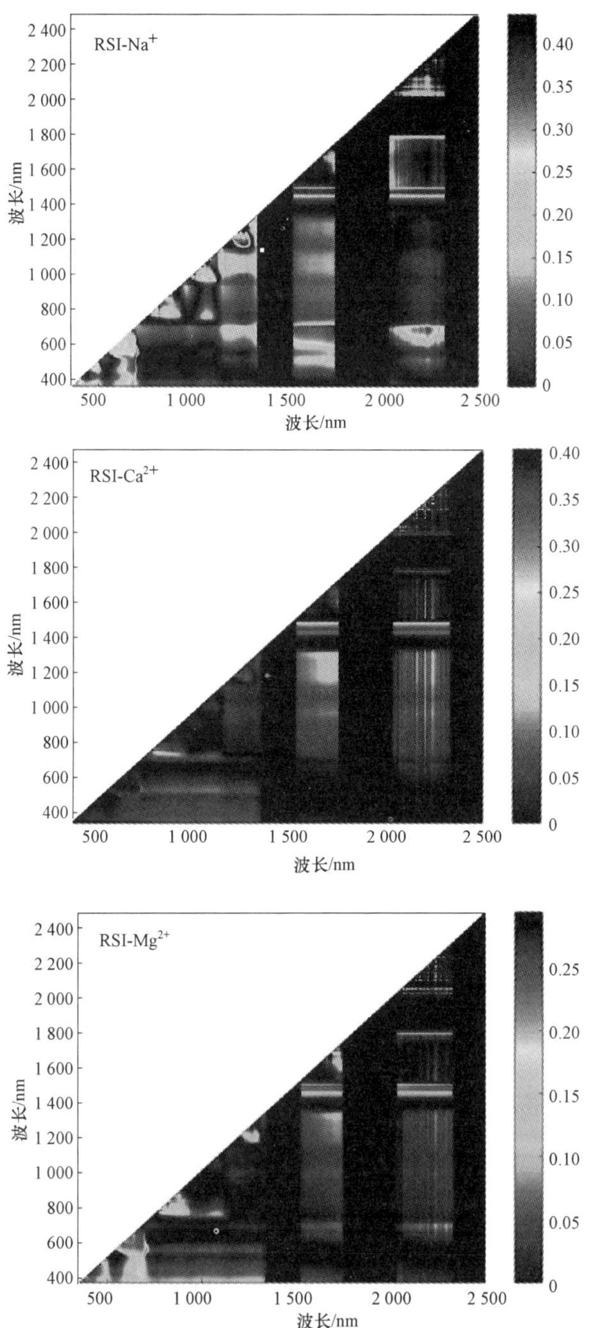

图 2-6-6　叶片盐离子含量与 RSI 的决定系数（2017 年 5 月）（续）

作者最终筛选出分别适用于 K^+、Na^+、Ca^{2+}和 Mg^{2+}的 7 种植被指数：$DVI_{(1\,780,\ 1\,501)}$、$DVI_{(1\,490,\ 1\,478)}$、$DVI_{(2\,123,\ 1\,852)}$、$NDSI_{(1\,275,\ 1\,172)}$、$NDSI_{(703,\ 528)}$、$RSI_{(1\,275,\ 1\,172)}$、$RSI_{(704,\ 532)}$，为 2017 年 5 月构建的盐生植物叶片含盐量最优植被指数。

由图 2-6-7 可知，盐生植物叶片盐离子含量与 DVI 相关性小，其决定系数大部分在 0.2 附近，Na^+的决定系数大于 0.4。其中，Ca^{2+}和 Mg^{2+}与 DVI 无明显的敏感波段范围，作者通过筛选得到 K^+与 DVI 确定的敏感波段主要位于可见光和近红外区域，区域范围为：*X*：1 351～1 407 nm，*Y*：395～510 nm。K^+与 DVI 相关性最好的波长是 *X*：1 379 nm，*Y*：426 nm，其决定系数为 0.120。Na^+与 DVI 确定的敏感波段主要位于中红外区域，区域范围为：*X*：1 529～1 796 nm，*Y*：560～630 nm。作者通过筛选得到 Na^+与 DVI 相关性最好的波长是 *X*：1 786 nm，*Y*：583 nm，其决定系数为 0.454。Ca^{2+}与 DVI 相关性最好的波长是 *X*：1 418 nm *Y*：712 nm，其决定系数为 0.202。Mg^{2+}与 DVI 相关性最好的波长是 *X*：1 409 nm *Y*：549 nm，其决定系数为 0.218。这表明在 K^+、Na^+、Ca^{2+}、Mg^{2+} 4 种盐离子中，Na^+含量与 DVI 相关性最好。

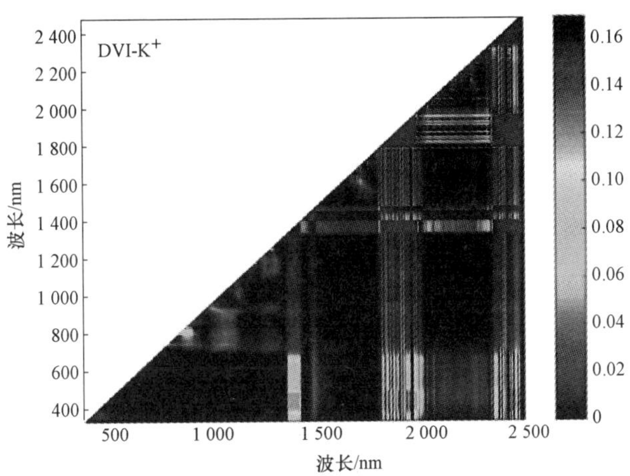

图 2-6-7　叶片盐离子含量与 DVI 的决定系数（2017 年 7 月）

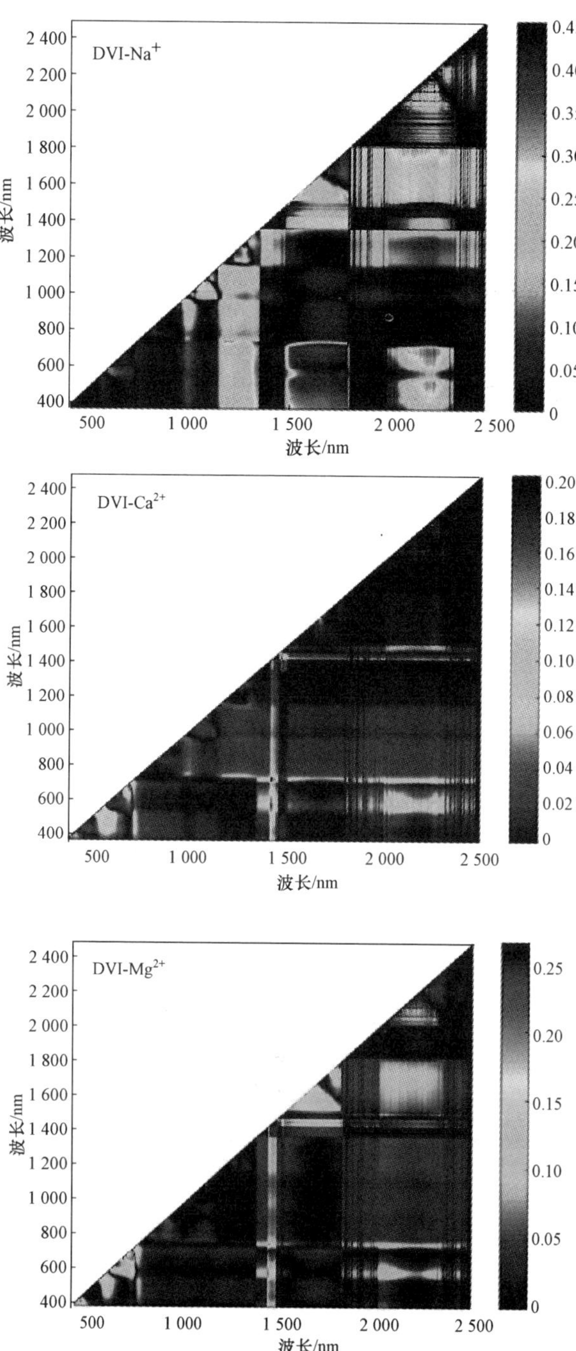

图 2-6-7　叶片盐离子含量与 DVI 的决定系数（2017 年 7 月）（续）

由图 2－6－8 可知，盐生植物叶片盐离子含量与 NDSI 相关性小，仅 Na^+ 的决定系数高于 0.4。其中，K^+、Ca^{2+}、Mg^{2+} 与 NDSI 无明显的敏感波段范围。作者通过筛选得到 Na^+ 与 NDSI 确定的敏感波段主要位于可见光及近红外区域，区域范围为：*X*：1 513～1 794 nm，*Y*：465～694 nm。作者通过筛选得到 Na^+ 与 NDSI 相关性最好的波长是 *X*：1 766 nm，*Y*：583 nm，其决定系数为 0.448。Ca^{2+} 与 NDSI 相关性最好的波长是 *X*：679 nm，*Y*：669 nm，其决定系数为 0.238。Mg^{2+} 与 NDSI 相关性最好的波长是 *X*：680 nm，*Y*：660 nm，其决定系数为 0.251。这表明在 K^+、Na^+、Ca^{2+}、Mg^{2+} 4 种盐离子中，Na^+ 含量与 NDSI 相关性最好，而 K^+ 含量与 NDSI 无明显相关性。

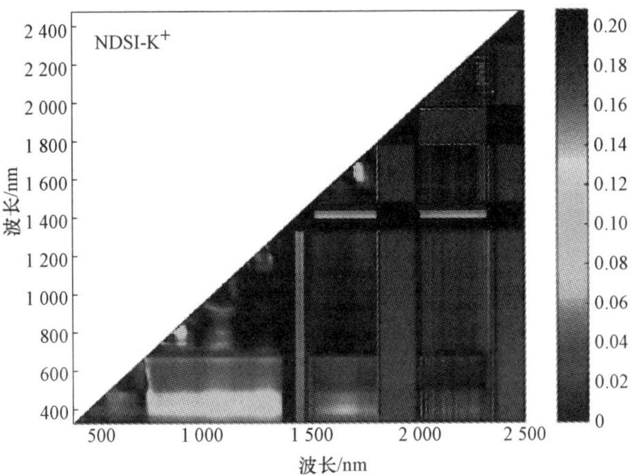

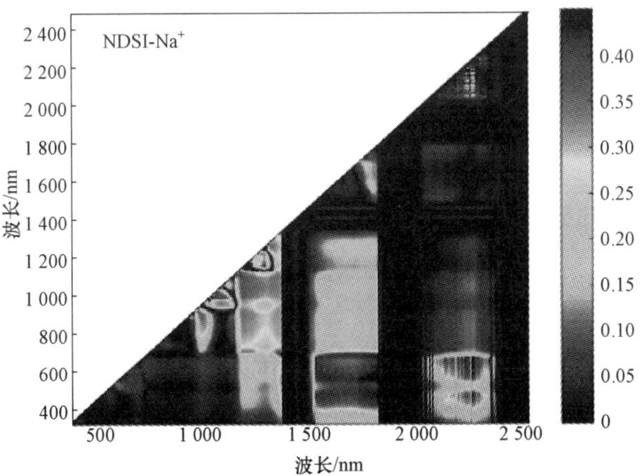

图 2－6－8　叶片盐离子含量与 NDSI 的决定系数（2017 年 7 月）

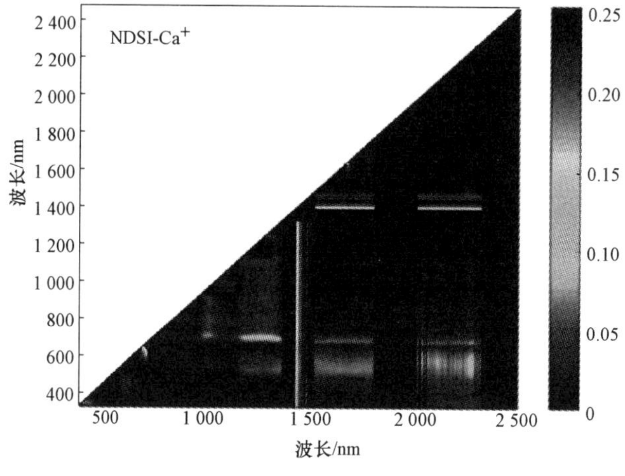

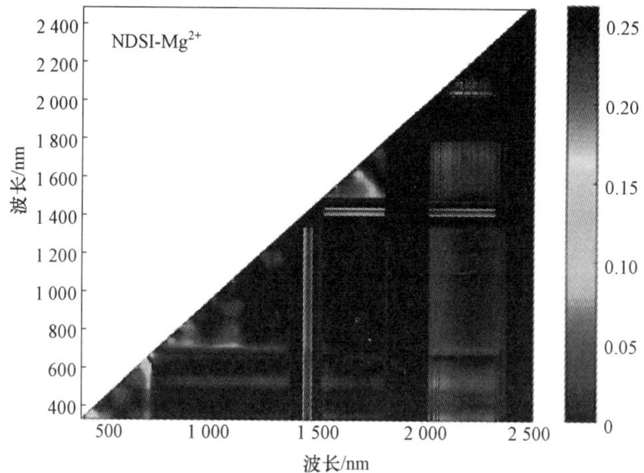

图 2-6-8 叶片盐离子含量与 NDSI 的决定系数（2017 年 7 月）（续）

由图 2-6-9 可知，盐生植物叶片盐离子含量与 RSI 相关性小，仅 Na^+ 决定系数高于 0.4。其中，K^+、Ca^{2+}、Mg^{2+} 与 RSI 无明显的敏感波段范围，作者通过筛选得到 Na^+ 与 RSI 确定的敏感波段主要位于可见光及近红外区域，区域范围为：*X*：1 509～1 794 nm，*Y*：500～605 nm。作者通过筛选得到 Na^+ 与 RSI 相关性最好的波长是 *X*：1 787 nm，*Y*：583 nm，其决定系数为 0.448。Ca^{2+} 与 RSI 相关性最好的波长是 *X*：679 nm，*Y*：669 nm，其决定系数为 0.238。Mg^{2+} 与

RSI 相关性最好的波长是 X：680 nm，Y：666 nm，其决定系数为 0.250。这表明在 K^+、Na^+、Ca^{2+}、Mg^{2+}4 种盐离子中，Na^+含量与 RSI 相关性最好，而 K^+含量与 RSI 无明显相关性。

作者最终筛选出分别适用于 K^+、Na^+、Ca^{2+}和 Mg^{2+}的 10 种植被指数：$DVI_{(1\,379,\ 426)}$、$DVI_{(1\,786,\ 583)}$、$DVI_{(1\,418,\ 712)}$、$DVI_{(1\,409,\ 549)}$、$NDSI_{(1\,766,\ 583)}$、$NDSI_{(679,\ 669)}$、$NDSI_{(680,\ 660)}$、$RSI_{(1\,787,\ 583)}$、$RSI_{(679,\ 669)}$、$RSI_{(680,\ 666)}$，为 2017 年 7 月构建的盐生植物叶片含盐量最优植被指数。

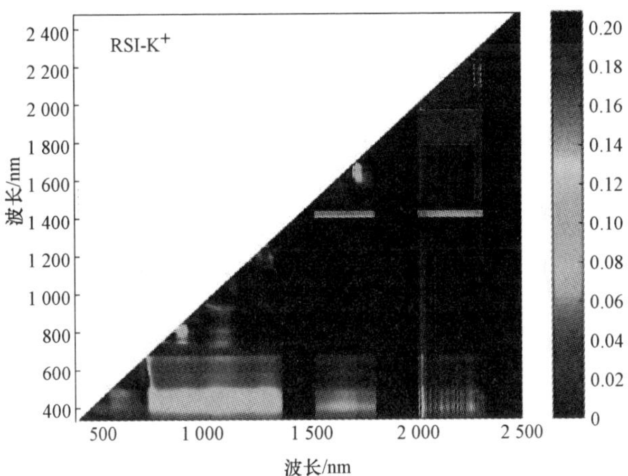

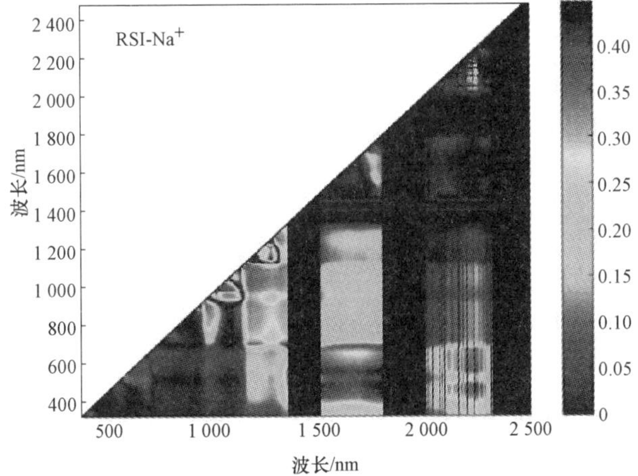

图 2-6-9　叶片盐离子含量与 RSI 的决定系数（2017 年 7 月）

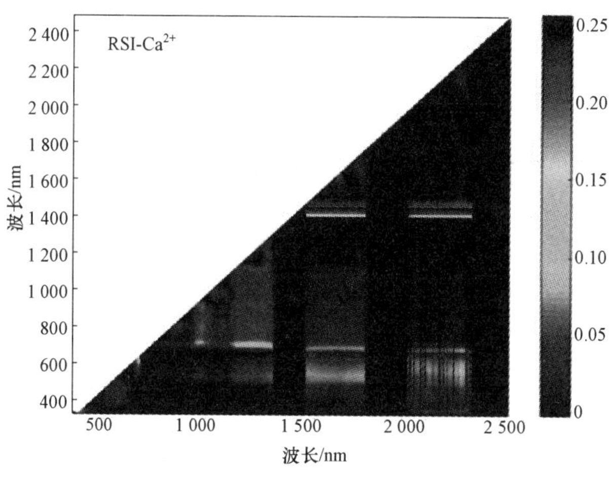

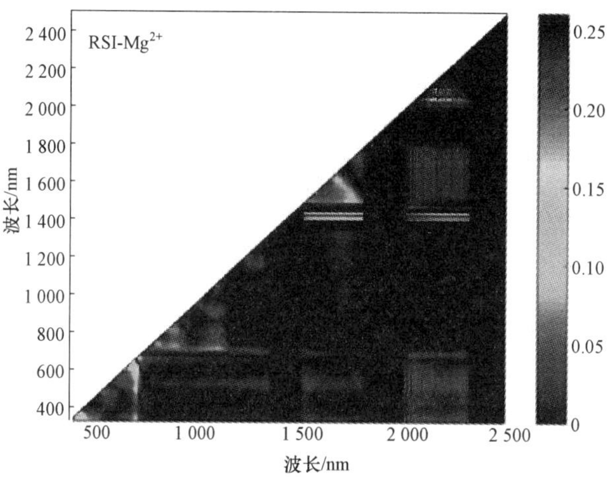

图 2-6-9 叶片盐离子含量与 RSI 的决定系数（2017 年 7 月）（续）

6.2 建立叶片盐离子含量估算模型与验证

BP（Back Propagation）神经网络模型在模拟植被指数与植物叶片盐离子含量之间复杂的关系上具有较大优势。因此，本研究采用 BP 神经网络模型，由 MATLAB 的 Neural Network Toolbox 提供，网络共有 3 层，依次为输入层、隐藏层和输出层。输入层 1 个，为构建的植被指数；隐藏层 5 个，中间层的神经元是个数为 2～10 的可变因子；输出层 1 个，为盐生植被叶片盐离子含量。初始训练速率为 0.1，初始权重和阈值为任意值。设置网络学习的迭代次数为

100，训练目标为 0.000 04，进行估算建模与验证，将模拟所得预测值与实测值进行拟合，结果如表 2－6－1、图 2－6－10～图 2－6－12 所示。

表 2－6－1 BP 神经网络模型的建立与验证结果

年份	盐离子	植被指数	建模集		验证集	
			R^2	RMSE	R^2	RMSE
2016 年 7 月	K^+	$DVI_{(1\,859,\ 1\,806)}$	0.536	0.031	0.598	0.032
		$NDSI_{(1\,980,\ 1\,733)}$	0.612	0.032	0.636	0.030
		$RSI_{(2\,318,\ 1\,801)}$	0.513	0.031	0.528	0.038
	Na^+	$DVI_{(2\,086,\ 1\,643)}$	0.586	0.038	0.619	0.029
		$NDSI_{(1\,975,\ 869)}$	0.496	0.029	0.429	0.035
		$RSI_{(2\,040,\ 675)}$	0.692	0.125	0.694	0.144
	Ca^{2+}	$DVI_{(1\,484,\ 1\,479)}$	0.663	0.020	0.678	0.015
	Mg^{2+}	$DVI_{(1\,885,\ 1\,852)}$	0.385	0.015	0.387	0.019
		$NDSI_{(1\,968,\ 1\,072)}$	0.441	0.020	0.437	0.025
		$RSI_{(2\,054,\ 396)}$	0.586	0.015	0.564	0.017
2017 年 5 月	Na^+	$DVI_{(1\,780,\ 1\,501)}$	0.643	0.194	0.608	0.167
		$NDSI_{(1\,275,\ 1\,172)}$	0.754	0.157	0.789	0.129
		$RSI_{(1\,275,\ 1\,172)}$	0.749	0.159	0.763	0.088
	Ca^{2+}	$DVI_{(1\,490,\ 1\,478)}$	0.612	0.148	0.629	0.065
	Mg^{2+}	$DVI_{(2\,123,\ 1\,852)}$	0.409	0.072	0.552	0.088
		$NDSI_{(703,\ 528)}$	0.589	0.067	0.617	0.052
		$RSI_{(704,\ 532)}$	0.620	0.060	0.642	0.036
2017 年 7 月	K^+	$DVI_{(1\,379,\ 426)}$	0.599	0.058	0.565	0.059
	Na^+	$DVI_{(1\,786,\ 583)}$	0.682	0.168	0.576	0.139
		$NDSI_{(1\,766,\ 583)}$	0.809	0.179	0.841	0.129
		$RSI_{(1\,787,\ 583)}$	0.798	0.176	0.839	0.121
	Ca^{2+}	$DVI_{(1\,418,\ 712)}$	0.789	0.059	0.822	0.040
		$NDSI_{(679,\ 669)}$	0.725	0.062	0.739	0.039
		$RSI_{(679,\ 669)}$	0.725	0.063	0.717	0.053
	Mg^{2+}	$DVI_{(1\,409,\ 549)}$	0.718	0.046	0.752	0.033
		$NDSI_{(680,\ 660)}$	0.625	0.046	0.549	0.028
		$RSI_{(680,\ 666)}$	0.567	0.043	0.664	0.032

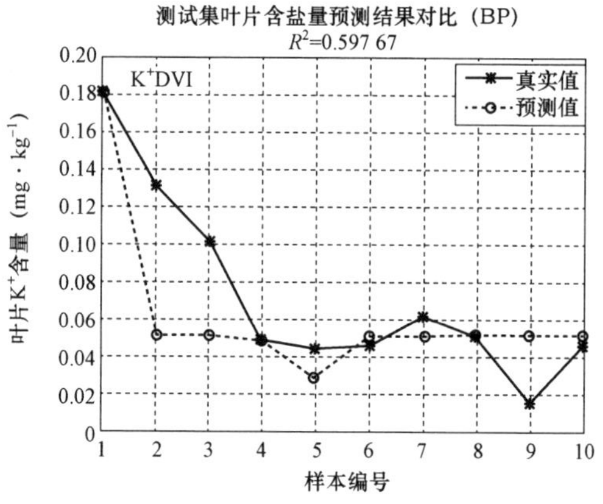

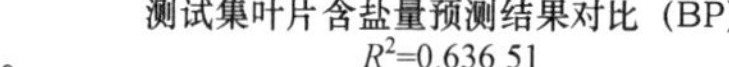

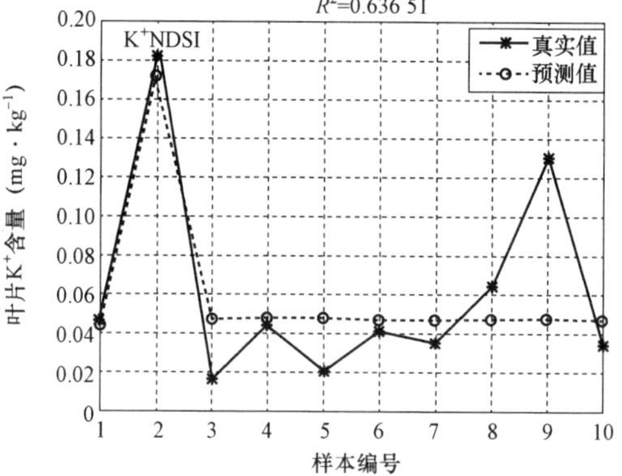

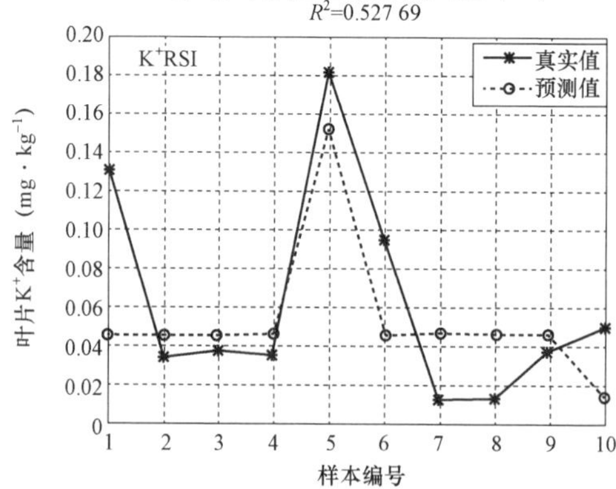

图 2-6-10　基于 DVI、NDSI 和 RSI 建立的预测叶片盐离子含量与实测值之间的关系（2016 年 7 月）[①]

① BP 表示神经网络模型。

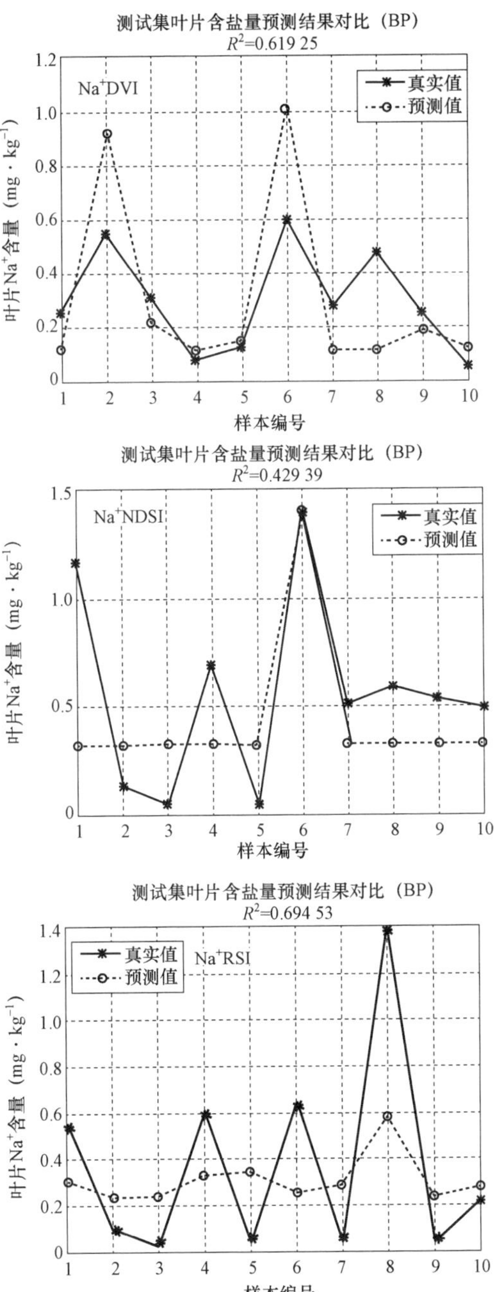

图 2-6-10 基于 DVI、NDSI 和 RSI 建立的预测叶片盐离子含量与实测值之间的关系（2016 年 7 月）（续）

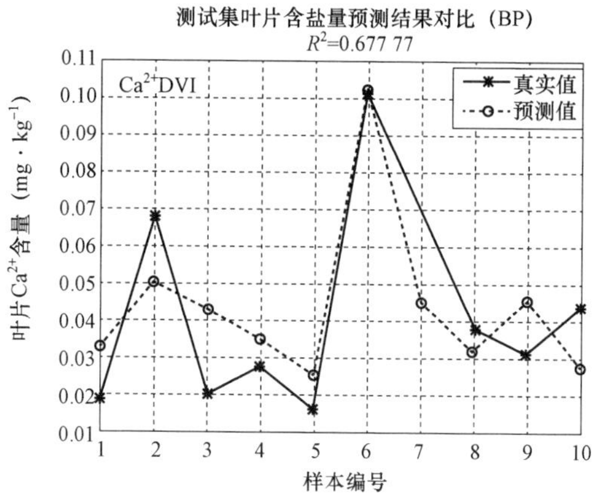

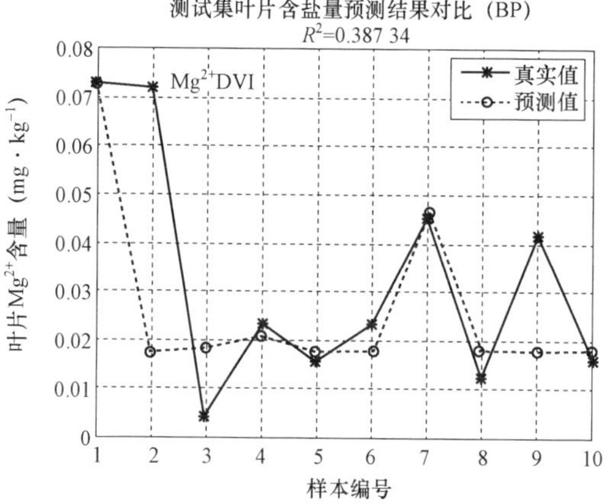

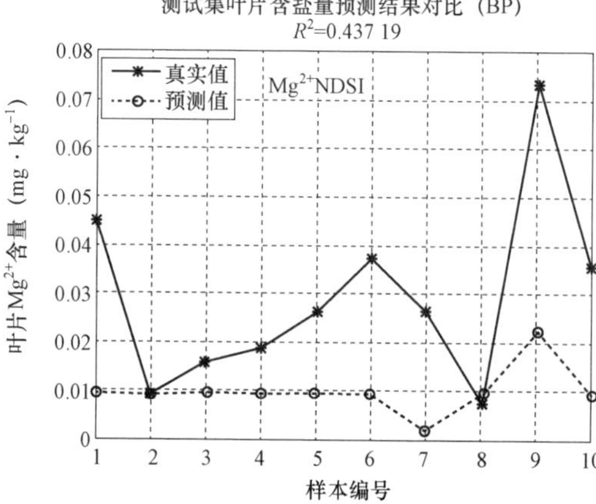

图 2-6-10　基于 DVI、NDSI 和 RSI 建立的预测叶片盐离子含量与实测值之间的关系（2016 年 7 月）（续）

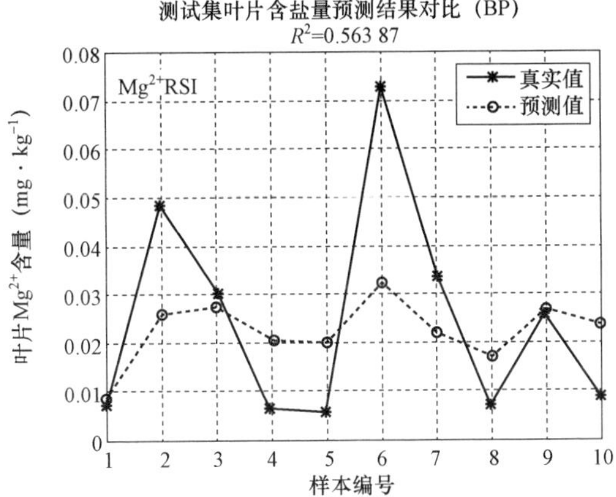

图 2-6-10　基于 DVI、NDSI 和 RSI 建立的预测叶片盐离子含量与实测值之间的关系（2016 年 7 月）（续）

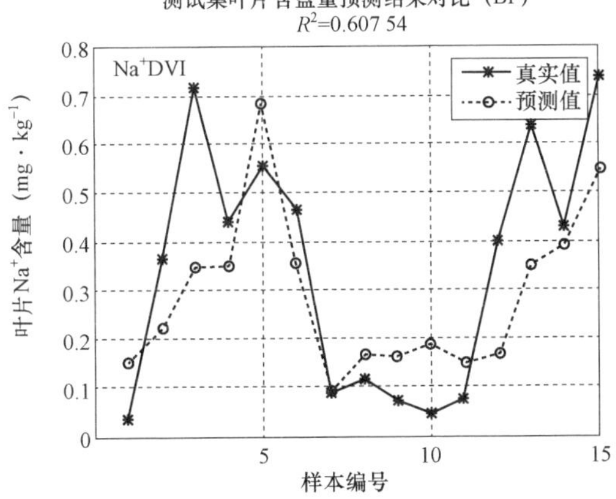

图 2-6-11　基于 DVI、NDSI 和 RSI 建立的预测叶片盐离子含量与实测值之间的关系（2017 年 5 月）

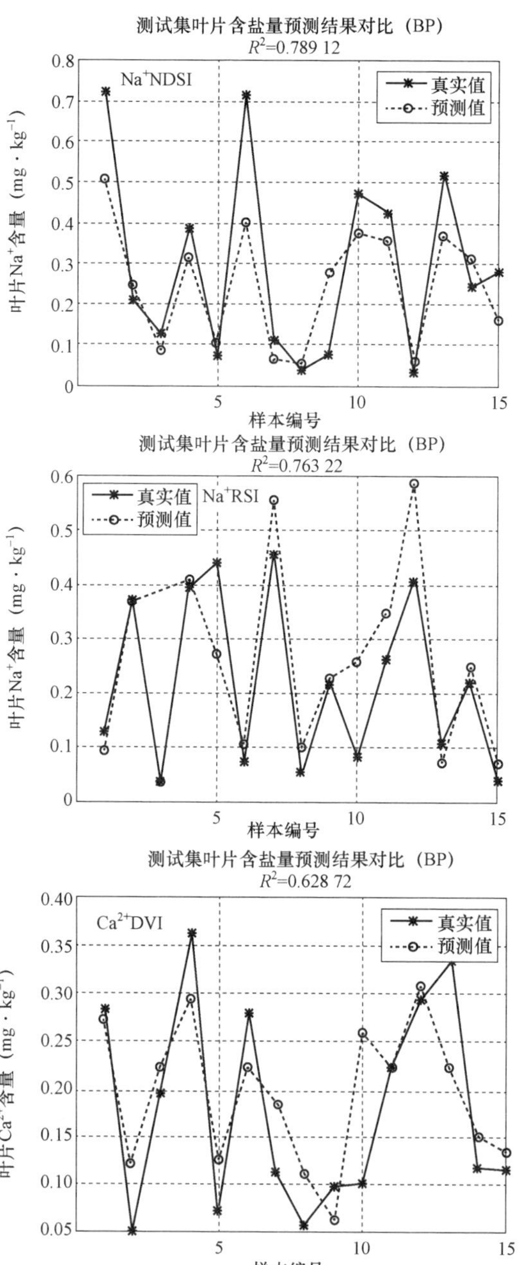

图 2-6-11　基于 DVI、NDSI 和 RSI 建立的预测叶片盐离子含量与实测值之间的关系（2017 年 5 月）（续）

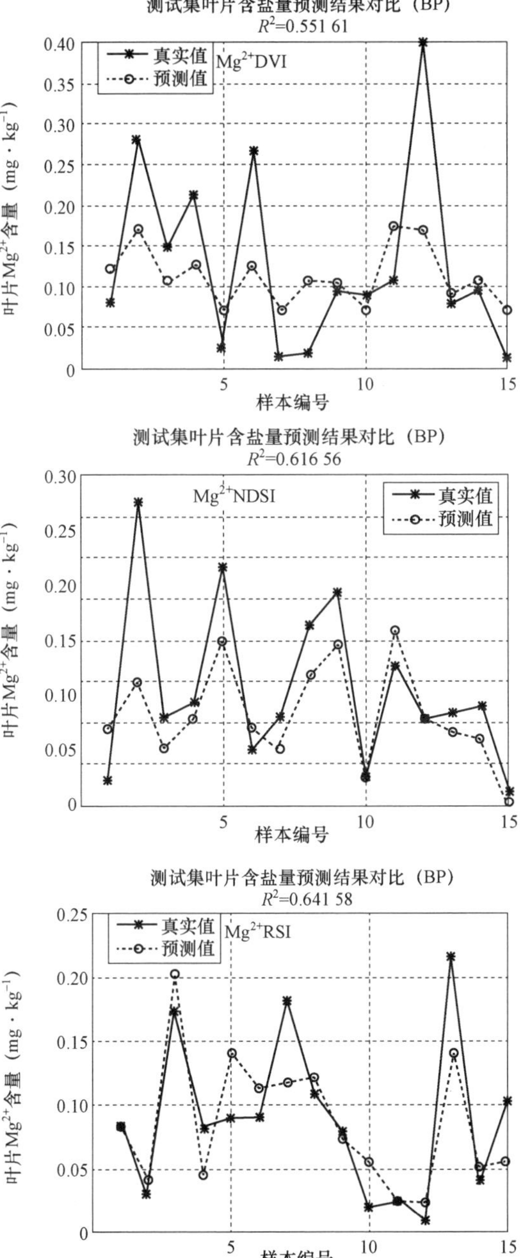

图 2－6－11　基于 DVI、NDSI 和 RSI 建立的预测叶片盐离子含量与实测值之间的关系（2017 年 5 月）（续）

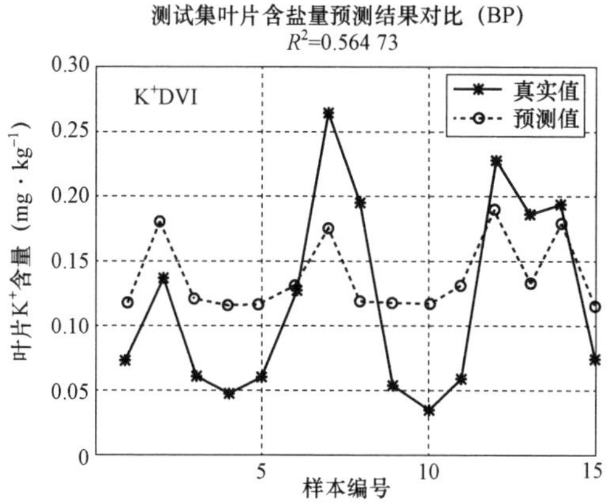

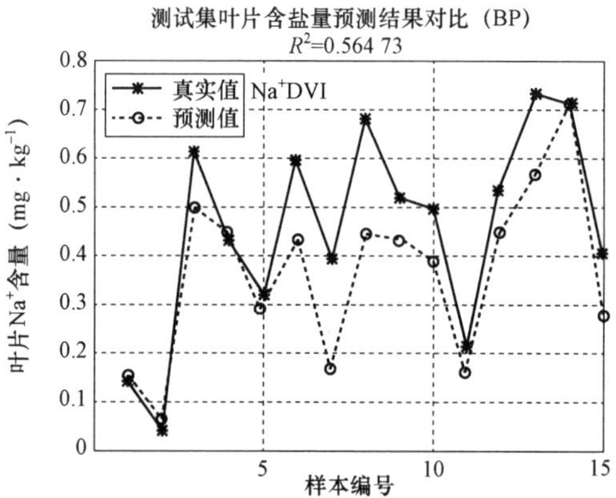

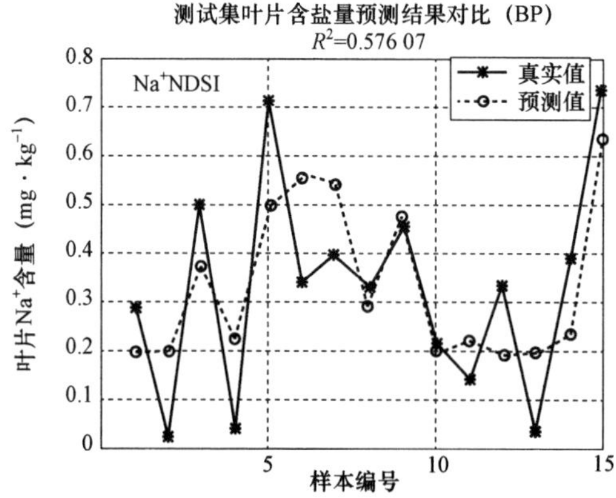

图 2-6-12　基于 DVI、NDSI 和 RSI 建立的预测叶片盐离子含量与实测值之间的关系（2017 年 7 月）

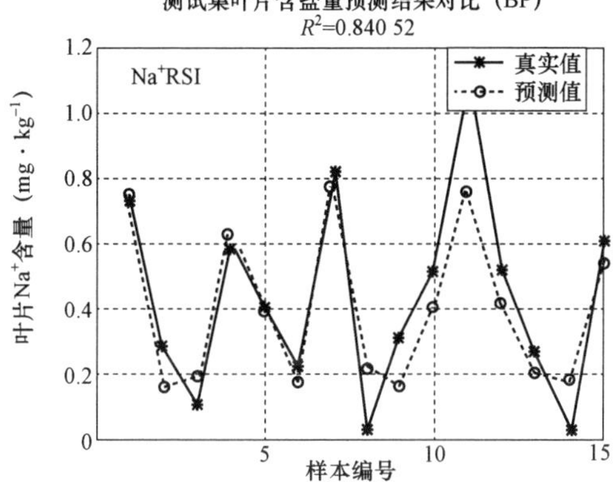

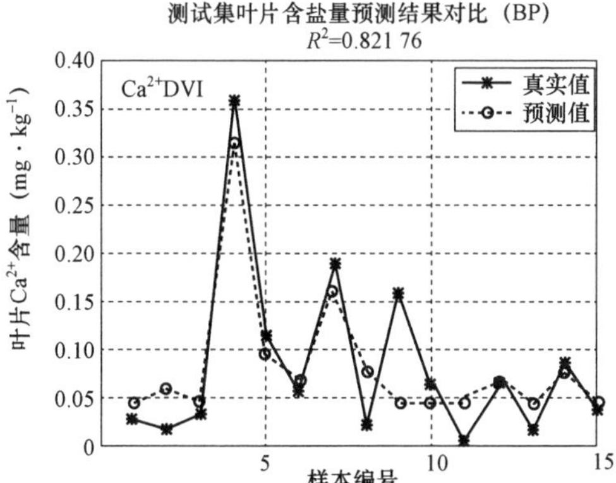

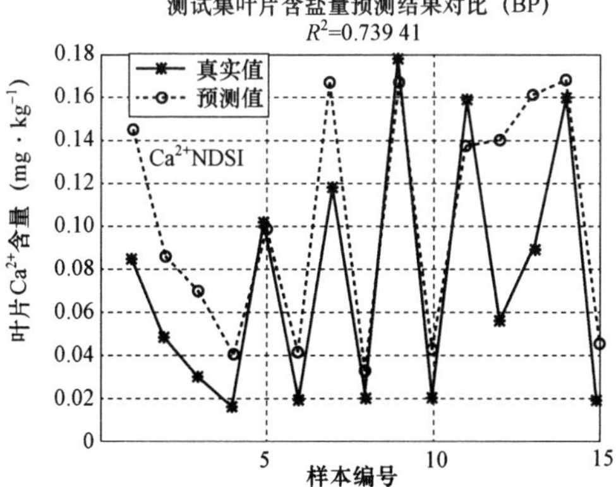

图 2－6－12　基于 DVI、NDSI 和 RSI 建立的预测叶片盐离子含量与实测值之间的关系（2017 年 7 月）（续）

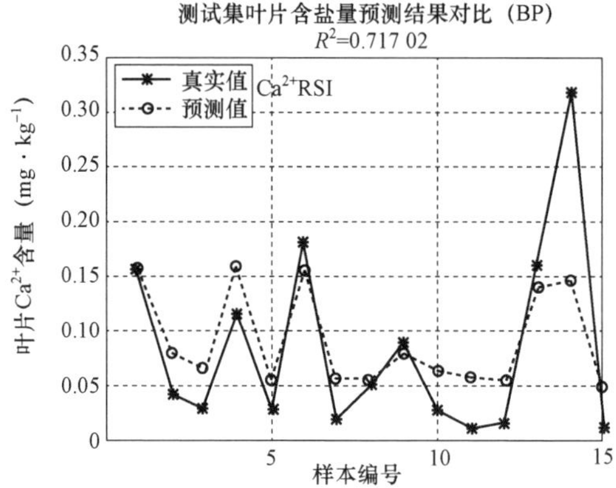

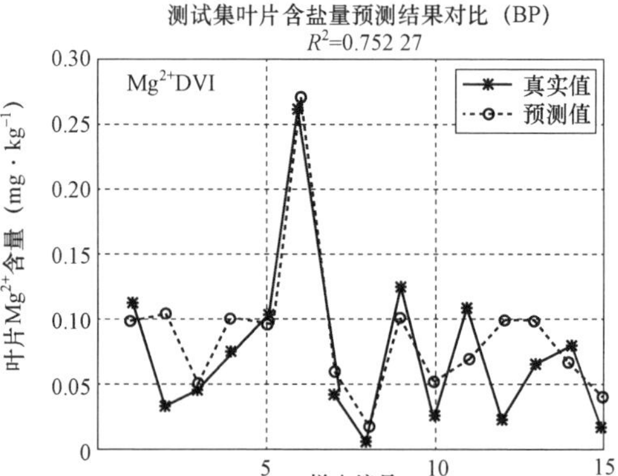

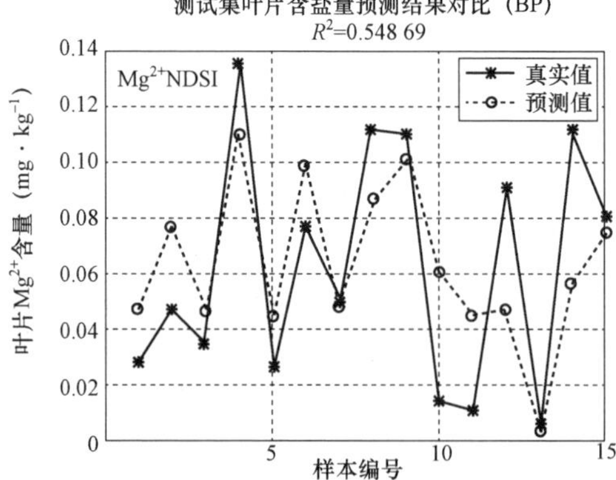

图 2-6-12　基于 DVI、NDSI 和 RSI 建立的预测叶片盐离子含量与实测值之间的关系（2017 年 7 月）（续）

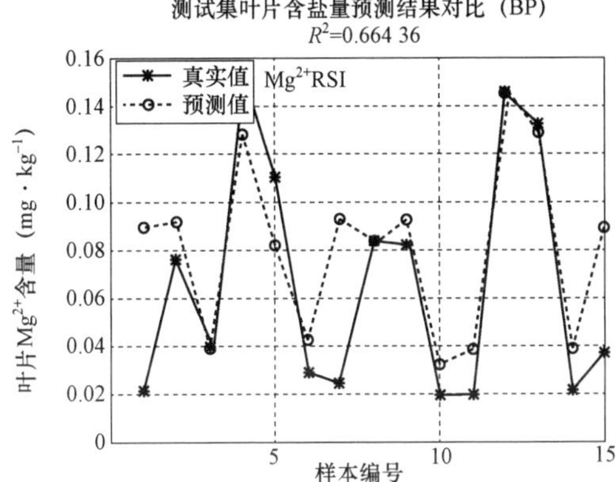

图 2-6-12　基于 DVI、NDSI 和 RSI 建立的预测叶片盐离子含量与实测值之间的关系（2017 年 7 月）（续）

整体而言，BP 神经网络模型对盐生植物叶片盐离子含量的估算效果较好，大部分构建的植被指数精度较高（>0.5），其中以 2017 年 7 月构建的估算模型效果最佳。从各年份上看，2016 年 7 月构建最优的植被指数为 $Na^{+}-RSI_{(2\,040,\ 675)}$ 和 $Ca^{2+}-DVI_{(1\,484,\ 1\,479)}$，建模 R^2 分别达到了 0.692 和 0.663，验证 R^2 分别达到了 0.694 和 0.678；建模 RMSE 分别为 0.125 和 0.020，验证 RMSE 分别为 0.144 和 0.015。2017 年 5 月构建最优的植被指数为 $Na^{+}-NDSI_{(1\,275,\ 1\,172)}$ 和 $Na^{+}-RSI_{(1\,275,\ 1\,172)}$，建模 R^2 分别达到了 0.754 和 0.749，验证 R^2 分别达到了 0.789 和 0.763；建模 RMSE 分别为 0.157 和 0.159，验证 RMSE 分别为 0.129 和 0.088。2017 年 7 月构建最优的植被指数为 $Na^{+}-NDSI_{(1\,766,\ 583)}$，$Na^{+}-RSI_{(1\,787,\ 583)}$ 和 $Ca^{2+}-DVI_{(1\,418,\ 712)}$，建模 R^2 分别达到了 0.809，0.798 和 0.789，验证 R^2 分别达到了 0.841，0.839 和 0.822；建模 RMSE 分别为 0.179，0.176 和 0.059，验证 RMSE 分别为 0.129，0.121 和 0.040。

第七章

结　　论

7.1　讨　　论

近年来，精准农业的焦点集中在通过作物的光谱特征来监测和诊断作物的生长状况。作物体内矿物质含量的多少间接影响着其健康状况和产量，体现在植物叶片、形状等多种缺素症状。研究表明，植物光谱的变化反映植物叶片生理化学性质的变化，植物叶片的光谱特征与叶片厚度、叶片性质、叶片色素等相关，也与植物的营养组成息息相关。因此，作者分析了同一季节不同群落间的植物光谱变化特征、同一群落不同季节间的植物光谱变化特征、土壤盐分对盐生植物叶片光谱反射率的影响、土壤水分对盐生植物叶片光谱反射率的影响4个方面，旨在通过不同时期、不同群落的光谱特征以及土壤水盐含量对植物光谱的影响研究西北干旱区盐生植物光谱的变化规律。

关于作物叶片矿物质状况的研究，前人已发现大量敏感波段，Ruano-Ramos 等发现近红外波段区域是监测牧草的 K^+、Na^+、Ca^{2+}、Mg^{2+} 离子含量的敏感波段范围；Cozzolino 等采用近红外光谱波段对农作物叶片的多种矿物质元素进行了监测评估；Lee 等利用近红外光谱估算了农作物种子中蛋白质的含量；Yang 等选取近红外波段范围快速估算了竹子的生化成分。本篇在全波段范围内通过对叶光谱反射率敏感波段筛选，发现新构建的植被指数，如估算叶片含水量的植被指数 $DVI_{(1\,712,\ 1\,382)}$、$NDSI_{(2\,201,\ 1\,870)}$、$RSI_{(2\,259,\ 1\,870)}$、

DVI $_{(1\,774,\ 711)}$，NDSI $_{(1\,550,\ 699)}$ 和 RSI $_{(1\,659,\ 699)}$，估算叶片盐离子含量的植被指数 DVI $_{(1\,859,\ 1\,806)}$、DVI $_{(2\,086,\ 1\,643)}$、DVI $_{(1\,484,\ 1\,479)}$、DVI $_{(1\,885,\ 1\,852)}$、NDSI $_{(1\,980,\ 1\,733)}$ 和 NDSI $_{(1\,975,\ 869)}$，这些指数主要位于近红外和中红外区域，这与前人的研究有一定的相似性。

不同植物组织结构不同，生理特征具有差异性，其特征波段也随之变化。因此，需要更加深入地探讨研究适宜的光谱参数，从而建立准确可靠的估算模型。作者通过构造双波段组合的新型高光谱植被指数，建立适用于干旱区盐生植物的高光谱诊断模型，简单易于理解，新构建的植被指数涵盖了全波段区域，覆盖范围广。其克服了单波段植被指数的局限性，为准确快速无损地诊断盐生植物的水盐影响提供新的技术手段，这是本篇的一个新尝试。

7.2 结　论

本篇以干旱区艾比湖为例，利用 2016 年 5 月、7 月、10 月和 2017 年 5 月及 7 月盐生植物的叶片光谱反射率和水盐数据，对同一季节不同群落间的植物光谱、同一群落不同季节间的植物光谱、土壤盐分对盐生植物叶片光谱反射率的影响、土壤水分对盐生植物叶片光谱反射率的影响差异进行了分析；运用多元线性回归模型对比了已发表植被指数、新型植被指数与植被含水量之间的关系，并进行精度验证，建立最佳估算模型；运用 BP 神经网络建立了叶片盐离子与新型植被指数的估算模型，并进行精度验证，从中选出最佳拟合模型。

（1）首先对盐生植物叶片反射率不同光谱特征进行分析，得到如下结果：

① 光谱吸收波段主要集中在 380～400 nm、680～720 nm、1 420～1 450 nm、1 900～1 940 nm 和 2 450～2 500 nm。除 2016 年 5 月为室内光谱，其余月份的室外光谱都剔除了植物的水分吸收带，所有光谱曲线变化规律基本一致，在 555 nm 附近形成反射峰，680 nm 附近形成吸收谷，而到了“红边”范围反射率急剧升高。在 2 000～2 350 nm 光谱反射率噪声大，曲线上下波动强烈，以 2016 年 10 月植物光谱曲线最为明显。

② 2016—2017 年光谱反射率最高的盐生植物是芦苇，其次是白杨，光谱反射率较低的盐生植物有白刺、盐节木和梭梭。从一阶微分光谱来看，差异主要位于 730 nm 附近“峰”和“谷”对应的大小上，其对应的波长位置基本相同。

③ 大多数盐生植物的光谱反射率最高集中在 2016 年 5 月，最低集中在 2016 年 7 月和 2017 年 7 月。

④ 盐生植物叶光谱反射率呈随着土壤盐分含量的增加而逐渐上升的趋

势，在 760～1 300 nm 和 1 500～1 800 nm 内变化差异最为明显。

⑤ 叶片光谱反射率随着土壤含水量的增加呈上升趋势。2016 年 10 月、2017 年 5 月和 2017 年 7 月的光谱曲线仅 760～1 470 nm 波段范围内叶片光谱反射率随着土壤含水量的增加而上升。

（2）对盐生植物叶片含水量估算模型研究进行分析，得到如下结果：

① 2016 年 5 月盐生植物叶片含水量与优化及发表的光谱水分指数的相关性最高，新植被指数构建的模型 R^2 均在 0.65 以上，而已发表的光谱水分指数构建的模型 R^2 相比其他 4 组较高。2017 年 7 月盐生植物叶片含水量与优化及发表的光谱水分指数的相关性次之，新植被指数构建的模型 R^2 均在 0.6 以上。已发表的光谱水分指数构建的模型 R^2 相比其他 3 组较高。

② 作者构建的光谱指数模型的性能和稳定性优于已发表的光谱指数模型，其中 $NDSI_{(2\,201,\ 1\,870)}$、$RSI_{(2\,259,\ 1\,870)}$、$RSI_{(1\,535,\ 549)}$ 的 RPD 值大于 2，RMSE 偏小，F 检验值偏大，说明模型在该时期对含水量具有很好的预测能力，$DVI_{(1\,712,\ 1\,382)}$、$RSI_{(1\,659,\ 699)}$、$DVI_{(1\,552,\ 554)}$、$NDSI_{(1\,526,\ 570)}$ 的 RPD 值在 1.4～2，说明模型在该时期对其含水量具有粗略估算的能力。

（3）对盐生植物叶片盐离子含量估算模型研究进行分析，得到如下结果：

① 在 4 个时期中的盐生植物叶片盐离子（K^+、Na^+、Ca^{2+}、Mg^{2+}）中，仅有 Na^+含量与构建的植被指数（DVI、NDSI、RSI）相关性最好。

② 作者筛选出 $DVI_{(1\,859,\ 1\,806)}$、$DVI_{(2\,086,\ 1\,643)}$、$DVI_{(1\,484,\ 1\,479)}$、$DVI_{(1\,885,\ 1\,852)}$、$NDSI_{(1\,980,\ 1\,733)}$、$NDSI_{(1\,975,\ 869)}$、$NDSI_{(1\,968,\ 1\,072)}$、$RSI_{(2\,318,\ 1\,801)}$、$RSI_{(2\,040,\ 675)}$、$RSI_{(2\,054,\ 396)}$ 为 2016 年 7 月构建的盐生植物叶片含盐量最优植被指数；$DVI_{(1\,780,\ 1\,501)}$、$DVI_{(1\,490,\ 1\,478)}$、$DVI_{(2\,123,\ 1\,852)}$、$NDSI_{(1\,275,\ 1\,172)}$、$NDSI_{(703,\ 528)}$、$RSI_{(1\,275,\ 1\,172)}$、$RSI_{(704,\ 532)}$ 为 2017 年 5 月构建的盐生植物叶片含盐量最优植被指数；$DVI_{(1\,379,\ 426)}$、$DVI_{(1\,786,\ 583)}$、$DVI_{(1\,418,\ 712)}$、$DVI_{(1\,409,\ 549)}$、$NDSI_{(1\,766,\ 583)}$、$NDSI_{(679,\ 669)}$、$NDSI_{(680,\ 660)}$、$RSI_{(1\,787,\ 583)}$、$RSI_{(679,\ 669)}$、$RSI_{(680,\ 666)}$ 为 2017 年 7 月构建的盐生植物叶片含盐量最优植被指数。

③ BP 神经网络模型对盐生植物叶片盐离子含量的估算效果较好，大部分构建的植被指数精度较高（>0.5），其中以 2017 年 7 月构建的估算模型效果最佳，最优的植被指数为 $Na^+-NDSI_{(1\,766,\ 583)}$，$Na^+-RSI_{(1\,787,\ 583)}$ 和 $Ca^{2+}-DVI_{(1\,418,\ 712)}$，建模 R^2 分别达到了 0.809，0.798 和 0.789，验证 R^2 分别达到了 0.841，0.839 和 0.822；建模 RMSE 分别为 0.179，0.176 和 0.059，验证 RMSE 分别为 0.129，0.121 和 0.040。

参考文献

[1] 闫道良，余婷，徐菊芳，等. 盐胁迫对海滨锦葵生长及 Na^+、K^+ 离子积累的影响[J]. 生态环境学报，2013，22（1）：105－109.

[2] 龚雪伟，吕光辉，马玉，等. 艾比湖流域 2 种典型荒漠盐生植物冠下土与叶片的生态化学计量特征 [J]. 林业科学，2017，53（4）：28－36.

[3] 李哲，张飞，冯海宽，等. 基于波段组合的植被指数叶片盐离子估算研究 [J]. 光学学报，2017，37（11）：317–331.

[4] 闫素芳，于洋，葛青，等. 外源蔗糖对小麦幼苗耐盐性的影响 [J]. 中国生态农业学报，2012，20（2）：225－230.

[5] 刘友良. 植物水分逆境生理 [M]. 北京：农业出版社，1992：109－127.

[6] Rozema J，Flowers T. Crops for a salinized world [J]. Science，2008，322（5907）：1478－1480.

[7] 尹传华，田长彦，张福锁，等. 新疆三种类型盐生植物矿质元素含量的特点比较[J]. 干旱区研究，2002，19（4）：42－44.

[8] 胡文杰，李跃进，刘洪波，等. 土默川平原土壤盐渍化与盐生植物分布及盐分离子特征的研究 [J]. 干旱区资源与环境，2012，26（4）：127－131.

[9] 崔悦慧，刘静，张汝民，等. 植物蒸腾与土壤盐分的研究 [J]. 内蒙古科技与经济，2002，（5）：18－20.

[10] 吴敏，薛立，李燕. 植物盐胁迫适应机制研究进展 [J]. 林业科学，2007，43（8）：111－117.

[11] Gamon J A，Surfus J S. Assessing leaf pigment content and activity with a reflectometer. [J]. New Phytologist，1999，143（1）：105－117.

[12] 王珂，沈掌泉，王人潮. 不同钾营养水平的水稻冠层和叶片光谱特征研究初报[J]. 科技通报，1997，13：211－215.

[13] Johnson L F，Hlavaka C A，Peterson D L. Multivariate analysis of a VIRIS data for canopy. Biochemical estimation along the oregon transect [J]. Remote Sensing of Environment，1994，47：216－230.

[14] Dawson T P，Curran P J，Plummer S E. Liberty－Modelling the effects of leaf biochemical concentration on reflectance spectra [J]. Remote Sensing of Environment，1998，65（1）：50－60.

[15] Adams M L，Philpot W，Norvell W A. Yellowness index：an application of spectral second derivatives to estimate chlorophyll of leaves in stressed vegetation [J]. Int. J. Remote Sensing，1999，20（18）：3663－3675.

[16] Pinar A，Curran P J. Grass chlorophyll and the reflectance red edge [J]. Int. J. Remote Sensing，1996，17（2）：351－357.

[17] 杨可明，郭达志. 植被高光谱特征分析及其病害信息提取研究 [J]. 地理与地理信息科学，2006，22（4）：7－12.

[18] 黄木易，王纪华，黄义德，等. 高光谱遥感监测冬小麦条锈病的研究进展（综述）[J]. 安徽农业大学学报，2004，31（1）：119－122.

[19] 李天宏，杨海宏，赵永平. 成像光谱仪遥感现状与展望 [J]. 遥感技术与应用，1997，2：54－58.

[20] Vaiphasa C，Skidmore A K，de Boer W F，et al. A hyperspectral band selector for plant species discrimination[J]. ISPRS Journal of Photogrammetry and Remote Sensing，2007，62（3）：225－235.

[21] Uno Y S O，Prasher R L，Goel P K，et al. Artificial neural networks to predict corn yield from Compact Airborne Spectrographic Imager data [J]. Computers and Electronics in Agriculture，2005，47（2）：149－161.

[22] 谭炳香，李增元，陈尔学，等. Hyperion 高光谱数据森林郁闭度定量估测研究 [J]. 北京林业大学学报，2006，5（28）：3－8.

[23] 范文义. 荒漠化程度评价高光谱遥感信息模型 [J]. 林业科学，2002，2：61－67.

[24] 刘素红，刘新会，侯娟，等. 植物光谱应用于白菜铜胁迫响应研究 [J]. 中国科学：技术科学，2007，37（5）：693－699.

[25] 刘新会，迟光宇，刘素红，等. Zn^{2+}污染与小麦特征光谱相关关系研究 [J]. 生态与农村环境学报，2006，22（1）：62－66.

[26] 迟光宇，刘新会，刘素红，等. Cu 污染与小麦特征光谱相关关系研究 [J]. 谱学与光谱分析，2006，26（7）：1272－1276.

[27] 刘帅，高永光. 铜胁迫下玉米叶绿素质量比与光谱反射率关系 [J]. 辽宁工程技术大学学报（自然科学版），2008，27（1）：125－128.

[28] 杨璐，高永光，胡振琪. 铜胁迫下植被光谱变化规律研究[J]. 矿业研究与开发，2008，28（4）：74－76.

[29] 梁雯. 人工植被光谱特性初步研究 [D]. 西安：西北农林科技大学，2010.

[30] 周广柱. 铜矿区植物光谱特征与信息提取——以德兴铜矿为例 [D]. 淄博：山东科技大学，2003.

[31] 任红艳. 宝山矿区农田土壤——水稻系统重金属污染的遥感监测 [D]. 南京：南京

农业大学，2008.
[32] 任红艳，庄大方，潘剑君，等. 重金属污染水稻的冠层反射光谱特征研究 [J]. 光谱学与光谱分析，2010，32（2）：430－434.
[33] 李庆亭. 兴铜矿植被遥感生物地球化学效应的提取和分析研究 [D]. 淄博：山东科技大学，2006.
[34] 李庆亭，杨锋杰，张兵，等. 重金属污染胁迫下盐肤木的生化效应及波谱特征 [J]. 遥感学报，2008，12（2）：284－290.
[35] 郝建亭. 光谱数据处理及其在植被信息提取中的应用——以岷江上游毛儿盖地区为例 [D]. 成都理工大学，2008.
[36] 江南. 农作物重金属污染胁迫信息遥感提取方法研究 [D]. 中国地质大学（北京），2009.
[37] 李娜. 重金属胁迫下矿区植物波谱异常与图像特征研究 [D]. 山东科技大学，2007.
[38] Tracy M Blackmer，James－SS，Gary－Ev，et al. Nitrogen deficiency detection using reflected short－wave radiation from irrigated corn canopies [J]. Agronomy Journal，1996，88：1－5.
[39] 陈云浩，蒋金豹，Michael D Steven，等. 地下储存 CO_2 泄漏胁迫下地表植被光普变化特征及识别研究 [J]. 光谱学与光谱分析，2012，32（7）：1882－1885.
[40] Chávez R O，Clevers J G P W，Herold M，et al. Modelling the spectral response of the desert tree Prosopis tamarugo to water stress [J]. International Journal of Applied Earth Observation&Geoinformation，2013，21（4）：53－65.
[41] 任红艳. 基于冠层光谱的冬小麦 N、P 营养和水稻 Pb 污染监测研究 [D]. 南京农业大学，2002.
[42] 任红艳，潘剑君，张佳宝. 不同施氮水平下的小麦冠层光谱特征及产量分析 [J]. 土壤学报，2005，36（1）：26－29.
[43] 任红艳，潘剑君，张佳宝. 不同磷肥水平的小麦冠层多光谱特征研究[J]. 土壤，2005，37（4）：404－405.
[44] 易秋香. 玉米主要生物物理和生物化学参数高光谱遥感估算模型研究 [D]. 新疆农业大学，2005.
[45] 易秋香，黄敬峰，王秀珍，等. 玉米全氮含量高光谱遥感估算模型研究 [J]. 农业工程学报，2006，22（9）：138－143.
[46] 张雪红，刘绍民，何蓓蓓.不同氮素水平下油菜高光谱特征分析 [J]. 北京师范大学学报（自然科学版），2007，43（3）：245－249.
[47] 王珂，沈掌泉，Abou-Iamail O. 等. 不同钾营养水平的水稻冠层和叶片光谱特征研究初报 [J]. 科技通报，1997，13（4）：211－214.

[48] 郭曼. 不同营养水平农作物光谱特性研究［D］. 西北农林科技大学，2006.

[49] Zhang J H，Guo W J.Quantitative retrieval of crop water content under different soil moistures levels. Proceedings of SPIE – The International Society for Optical Engineering［M］. Proc Spie，2006.

[50] Thomas J R，Namken L N，Oerther G F，et al. Estimating leaf water content by reflectance measurement［J］. Agronomy Journal，1971，63：845 – 847.

[51] Curran P J. Remote sensing of foliar chemistry［J］. Remote Sensing of Environment，1989，30（3）：271 – 278.

[52] Dobrowski S Z，Pushnik J C，Zarco-Tejada P J，et al. Simple reflectance indices track heat and water stress induced changes instead-state chlorophy II fluorescence at the canopy scale［J］. Remote Sensing of Environment，2005，97：403 – 414.

[53] Carter G A. Primary and secondary effects of water content on the spectral reflectance of leaves［J］. American Journal of Botany，1991，78（7）：919 – 924.

[54] 田庆久，宫鹏，赵春江，等. 用光谱反射率诊断小麦水分状况的可行性分析［J］. 科学通报，2001，46（8）：666 – 669.

[55] 沈艳，牛铮，颜春燕. 植被叶片及冠层层次含水量估算模型的建立［J］. 应用生态学报，2005，16（7）：1218 – 1223.

[56] Maimaitiyiming M，Ghulam A，Bozzolo A，et al. Early detection of plant physiological response to different levels of water stress using reflectance spectroscopy［J］. Remote Sensing，2017，9（7），745–767.

[57] SÖNMEZ N K，ASLAN G E，KURUNÇ A. Relationship spectral reflectance under different salt stress conditions of tomato［J］. Tarim Bilimleri Dergisi – Journal of Agricultural Science，2015，21：585 – 595.

[58] 卢霞，张薇，姚雪，等. 盐胁迫对大米草反射光谱和叶绿素浓度的影响［J］. 海洋湖沼通报，2014，168 – 173.

[59] Poss J A，Russell W B，Grieve CM. Estimating yields of salt and water – stressed forages with remote sensing in the visible and near infrared ［J］. Journal of Environmental Quality，2006，35（4）：1060 – 1071.

[60] Elsayed S，Darwish W. Hyperspectral remote sensing to assess the water status，biomass，and yield of maize cultivars under salinity and water stress［J］. Bragantia，2017，76（1）：62 – 72.

[61] 陈蜀江，侯平，李文华，等. 新疆艾比湖湿地自然保护区综合科学考察［M］. 乌鲁木齐：新疆科学技术出版社，2006.

[62] 陈昌笃，袁国映. 艾比湖干缩引起的环境问题与应采取的对策［A］. 见：新疆生态

环境研究［C］. 北京：科学出版社，1989：80－81.
［63］李艳红，姜黎，佟林. 新疆艾比湖流域生态环境空间分异特征研究［J］. 干旱区资源与环境，2007，21（11）：59－62.
［64］杨青，何清，李红军，等. 艾比湖流域沙尘气候趋势及其突变研究［J］. 中国沙漠，2003，23（5）：503－508.
［65］汪军能，张落成. 艾比湖流域水资源变化与区域响应［J］. 干旱区资源与环境，2006，20（4）：157－161.
［66］钱亦兵，蒋进，吴兆宁. 艾比湖地区土壤异质性及其对植物群落生态分布的影响［J］. 干旱区地理，2003，26（3）：217－222.
［67］谢霞. 艾比湖区域生态脆弱性评价遥感研究［D］. 新疆大学，2010.
［68］徐翠娟，努尔巴依·阿布都沙力克. 艾比湖湿地自然保护区湿地植被研究［J］. 干旱区资源与环境，2008，22（10）：106－110.
［69］孔琼英. 艾比湖流域植被研究［D］. 新疆大学，2008.
［70］孔琼英，努尔巴依·阿布都沙力克. 新疆艾比湖流域植物区系研究［J］. 干旱区资源与环境，2008，22（11）：175－179.
［71］傅德平，谢辉，于恩涛，等. 艾比湖湿地自然保护区荒漠植物群落物种多样性研究［J］. 干旱区资源与环境，2009，23（1）：174－179.
［72］王东芳. 艾比湖湿地国家级自然保护区土壤盐渍化生态风险评价［D］. 新疆大学，2016.
［73］白祥. 新疆艾比湖湖泊湿地生态脆弱性及其驱动力机制研究［D］. 华东师范大学，2010.
［74］Zhang L Q，Gao Z G，Armitage R，et al. Spectral characteristics of plant communities from salt marshes：A case study from Chongming Dongtan，Yangtze estuary，China［J］. Frontiers of Environmental Science and Engineering in China，2008，2：187－197.
［75］张韫. 土壤·水·植物理化分析教程［M］. 北京：中国林业出版社，2011.
［76］Zheng Y，Wang Z，Sun X，et al. Higher salinity tolerance cultivars of winter wheat relieved senescence at reproductive stage［J］. Environmental and Experimental Botany，2008，62（2）：129－138.
［77］王昌佐，王纪华，王锦地，等. 裸土表层含水量高光谱遥感的最佳波段选择［J］. 遥感信息，2003，（4）：33－36.
［78］Gitelson A A，Kaufman Y J，Stark R，et al. Novel algorithms for remote estimation of vegetation fraction［J］. Remote Sensing of Environment，2002，80（1）：76－87.
［79］张思楠，王权，靳佳，等. 应用光谱指数法估算多枝柽柳同化枝叶绿素含量［J］. 干旱区研究，2016，33（5）：1088－1097.

[80] Shi T Z，Liu H Z，Chen Y Y，et al. Estimation of arsenic in agricultural soils using hyperspectral vegetation indices of rice[J]. Journal of Hazardous Materials，2016，308：243-252.

[81] 郭宇龙，李云梅，吕恒，等. 基于主成分降维的总悬浮物浓度遥感估算模型适用性分析［J］. 湖泊科学，2013，25（6）：892-899.

[82] 李世华，牛铮，路鹏，等. 基于主成分分析红壤有效含水量估算模型［J］. 农业工程学报，2007，23（5）：92-94.

[83] 苏金明，王永利. MATLAB 7.0 使用指南［M］. 北京：电子工业出版社，2004.

[84] Nils J Nilsson. 人工智能［M］. 北京：机械工业出版社，2000.

[85] 楼琇林，黄韦艮. 基于人工神经网络的赤潮卫星遥感方法研究［J］. 遥感学报，2003（3）：125-129.

[86] 党建武. 神经网络技术及应用［M］. 北京：中国铁道出版社，2000.

[87] 闻熠，黄春林，卢玲，等. 基于 ASTER 数据黑河中游植被含水量反演研究［J］. 遥感技术与应用，2015，30（5）：876-883.

[88] Chang C，David Laird A. Near-infrared reflectance spectroscopic analysis of soil C and N［J］. Soil Science，2002，（167）：110-116.

[89] Pirie A，Singh B，Islam K. Ultra-Violet，visible，near-Infrared and mid-infrared diffuse reflectance spectroscopic technique to predict several soil properties［J］. Australian Journal of Soil Research，2005，6（43）：713-721.

[90] Razakamanarivo R H，Grinand C，Razafindrakoto M A，et al. Mapping organic carbon stocks in eucalyptus plantations of the central highlands of Madagascar：A multiple regression approach［J］. Geoderma，2011，162（3）：335-346.

[91] 高文义，林沫，邓云龙，等. F 检验法在年降水量分析计算中的应用［J］. 东北水利水电，2008，26（285）：33-34.

[92] 王晓星. 夏玉米冠层光谱特征及其生理生态参量的高光谱估算模型［D］. 西北农林科技大学，2015.

[93] 唐延林，王秀珍，王福民，等. 农作物 LAI 和生物量的高光谱法测定［J］. 西北农林科技大学（自然科学版），2004，32（11）：100-104.

[94] 浦瑞良，宫鹏. 高光谱遥感及其应用［M］. 北京：高等教育出版社，2000.

[95] 张学霞，葛全胜，郑景云. 遥感技术在植物物候研究中的应用综述［J］. 地球科学进展，2003，18（4）：534-544.

[96] 张雷. 盐分对“棉花—土壤”系统水盐变化的影响及其监测研究［D］. 南京农业大学，2012.

[97] 金继云，白由路. 精确农业与土壤养分管理［M］. 北京：中国大地出版社，2001.

[98] 申广荣，王人潮. 植被高光谱遥感的应用研究综述 [J]. 上海交通大学学报（农业科学版），2001，(4)：315－321.

[99] 王珂，沈掌泉，王人潮. 植物营养胁迫与光谱特性 [J]. 国土资源遥感，1999，(1)：13－18.

[100] 王人潮，周启发. 水稻氮素营养水平与光谱特性的关系 [J]. 浙江农业大学学报，1993，19：40－45.

[101] Ruano－Ramos A，Garcia－Ciudad A，Garcia－Criado B. Near infrared spectroscopy prediction of mineral content in botanical fractions from semi－arid grasslands [J]. Animal Feed Science And Technology，1999，77（3－4）：331－343.

[102] Cozzolino D，Moron A. Exploring the use of near infrared reflectance spectroscopy (NIRS) to predict trace minerals in legumes [J]. Animal Feed Science and Technology，2004，111（1－4）：161－173.

[103] Lee J D，Shannon J G，Choung M G . Selection for protein content in soybean from single F2 seed by near infrared reflectance spectroscopy [J]. Euphytica，2010，172：117－123.

[104] Yang Z，Li K，Zhang M M，et al. Rapid determination of chemical composition and classification of bamboo fractions using visible－near infrared spectroscopy coupled with multivariate data analysis [J]. Biotechnol Biofuels，2016，9（1）：35－52.

[105] 林毅，李倩，王宏博，等. 高光谱反演植被水分含量研究综述 [J]. 中国农学通报，2015，31（3）：167－172.

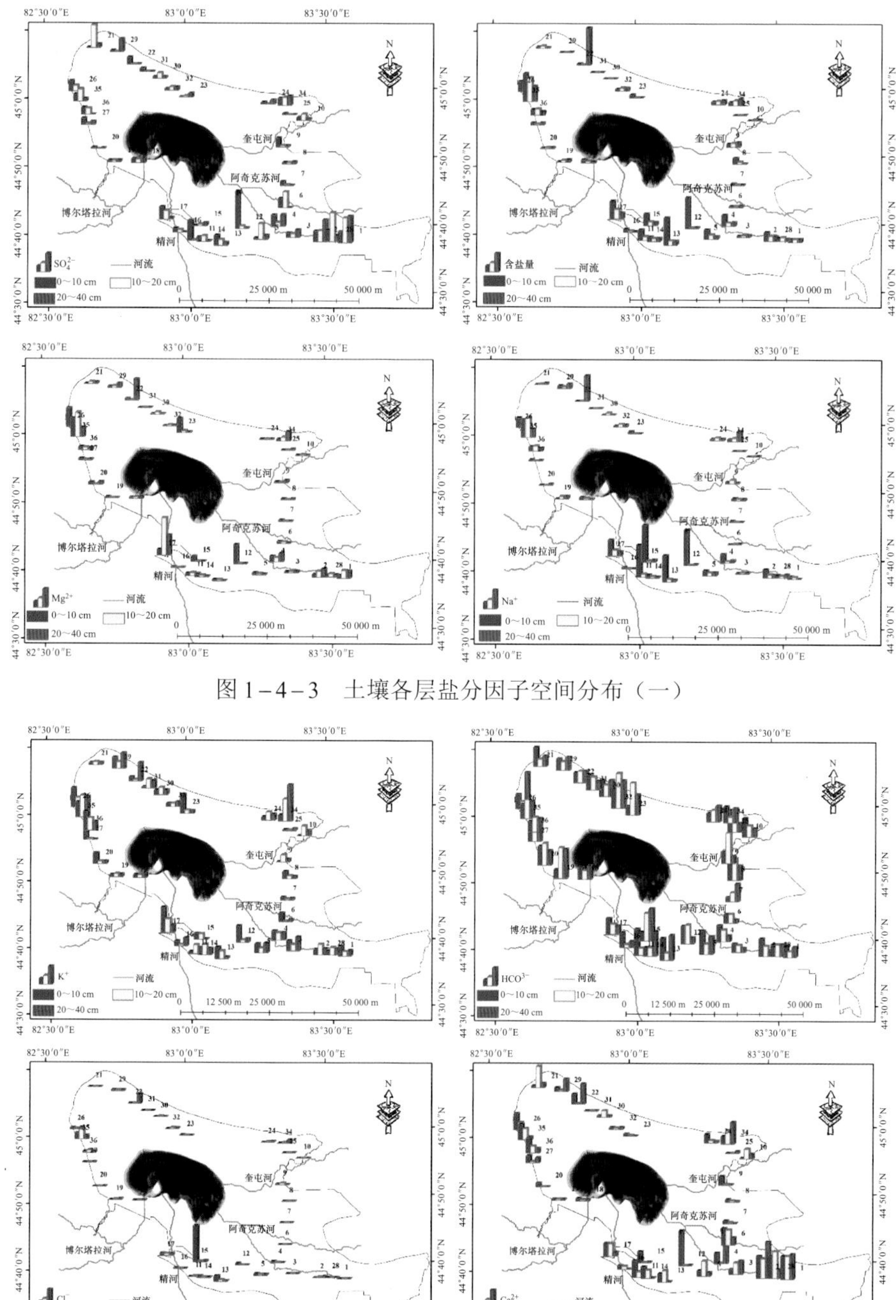

图 1-4-3　土壤各层盐分因子空间分布（一）

图 1-4-4　土壤各层盐分因子空间分布（二）

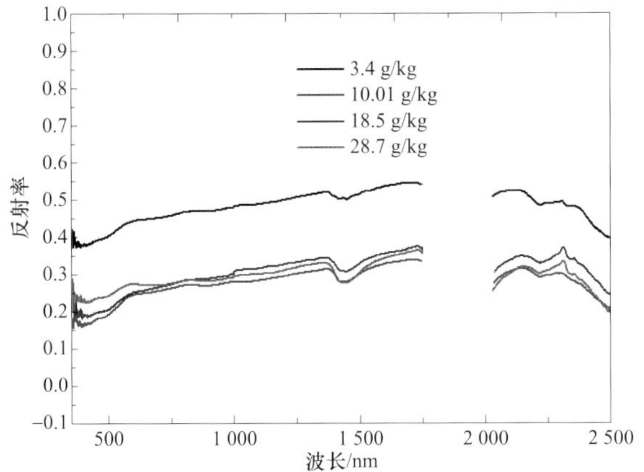

图 1－5－1　不同盐分的反射率曲线分析

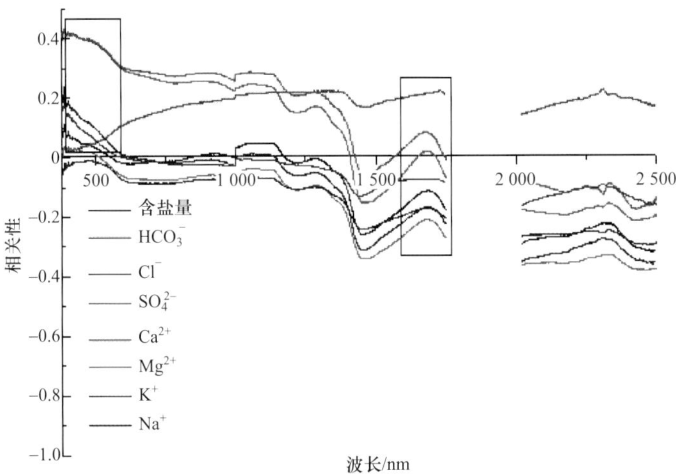

图 1－5－2　波段与盐分因子的相关分析

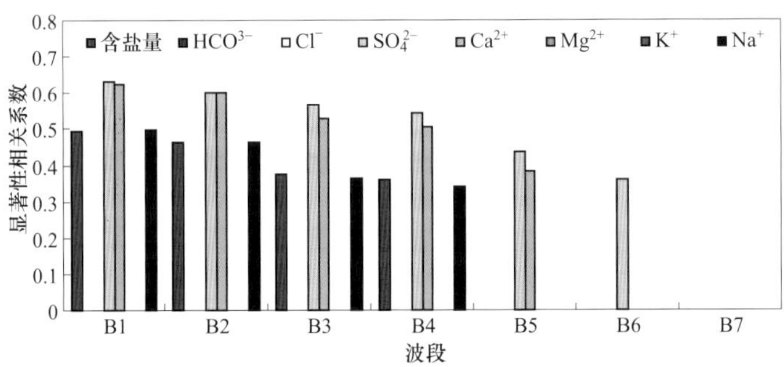

图 1－6－2　不同波段与盐分因子的显著相关性

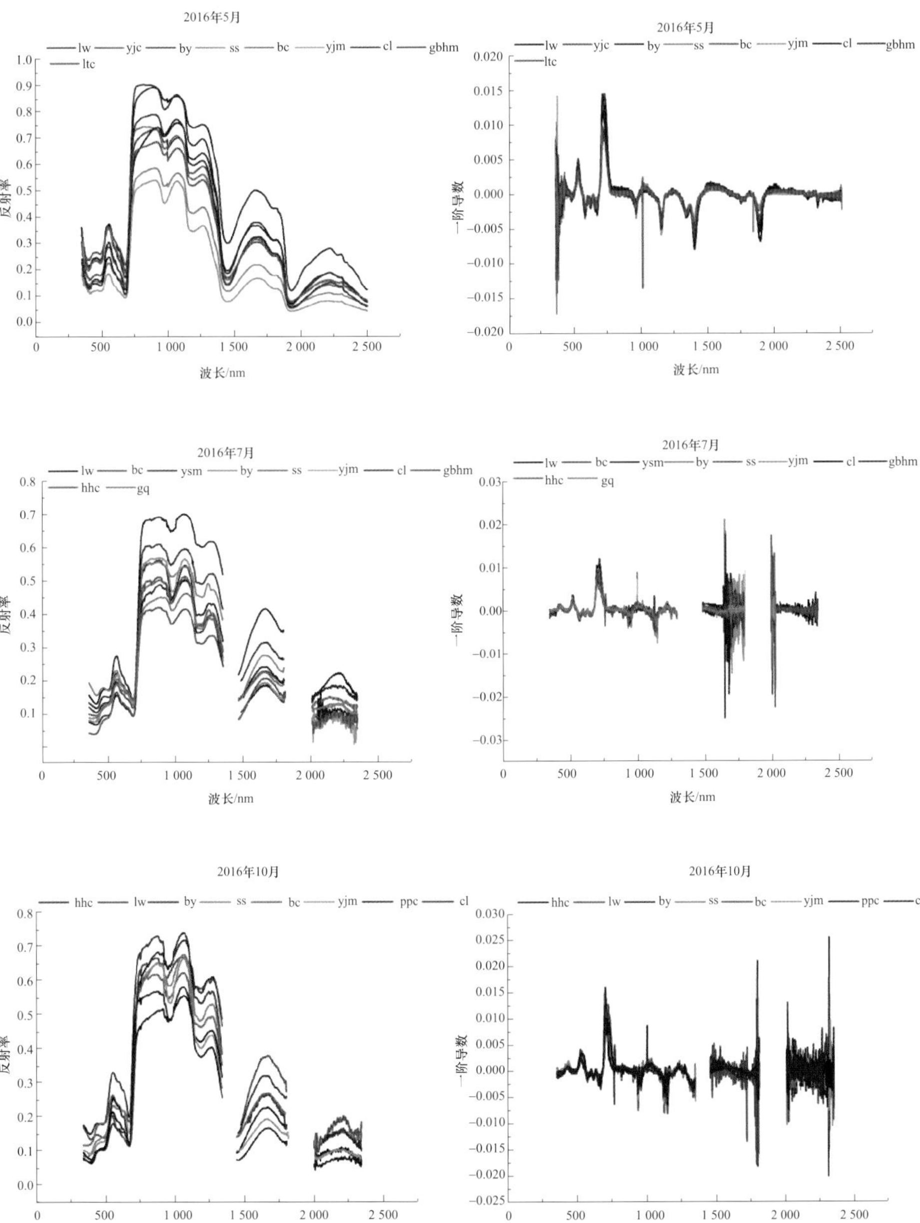

图 2-4-1　同一季节不同群落间的叶片原始光谱曲线及其一阶导数曲线特征对比

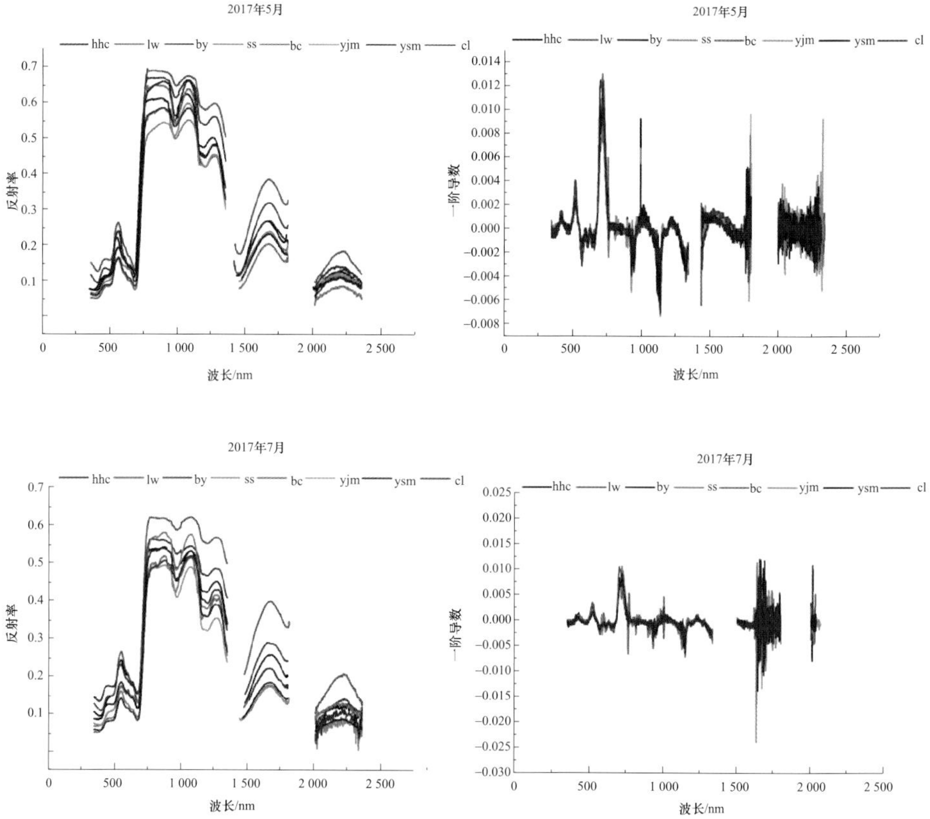

图 2-4-1　同一季节不同群落间的叶片原始光谱曲线及其一阶导数曲线特征对比（续）

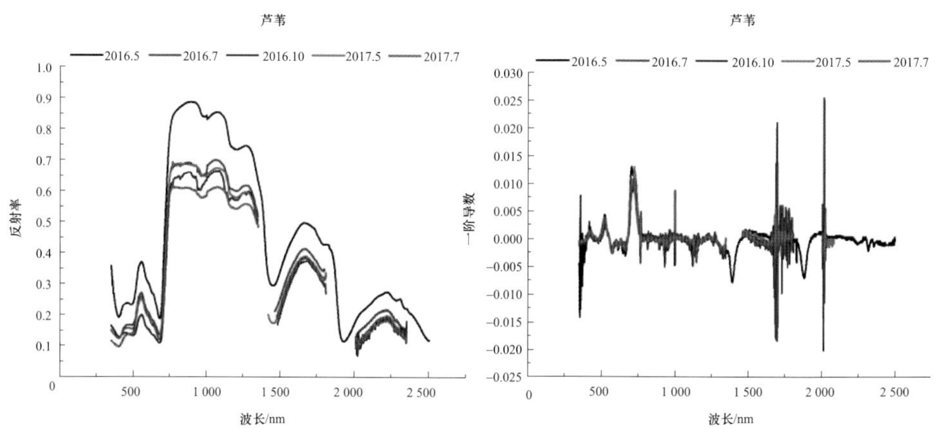

图 2-4-2　同一群落不同季节的叶片原始光谱曲线及其一阶导数曲线特征对比

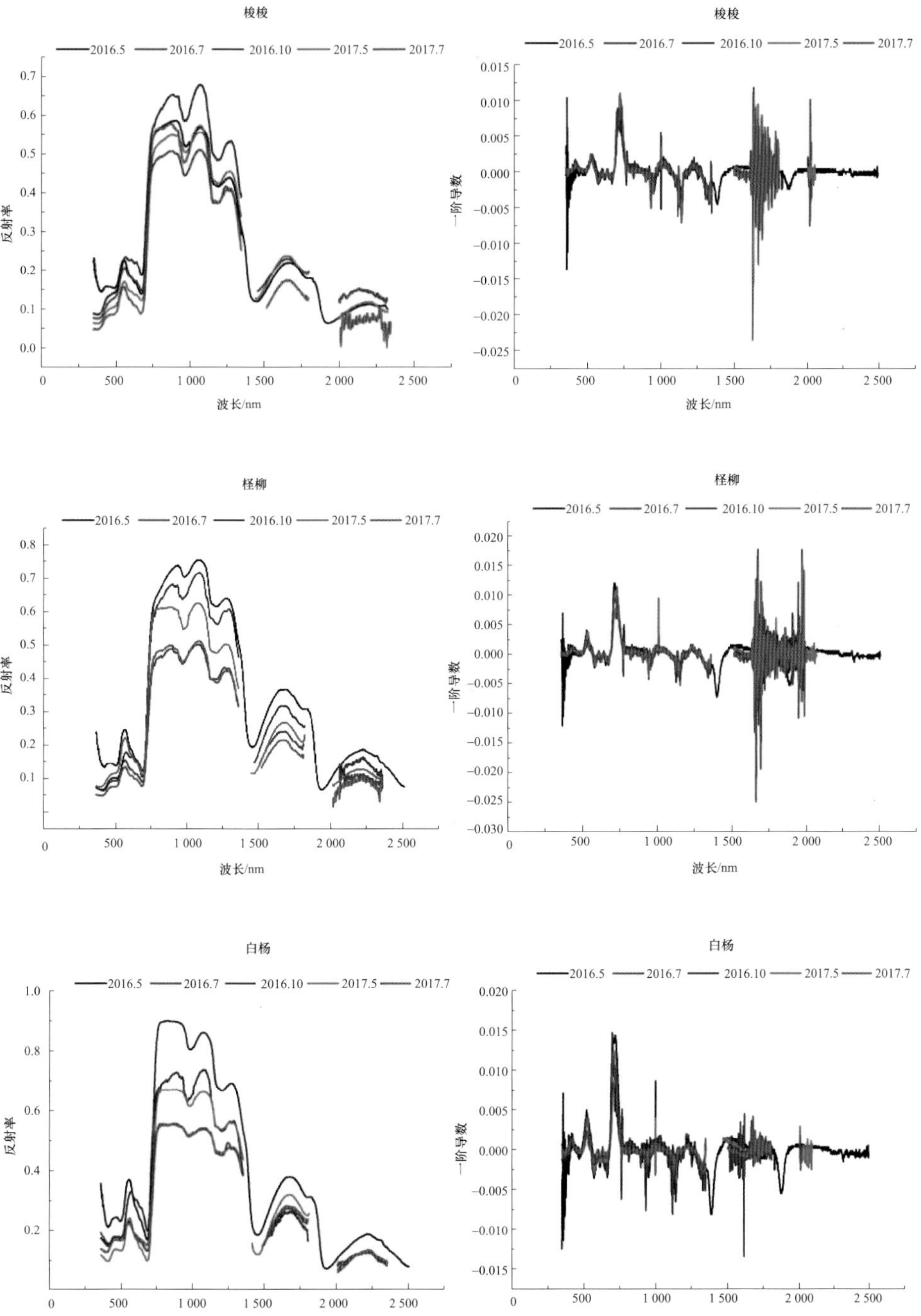

图 2-4-2　同一群落不同季节的叶片原始光谱曲线及其一阶导数曲线特征对比（续）

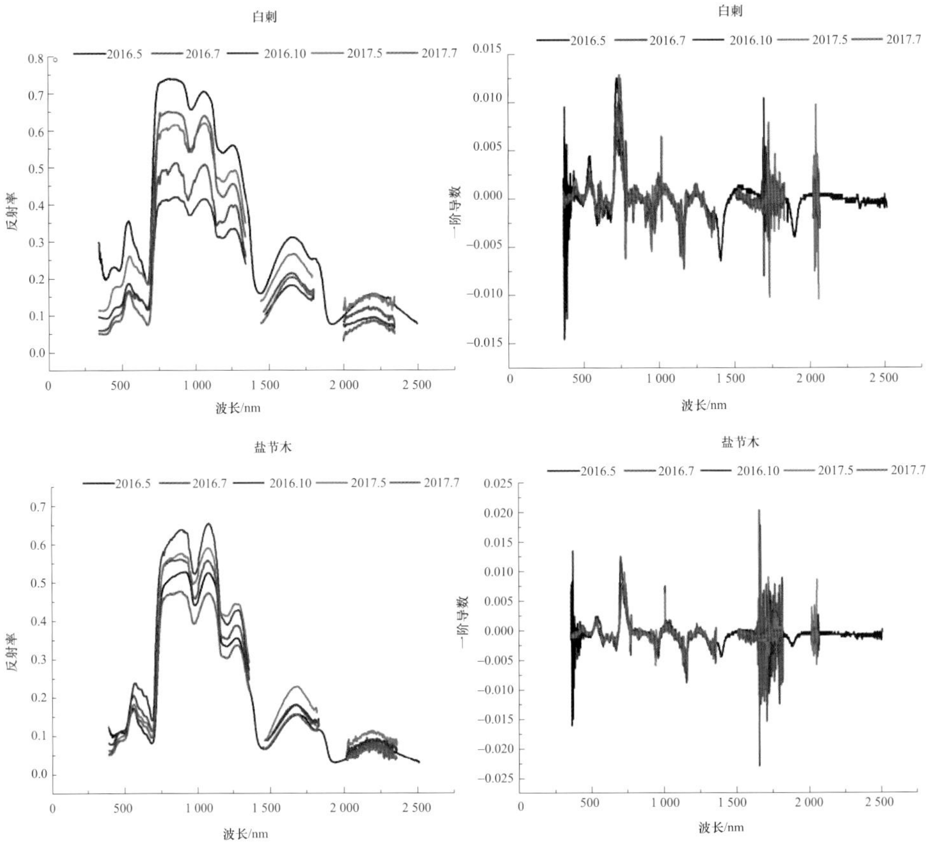

图 2-4-2　同一群落不同季节的叶片原始光谱曲线及其一阶导数曲线特征对比（续）

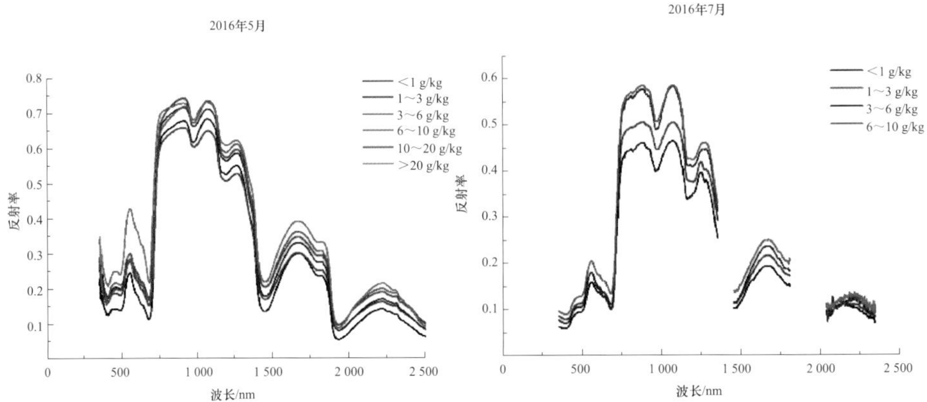

图 2-4-3　土壤盐分对盐生植物叶片光谱反射率的影响（2016—2017 年）

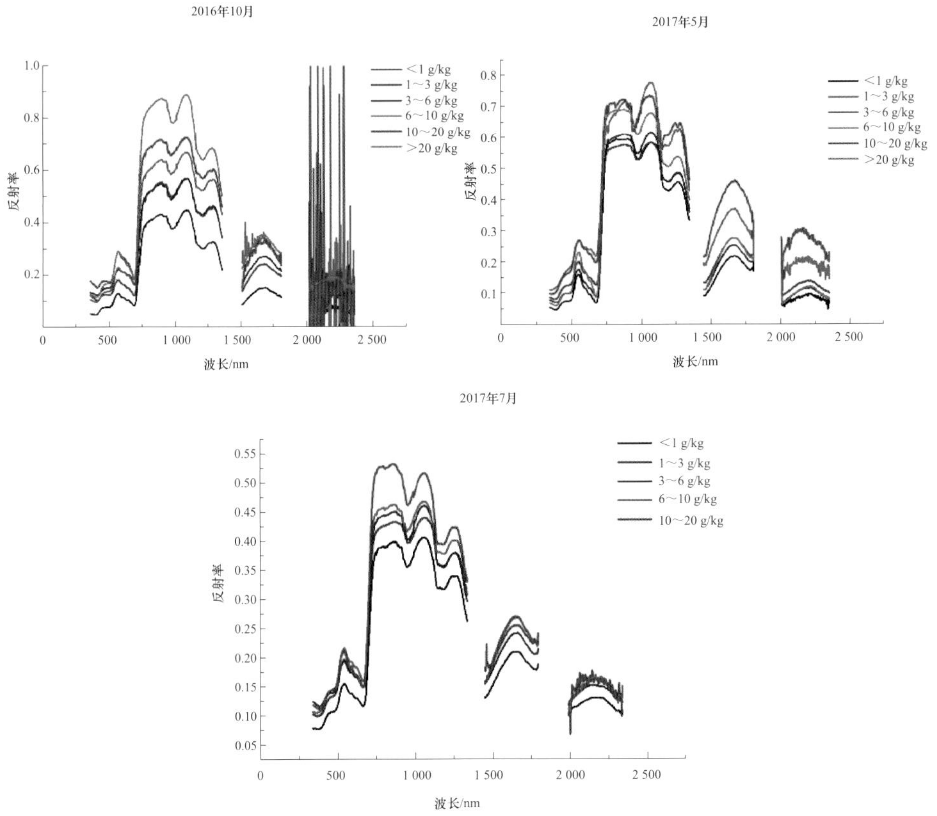

2016年10月
<1 g/kg
1～3 g/kg
3～6 g/kg
6～10 g/kg
10～20 g/kg
>20 g/kg
反射率
波长/nm
2017年5月
<1 g/kg
1～3 g/kg
3～6 g/kg
6～10 g/kg
10～20 g/kg
>20 g/kg
反射率
波长/nm
2017年7月
<1 g/kg
1～3 g/kg
3～6 g/kg
6～10 g/kg
10～20 g/kg
反射率
波长/nm

图 2-4-3　土壤盐分对盐生植物叶片光谱反射率的影响（2016—2017 年）（续）

2016年5月
0～5%
5%～10%
10%～15%
15%～20%
20%～25%
反射率
波长/nm
2016年7月
0～5%
5%～10%
10%～15%
15%～20%
20%～25%
反射率
波长/nm

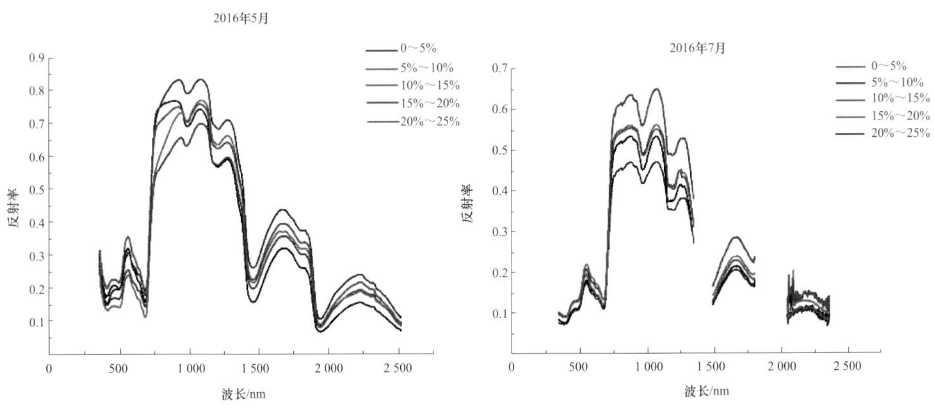

图 2-4-4　土壤水分对盐生植物叶片光谱反射率的影响（2016—2017 年）（续）

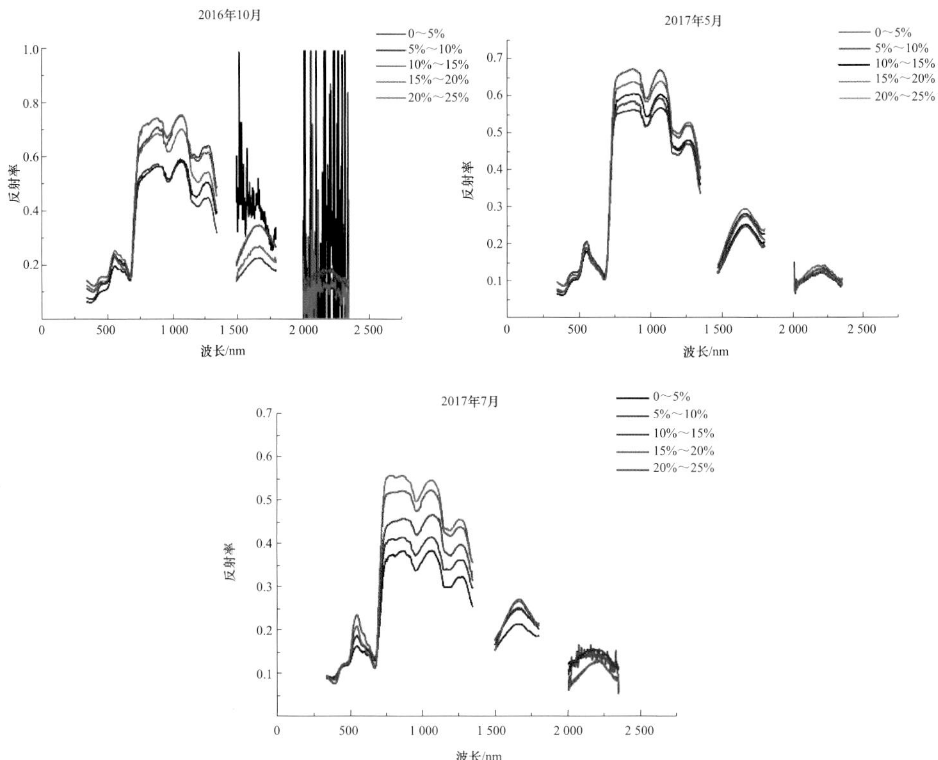

图 2-4-4　土壤水分对盐生植物叶片光谱反射率的影响（2016—2017 年）（续）